U0347537

2016 年版

注册环保工程师执业资格考试
历年真题分类解析

固体废物处理处置

捷途教学部　编

中国计划出版社

图书在版编目（CIP）数据

固体废物处理处置 / 捷途教学部编. -- 北京 : 中国计划出版社, 2016.5
2016年版注册环保工程师执业资格考试历年真题分类解析
ISBN 978-7-5182-0410-6

Ⅰ. ①固… Ⅱ. ①捷… Ⅲ. ①固体废物处理－资格考试－题解 Ⅳ. ①X705-44

中国版本图书馆CIP数据核字(2016)第078524号

2016 年版注册环保工程师执业资格考试历年真题分类解析
固体废物处理处置
捷途教学部　编

中国计划出版社出版
网址：www.jhpress.com
地址：北京市西城区木樨地北里甲 11 号国宏大厦 C 座 3 层
邮政编码：100038　电话：（010）63906433（发行部）　63906427（编辑室）
新华书店北京发行所发行
北京京华虎彩印刷有限公司印刷

787mm×1092mm　1/16　18.25 印张　445 千字
2016 年 5 月第 1 版　2016 年 5 月第 1 次印刷

ISBN 978-7-5182-0410-6
定价：45.00 元

前　言

真题是我们复习中的指明灯，好比茫茫大海中的灯塔，它的价值毋庸置疑，但是如何用好真题却是一个需要思考的问题，回答这个问题前我们先来思考另一个问题：什么时间开始看真题最合适？

这个问题涉及你是如何安排复习计划的。有的人习惯第一遍看书时先粗略地过一遍教材，第二遍看书时再仔细地一页页细嚼慢咽；有的人习惯第一遍看书就细嚼慢咽。习惯无好坏，只能说哪种最适合自己，但是无论哪种复习方法，我们认为：当你细嚼慢咽看书的那个阶段，就是最适合看真题的时候。为什么呢？因为一本书可以看得无尽的细，也可以看得非常的粗，粗细最合适的度如何把握？需要一把标尺，最合适的标尺就是历年真题，历年真题自然地就传递了很多信息，譬如出题的角度、出题的风格、出题的深浅、重难点大致的分布等。

是否有别的复习阶段也适合用真题？有，就是当你把所有书都看完，希望做几套题目作为模拟考试用时，最合适的模拟试卷就是历年真题。这两个阶段结合起来利用真题我们认为就是最合理、高效的利用真题的方式。

编写一套精良的真题集是我们老妖精团队（即捷途教学部）一直想做的事，2015 年通过在老妖精环保 QQ 群内组织的“注册环保专业考试周讨论”这一答疑活动，我们团队收集整理了答疑活动中考友对于真题的关注点和复习过程中容易忽略的考点，并吸取考友们的一些比较好的建议，编辑完成了《2016 年版注册环保工程师执业资格考试历年真题分类解析》，本套真题解析具有如下六大亮点：

1. 按科目分册

注册环保工程师执业资格考试共计四个方向（水污染防治、大气污染防治、物理污染防治、固体废物处理处置），每个方向每年仅案例题就多达 50 道，如果仅仅将历年真题按顺序集合成册，那真题集厚度可想而知，不仅不方便考试时翻阅和快速定位，而且也不方便平时复习阅读。

针对这种情况，老妖精团队提出按科目分册的思路。因此，本套真题解析共分四册，分别为《水污染防治》《大气污染防治》《物理污染防治》《固体废物处理处置》。每册包括知识题和案例题，跟复习模式能够很好地吻合，且每册真题页数不多，特别适合在考场以及平时复习时翻阅。

2. 按章节 / 专题分册

以往真题一般都是采用按年份排版的形式，考过的朋友们可能都会发现一个问题，平时复习阶段这个按年份排版的真题几乎无用武之地，只有在复习末期进行真题模拟时，用来对答案，但是对答案也不方便，因为一套卷子得翻阅 50 页。

针对这种情况，老妖精版真题的编排采用了知识题按教材章节顺序编排，案例题按教材顺序并分专题进行编排的方式，将相关的真题集中在一起，这使得大家在细嚼慢咽阶段做真题变得非常方便，而且每个专题按年份顺序排版，方便考生了解每个专题历年的考查趋势及要点。但这并不意味着我们放弃了大家复习末期模拟阶段使用真题的方式，我们在每道题目后面都标了该题对应真题的题号，如知识题中“2013-1-3”表示知识题2013年第一天上午第3道题目，而案例题中“2011-4-6”表示案例题2011年第二天下午第6道题目。

大家在最初做复习计划时，如果计划把2013年和2014年的真题作为后期模拟用，那么可以在刚拿到真题集时就简单地把书中2013年和2014年的题都先做一个标记，后面遇到带这个标记的题目就略过不做，留到模拟阶段再做（我们免费共享历年真题的空白卷，大家可以在www.studyy.com中下载）。这样既能满足将历年同一考点的题目放在一起，又能满足模拟考试的需要。

3. 具有题量统计作用的目录

在目录中增加了章节真题数量统计，可快速准确抓住复习的侧重点。例如，知识题目录中的数字如“30+20”、“13+9”，前一个数字指的是单选题的题目数量，后一个数字指的是多选题的数量，如“30+20”表示此部分内容单选30题，多选20题。

4. 案例专题总结

注册环保专业气方向知识点分布在几个大的系统内，每个系统内又相对比较分散，我们在案例题章节的每个专题进行了知识点总结，不是把书本上的知识简单罗列，而是根据不同知识点考查的侧重点不同，指明了相应专题的计算依据、考查重点以及应对策略，能使考友在复习中抓住重点，全面快速掌握此知识点，并且便于考友在考试过程中快速定位考点，找出解答依据。

5. 规范简洁的解答过程

很多考友对考试中，案例如何解答一直拿不准，写得少了怕阅卷老师不给分，写得多了，完全是浪费，还会导致做题时间严重不足。为了解决大家的这个困惑，本真题集中案例的解答按考试中答题模式书写，可供大家参考。

6. 真题解答，实时互动

为了更好地对每道真题进行讨论，老妖精团队在官网（www.studyy.com）中设置了每道真题讨论专区，如有疑问，大家可以留言讨论，老妖精团队会及时回复。

对于本书中的细节问题做如下补充说明：

1. 本书中引用的教材《教材（第一册）》《教材（第二册）》《教材（第三册）》《教材（第四册）》，分别指由全国勘察设计注册工程师环保专业管理委员会、中国环境保护产业协会组织编写，中国环境科学出版社2011年5月出版的《注册环境保护工程师专业考试复习教材》(第三版）的《教材（第一册）》、《教材（第二册）》、《教材（第三册）》和《教材（第四册）》。

2.《新三废·固废卷》指的是由聂永丰主编，化学工业出版社2013年1月出版的《环境工程技术手册·固体废物处理工程技术手册》。

3.《老三废·固废卷》指的是由聂永丰主编，化学工业出版社2000年2月出版的《三废处理工程技术手册·固体废物卷》。

4.《环境工程手册·固体废物污染防治卷》指的是由李国鼎主编，高等教育出版社2003年12月出版的《环境工程手册·固体废物污染防治卷》。

本书由老妖精团队环保专业老师等编写完成。从试题的收集整理、分类解析到书稿的统稿校对，老妖精团队均花费了大量的心血。但由于编者水平有限，书中难免出现纰漏和谬误，希望广大读者批评指正、多提意见，以期本书在后续改版时不断完善。

大家有任何问题，都可以在我们的论坛 www.studyyy.com 中提出，同时欢迎大家加入我们的注考交流群老妖精注册环保 1 群 385390901 和订阅我们的微信公众号 studyyycom 关注老妖精培训的最新动态，另外还可以登录我们的官方淘宝店 studyyy.taobao.com 选购图书。

老妖精团队（捷途教学部）

2015 年 11 月

目　录

第一篇　知　识　题

第二篇 案 例 题

（注：以上括号中的数字分别表示单选题和多选题数量，案例题全部为单选题）

第一篇　知　识　题

1 固体废物的分类、污染特性和管理原则

单选题

在实施固体废物污染防治的“减量化、资源化、无害化”原则中，对减量化正确的描述是哪一项？【2007－2－33】

（A）减少固体废物的体积

（B）减少固体废物的数量和体积；减少固体废物的种类；降低危险废物的有害成分的浓度、减轻或清除其危险特性

（C）减少固体废物的种类；减少固体废物中有机成分的含量

（D）减少固体废物中有机成分的含量，降低危险废物中有害成分的浓度

【解析】 根据《教材（第二册）》P8 最后一行：“减量化是对固体废物的数量、体积、种类、有害性质的全面管理”。

答案选【B】。

2 固体废物特征、分析和采样

2.1 危险废物

单选题

1. 下列哪一组特性全部是危险废物具有的特性？【2013－2－23】

（A）易燃性、易爆性、反应性、易老化性、浸出毒性和疾病传染性

（B）急性毒性、易燃性、反应性、腐蚀性、浸出毒性和疾病传染性

（C）可燃性、反应性、放射性、拉伸性、浸出毒性和疾病传染性

（D）急性毒性、易燃性、还原性、腐蚀性、辐射性和疾病传染性

【解析】 根据《教材（第二册）》P26～P28。注意放射性物质是不含在危险废弃物中的，国家危险废弃物名录中未列出放射性污染物质，《国家危险废弃物名录》详见《新三废·固废卷》P9～P23。

答案选【B】。

2. 按医疗废物管理条例和医疗废物分类目录，下列哪种医疗废物不作为危险废物处理？【2012－2－25】

（A）医院内过期的剩余药物　　（B）传染病人食用后剩余的饭菜废物

（C）传染病人手术切除的病理废物　　（D）放射治疗产生的放射性废物

【解析】 《医疗废物分类目录》中包含：①感染性废物，携带病原微生物具有引发感染性疾病传播危险的医疗废物（B 项）；②病理性废物，诊疗过程中产生的人体废弃物和医学实验动物尸体等（C 项）；③损伤性废物，能够刺伤或者割伤人体的废弃的医用锐器；④药物性废物，过期、淘汰、变质或者被污染的废弃的药品（A 项）；⑤化学性废物，具有毒性、腐蚀性、易燃易爆性的废弃的化学物品。

医疗废物管理条例第三条：医疗卫生机构废弃的麻醉、精神、放射性、毒性等药品及其相关的废物的管理，依照有关法律、行政法规和国家有关规定、标准执行。国家危险废弃物名录中未列出放射性污染物质，《国家危险废弃物名录》详见《新三废·固废卷》P9～P23。

答案选【D】。

多选题

1. 按照规定的方法对固体废物进行浸出，判断下列固体废物哪些属于具有腐蚀性的危险废物是哪几项？【2010－2－56】

（A）固体废物的浸出液的 pH＝12.5

（B）固体废物的浸出液的 pH = 10.0

（C）固体废物的浸出液的 pH = 1.8

（D）固体废物的浸出液的 pH = 6.0

【解析】 根据《教材（第二册）》P26。pH 小于或等于 2.0，大于或等于 12.5，则该废弃物具有腐蚀性。

答案选【AC】。

2. 某医疗废物处置运营企业对医疗废物的收集运输过程制定了以下规程，其中哪几项不符合要求？【2008 - 2 - 66】

（A）必须使用专用运输车辆进行医疗废物的运输

（B）对医疗废物用塑料膜进行包装，直接装入运输车

（C）和生活垃圾混合运输

（D）每天卸完废物的运输车去社会洗车场清洗

【解析】 根据《医疗废物集中焚烧处置工程建设技术规范》（HJ/T 177—2005）：

选项 B：3.3 条，医疗废物在包装后还应该使用周转箱（桶），不可直接装车；

选项 C：危险废物不可与一般废物混合；

选项 D：6.4.2 条，禁止在社会车辆清洗场所清洗废物运输车辆。

答案选【BCD】。

3. 根据《危险废物鉴别标准—浸出毒性鉴别》规定，针对有色金属冶炼企业所生产的危险废物浸出液，下列哪些危害成分要进行毒性成分鉴别？【2007 - 2 - 56】

（A）硒及其化合物、铊及其化合物　　（B）锌及其化合物、镉及其化合物

（C）砷及其化合物、铜及其化合物　　（D）氯化钙、硫化物

【解析】 根据《新三废》P115 表 2 - 3 - 6，不包括氯化钙、硫化物、铊及其化合物。

答案选【BC】。

2.2　固体废物性质

单选题

某城市生活垃圾中各成分的质量百分数为：水分 47%，灰分 20.0%；元素分析：碳 17.6%，氢 2.37%，氮 0.62%，硫 0.16%，氧 12.69%；低位热值为 5024kJ/kg。试计算其高位热值。【2008 - 2 - 40】

（A）3316kJ/kg　　（B）6732kJ/kg

（C）9479kJ/kg　　（D）6350kJ/kg

【解析】 第一种解答：《教材（第二册）》P17，公式 4 - 2 - 5，注意单位 1cal = 4.18kJ，因此：

$H_h + H_l + 583(m_{H_2O} + 9m_H) \times 4.18 = 5024 + 583 \times 4.18 \times (0.47 + 9 \times 0.0237) = 6689.16$kJ/kg，B 选项的答案最为接近；

第二种解答：《教材（第二册）》P156：$H_l = H_h - 600(H_2O + 9H)$，注意单位 1cal = 4.18J，因此，$H_h = H_l + 600 \times 4.18(9H + M) = 5024 + 600 \times 4.18(9 \times 0.0237 + 0.47) = 6737.7$kJ/kg。

答案选【B】。

3 固体废物的收集、运输、中转和贮存

单选题

1. 一座第Ⅱ类一般工业固体废物贮存、处置场拟关闭与封场，根据国家相关污染控制的规定，下列哪一项不符合第Ⅱ类一般工业固体废物贮存、处置场关闭与封场的要求？【2010－2－36】

(A) 关闭或封场时，标高每升高3～5m，需建造一个台阶

(B) 封场后，地下水监测系统应继续维持正常运转

(C) 封场时第一层为阻隔层，覆20～45cm厚的黏土

(D) 封场时表面坡度不超过45%

【解析】 根据《教材（第三册）》P358《一般工业固体废物贮存、处置场污染控制标准》(GB 18599—2001)：

选项D：第8.1.2条，关闭或封场时，表面坡度一般不超过33%，D错误；

选项A：标高每升高3～5m，需建造一个台阶，A正确；

选项B：第8.3.2条，封场后，地下水监测系统应继续维持正常运转，B正确；

选项C：第8.3.1条，为防止固体废物直接暴露和雨水渗入固体废物堆体内，封场时表面覆土二层，第一层为阻隔层，覆20～45cm厚的黏土，C正确。

答案选【D】。

2. 企业在生产过程中可能产生各种固体废物，其中对暂时不能回收利用或拟进行处理处置的危险废物应将其贮存，该贮存设施必须符合国家有关政策的规定，指出下列哪一项不符合危险废物贮存设施的要求？【2010－2－35】

(A) 有泄漏液体收集装置及气体导出口和气体净化装置

(B) 地面与裙脚所围建的容积不低于堵截最大容器的最大储量的1/10

(C) 有隔离设施、报警装置和防风、防晒、防御设施

(D) 衬层上需建有渗滤液收集清除系统、径流疏导系统、雨水收集池

【解析】 根据《教材（第三册）》P333，《危险废物贮存污染控制标准》(GB 18597—2001)。第6.2.5条，地面与裙脚所围建的容积不低于堵截最大容器的最大储量的1/5。

选项A：符合6.2.2条规定；

选项C：符合6.3.9条规定；

选项D：符合6.3.6条、6.3.7条和6.3.8条规定。

答案选【B】。

【注】 相同的题目还出现在了【2012－3－62】。

3. 某城市2006年平均常住人口48万，经过实际统计平均每天收运垃圾量为408t，

按照垃圾收运率80%计算，该市人均日生产垃圾量为：【2008-2-33】

（A）1.06kg/(d·人)　　（B）1.68kg/(d·人)

（C）0.85kg/(d·人)　　（D）1.00kg/(d·人)

【解析】 $408\times1000\div(0.8\times48\times10^4)=1.06$kg/(d·人)。

答案选【A】。

4. 某城市城区面积为100km^2，垃圾运转系统服务人口约为150万人，城区共有垃圾转运站8座，其基本情况如下表所示，试问其中属于中型垃圾转运站的有几座？【2010-2-31】

垃圾转运站基本情况表

编号	1	2	3	4	5	6	7	8
占地面积（m^2）	2653	1560	5820	7325	4335	4102	986	680
规模（t/d）	120	90	400	600	200	180	60	30

（A）2座　　（B）3座

（C）4座　　（D）5座

【解析】 根据《教材（第三册）》P1348，《生活垃圾转运站工程项目建设标准》（建标117—2009）。表1中额定日转运能力为150～450t/d的为中型转运站。

答案选【B】。

5. 某城市拟建设垃圾转运站一座，已知服务区内垃圾产生量为500t/d，垃圾的日波动系数为1.36，以下关于该转运站类别和用地规模正确的是【2011-2-37】

（A）该转运站属于大型Ⅰ类转运站，其用地面积不应超过20000m^2

（B）该转运站属于大型Ⅰ类转运站，其用地面积不应超过15000m^2

（C）该转运站属于大型Ⅱ类转运站，其用地面积不应超过20000m^2

（D）该转运站属于大型Ⅱ类转运站，其用地面积不应超过15000m^2

【解析】 根据《教材（第三册）》P1348，《生活垃圾转运站工程项目建设标准》（建标117—2009），根据表1和表3。C正确。

答案选【C】。

多选题

1. 某地区拟新建一个贮存场，主要贮存尾矿、矸石、废石，根据国家相关污染控制标准，其场址选择应符合下列哪些要求？【2009-2-58】

（A）在工业区和居民集中区主导风向下风侧，场界距居民集中区400m以外

（B）应符合当地城乡建设总体规划要求

（C）禁止选在自然保护区、风景名胜区和其他需要特别保护的区域

（D）应避开天然滑坡或泥石流影响区

【解析】 根据《教材（第三册）》P358《一般工业固体废物贮存、处置场污染控制标准》（GB 18599—2001）：5.1.1 条、所选场址应符合当地城乡建设总体规划要求。5.1.2 条，在工业区和居民集中区主导风向下风侧，场界距居民集中区 500m 以外。5.1.4 条，应避开断层、断层破碎带、溶洞区，以及天然滑坡或泥石流影响区。5.1.6 条，禁止选在自然保护区、风景名胜区和其他需要特别保护的区域。

在当时，答案选【BCD】。

【注】《一般工业固体废物贮存、处置场污染控制标准》（GB 18599—2001）出了修改单，第 5.1.2 条修改为：应依据环境影响评价结论确定场址的位置及其与周围人群的距离，并经具有审批权的环境保护行政主管部门批准，并可作为规划控制的依据。在对一般工业固体废物贮存、处置场场址进行环境影响评价时，应重点考虑一般工业固体废物贮存、处置场产生的渗滤液以及粉尘等大气污染物等因素，根据其所在地区的环境功能区类别，综合评价其对周围环境、居住人群的身体健康、日常生活和生产活动的影响，确定其与常住居民居住场所、农用地、地表水体、高速公路、交通主干道（国道或省道）、铁路、飞机场、军事基地等敏感对象之间合理的位置关系。

2. 某地区拟新建一个贮存场，主要贮存一般工业固体废物，根据国家相关污染控制标准，其场址选择条件应符合下列哪些要求？【2010－2－70】

（A）应符合当地城乡建设总体规划要求

（B）在工业区和居民集中区主导风向下风侧，场界距居民集中区 400m 以外

（C）禁止选在自然保护区、风景名胜区和其他需要特别保护的区域

（D）应避开天然滑坡或泥石流影响区

【解析】 根据《教材（第三册）》P359～P360，《一般工业固体废物贮存、处置场污染控制标准》（GB 18599—2001）：

选项 A：5.1.1 条，所选场址应符合当地城乡建设总体规划要求，A 正确；

选项 B：5.1.2 条，应选在工业区和居民集中区主导风向下风侧，场界距居民集中区 500m 以外，B 错误；

选项 C：5.1.6 条，禁止选在自然保护区、风景名胜区和其他需要特别保护的区域，C 正确；

选项 D：5.1.4 条，应避开断层、断层破碎带、溶洞区，以及天然滑坡或泥石流影响区，D 正确。

在当时，答案【ACD】。

【注】《一般工业固体废物贮存、处置场污染控制标准》（GB 18599—2001）第 5.1.2 条修改内容见上题。

3. 下列哪些选项满足危险废物贮存设施建设条件的要求？【2011－2－56】

（A）不相容的危险废物堆放区必须建立隔离间

（B）危险废物贮存设施基础防渗层采用 2mm 厚的高密度聚乙烯，防渗系数小于 1×10^{-7}cm/s

（C）贮存设施的地面与隔离墙应建立堵截泄露的裙角

（D）贮存设施场界距地表水 180m

【解析】 根据《教材（第三册）》P333，《危险废物贮存污染控制标准》（GB 18597—2001）。P335 第 6.3.1 条，2mm 厚的高密度聚乙烯防渗系数小于 10^{-10}cm/s，因此 B 错误。

注意 D 项，第 6.1.3 条：场界应位于居民区 800m 以外，地表水域 150m 以外。这条出了修改单：应依据环境影响评价结论确定危险废物集中贮存设施的位置及其与周围人群的距离，并经具有审批权的环境保护行政主管部门批准，并可作为规划控制的依据。在对危险废物集中贮存设施场址进行环境影响评价时，应重点考虑危险废物集中贮存设施可能产生的有害物质泄漏、大气污染物（含恶臭物质）的产生与扩散以及可能的事故风险等因素，根据其所在地区的环境功能区类别，综合评价其对周围环境、居住人群的身体健康、日常生活和生产活动的影响，确定危险废物集中贮存设施与常住居民居住场所、农用地、地表水体以及其他敏感对象之间合理的位置关系。

在当时，答案选【ACD】。

4. 下列哪些材料适用于制作储存含硝酸废渣的容器或者衬层？【2014－2－68】

（A）聚丙烯　　　　（B）高密度聚乙烯

（C）聚氯乙烯　　　　（D）聚四氟乙烯

【解析】 根据《教材（第三册）》《危险废物贮存污染控制标准》P338，对照附录 B 表 1。

答案选【BD】。

5. 某城市拟在城郊配套建设一座规模为 800t/d 的大型垃圾转运站，对全市的生活垃圾进行中转运输，该转运站初步设计指标如下：总投资 3610.84 万元，占地面积 16580m^2。其中绿化面积 6135m^2，劳动定员 32 人。请问其中符合国家建设标准的指标有哪些？【2010－2－62】

（A）总投资　　　　（B）占地面积

（C）绿化面积　　　　（D）劳动定员

【解析】 根据《教材（第三册）》P1348，《生活垃圾转运站工程项目建设标准》（建标 117—2009）。800t/d 的转运能力，根据表 1 属于大型Ⅱ类转运站。

选项 A：投资：第五十九条，大型的投资估算指标为 4 万～5 万元/(t/d)，也就是该转运站投资估算为 3200 万～4000 万元，实际投资 3610.84 万元，A 正确；

选项 B：第五十二条表 3，大型Ⅱ类转运站用地指标为 15000～20000m^2，B 正确；

选项 C：第五十四条，绿化率应为总用地面积的 20%～30%，中型以上（含中型）转运站宜取上限，当地处绿化带隔离区域时，绿地率指标宜取下限。6135÷16580＝0.37，大于上限，C 错误；

选项 D：按照五十七条表 4，应该是 10～30 人，D 错误。

答案选【AB】。

4　固体废物的压实、破碎和分选技术

4.1　固废的预处理——压实

单选题

某小区每天产生生活垃圾 18t，其中无机物占 65%，容重是 $600kg/m^3$；有机物占 35%，容重是 $300kg/m^3$。采用自动压缩式垃圾车运输，假设压缩后垃圾的平均容重为 $1000kg/m^3$，求垃圾平均体积压缩倍数。【2014－2－21】

(A) 1.25　　(B) 2.25

(C) 3.25　　(D) 4.25

【解析】 根据《教材（第二册）》P59 中压缩倍数的公式，本题关键是算出压缩前后的体积。

$V_{前}=18\times0.65\div0.6+18\times0.35\div0.3=40.5m^3$；$V_{后}=18\div1=18m^3$；$n=40.5\div18=2.25$。

答案选【B】。

4.2　固废的预处理——破碎

单选题

1. 利用某个型号破碎机对冶炼废渣进行破碎，废渣平均粒度是 10cm，经过一级破碎后的粒度分级见下表，计算该破碎机的真实破碎比。【2014－2－22】

尺寸（cm）	1.00	0.80	0.35	0.10
重量分布（%）	80	10	4	6

(A) 4.4　　(B) 10.0

(C) 11.1　　(D) 17.6

【解析】 根据《新三废·固废卷》P195，真实破碎比是指破碎前后平均粒度的比值，破碎后的平均粒度是 $1\times0.8+0.8\times0.1+0.35\times0.04+0.1\times0.06=0.9cm$，因此真实破碎比为 $10\div0.9=11.1$。

答案选【C】。

2. 一直辊式破碎机给料口和金属辊子之间的摩擦系数为 0.36，给料最大尺寸为 8cm，破碎后出料尺寸为 1cm，求辊子的直径。【2008－2－34】

（A）3cm　　（B）109cm
（C）80cm　　（D）5cm

【解析】 根据《新三废·固废卷》P196～P197：$\mathrm{tg}\,\frac{n}{2}=0.36$，$s=1$，$d=8$，$\frac{D+S}{D+d}=\cos\frac{n}{2}$，得 $D=109\mathrm{cm}$。

答案选【B】。

多选题

1．关于固体废物进行低温破碎的技术，下列哪些描述是正确的？【2007－2－59】
（A）低温破碎产生的噪声比普通破碎高，因此需要加强噪声防治
（B）低温破碎机应选择以冲击作用为主的破碎机
（C）低温破碎选择液态氮作为制冷剂
（D）低温冷冻破碎适用于常温难破碎处理的橡胶、塑料等

【解析】 根据《教材（第二册）》P66～P67：
选项A：间歇式低温破碎与常温干式破碎相比，噪声约低7dB，A错误；
选项B、D："先通过预冷装置，橡胶塑料等冷脆物质迅速脆化，经由高速冲击破碎后"，B、D正确；
选项C：冷媒一般采用无毒和无爆炸性的液氮，C正确。
答案选【BCD】。

2．颚式破碎机有哪几种破碎作用？【2008－2－70】
（A）挤压破碎　　（B）重力破碎
（C）剪切破碎　　（D）研磨破碎

【解析】 根据《教材（第二册）》P66，简单摆动式颚式破碎机破碎物料以压碎为主，复杂摆动式颚式破碎机除有压碎、折断作用还有磨削作用。注意研磨是研成粉末。球磨机有该作用。
答案选【AC】。

3．下列哪几项是颚式破碎机选型时需要重点考虑的因素？【2014－2－56】
（A）进料口的尺寸和排料口的尺寸　　（B）破碎设备的处理能力
（C）移动颚的往返速度　　（D）破碎设备的重量

【解析】 根据《新三废·固废卷》P198，有颚式破碎机相关内容。
选项A：说明了颚式破碎机处理对象的尺寸范围，针对某种类型的废弃物是否能够满足生产要求这个在选型时应重点考虑；
选项B：为其处理能力，应重点考虑；
选项C、D：也可纳入考虑因素，但并不是"重点考虑"的内容。
答案选【AB】。

4.3 固废的预处理——分选

单选题

1. 根据固化废物比磁化系数的大小，利用磁选机可将其中的磁性材料、弱磁性材料和非磁性材料分离，已知废物中主要有铝废料，铝的比磁化系数为 $1.5\times10^{-6}m^3/kg$，选择何种磁场的磁选机可以将铝从废物中分离出来？【2007-2-35】

（A）弱磁场磁选机

（B）强磁场磁选机

（C）先用强磁场磁选机，再用弱磁场磁选机

（D）先用弱磁场磁选机，再用强磁场磁选机

【解析】 要将铝磁选出来应该先用弱磁选机将强磁性物质与另外两种分离，然后再用强磁选机将铝与非磁性材料分离，因此选D。

答案选【D】。

2. 利用一台两级分选设备，从废线路板破碎后的物料中分选出金属物料，已知废线路板混合物料总量为1000kg，其中金属含量400kg，分选后由回收金属物料的出口得到物料的量为425kg，其中金属物料为340kg，此分选机的金属回收率是哪一项？【2007-2-36】

（A）34%　　（B）80%

（C）85%　　（D）42.5%

【解析】 注意是金属的回收率。$340\div400=0.85=85\%$。

答案选【C】。

3. 在城市生活垃圾分选工艺中，滚筒筛是常用的分选设备，原理是哪一项？【2012-2-26】

（A）根据物料的不同比重，将垃圾中不同种类的物料分开

（B）根据物料的化学性质，将垃圾中不同性质的物料分开

（C）根据物料的不同粒度，将粒度范围较宽的颗粒分成窄级

（D）根据物料的电磁特性，将垃圾中不同种类的物料分开

【解析】 滚筒筛根据物料的不同粒度进行筛分。

答案选【C】。

4. 在废旧的家用电器资源化处理过程中，需要将贵重物体、黑色金属、有色金属、塑胶、玻璃材料等分离，下列处理流程中哪项是较合适的？【2011-2-40】

（A）人工拆解—筛分—磁力分选—电力分选—气流分选

（B）人工拆解—破碎—磁力分选—电力分选—气流分选

（C）破碎—磁力分选—电力分选—摇床分选—筛分

（D）人工拆解—磁力分选—跳汰分选—摇床分选

【解析】 有塑胶，塑胶轻质，与其他分离，应有气流，C、D排除；对比A、B选项，A无破碎。

答案选【B】。

多选题

下列哪些电子废物拆解技术是可行的？【2009－2－70】

（A）将整机直接破碎，然后进行筛分

（B）将电子线路板进行剪切破碎，经过风力摇床分选，分别获取金属和塑料

（C）将漆包线等在露天焚烧去掉漆皮，回收铜铝金属

（D）将含有毒物质的废物如电解电容、显像管等单独拆解回收

【解析】 选项A：整机直接破碎，肯定不对；

选项B：可行；

选项C：露天焚烧去掉漆皮产生污染；

选项D：可行。

答案选【BD】。

4.4 固废的预处理——脱水

单选题

某污水处理厂日产脱水污泥100t，含水率为79%，经干燥后污泥含水率下降至30%，每天污泥干燥脱出的水量为哪一项？【2010－2－25】

（A）30t　　（B）70t

（C）49t　　（D）21t

【解析】 每天污泥干燥脱出的水量为：$100-100\times0.21\div0.7=70$t。

答案选【B】。

5　固体废物固化/稳定化处理技术

单选题

1. 根据现行技术政策，下列哪类污染物必须进行必要的固化和稳定化处理后方可运输？【2007－2－21】

(A) 含汞、镉电池　　(B) 含多氯联苯的废物

(C) 废矿物油　　(D) 生活垃圾焚烧飞灰

【解析】 根据《教材（第四册）》P205，《危险废物污染防治技术政策》9.3.2条："生活垃圾焚烧飞灰在产生地必须进行必要的固化和稳定化处理后方可运输。"

答案选【D】。

2. 对飞灰进行固化/稳定化处理时，下列哪一种方法能获得高稳定性的固化体？【2009－2－39】

(A) 水泥固化法　　(B) 塑性固化法

(C) 化学稳定化　　(D) 熔融固化法

【解析】 根据《教材（第二册）》P84中表4－5－4，熔融固化法"玻璃体的高稳定性，可以确保固化体的长期稳定"，D正确。

答案选【D】。

【注】 P95"对于含有特殊污染物的危险废物（如石棉、含二噁英类等）或浸出毒性要求高的危险废物（如含特殊重金属类等），在传统的固化/稳定化技术无法达到控制标准的前提下，熔融固化技术也是最有效破坏或固化这些物质的技术手段"，这点要注意。

3. 在固体废物固化/稳定化处理技术中，下面哪一项不属于固化产品性能的评价指标？【2010－2－39】

(A) 固化体中污染物浸出率　　(B) 固化体中固体废物包容量

(C) 固化体的抗压强度　　(D) 固化体的体积变化因数

【解析】 根据《教材（第二册）》P85，固化产品性能的评价指标有浸出率、体积变化因数、抗压强度。

答案选【B】。

4. 为了减少危险废物固化体在贮存或填埋过程中有毒有害物质进入地表水或地下水环境中，通常选择下述哪一种评价指标来对固化产物性能进行评价？【2007－2－34】

(A) 危险废物固化体产品的几何形状

(B) 危险废物固化体的体积变化因素

(C) 危险废物固化体的抗压强度

（D）危险废物固化体的浸出率

【解析】 注意题干："减少危险废物固化体在贮存或填埋过程中有毒有害物质进入地表水或地下水环境中"，显然为浸出率。

答案选【D】。

5. 已知重金属Cd在浸出溶液中浓度为10mg/L，利用硅藻土作为吸附剂，取硅藻土20g、含Cd溶液200mL，放入容器中混合震荡18h，静止2h，再取上清液分析，溶液中Cd浓度为0.2mg/L，根据试验计算Cd在硅藻土中分配系数为多少？【2009－2－21】

（A）98mL/g　　（B）500mL/g

（C）490mL/g　　（D）245mL/g

【解析】 根据《新三废·固废卷》P646，公式4－9－4：$K_d=\frac{(C_0-C)/m}{C/V}=\frac{(10-0.2)/20}{0.2/200}$ ＝490mL/g。

答案选【C】。

多选题

1. 水泥固化是危险废物处置过程中常用的预处理方法，水泥固化机理是哪几项？【2013－2－59】

（A）水泥固化/稳定化是依靠水泥的黏结作用，将废物黏结成一体

（B）水泥的水合作用和水硬凝胶作用对危险废物形成包覆作用

（C）水泥中的氢氧根与危险废物中重金属反应，生成难溶于水的氢氧化物而固定在水泥固化体中

（D）水泥固化是依靠水泥水合作用发热，使有毒有害物质解毒，D错误

【解析】 根据《教材（第二册）》P86：

选项A："可将废物与水泥混合起来"，"最终依靠所加药剂使粒状的像土壤的物料变成了联合的块状产物，从而使大量的废物稳定化/固化"，A正确；

选项B："如果废物没有足够的水分，还要加水使之水化"，B正确；

选项C："典型的例子，如形成溶解性比金属离子小得多的金属氧化物"，C正确；

选项D：确实可以产生热量，但是并不能通过该热量就使有害物质解毒，D错误。

答案选【ABC】。

2. 利用石灰对生活污水污泥进行碱化稳定处理，应符合下列哪些规定？【2013－2－70】

（A）投加消石灰对生活污泥进行稳定处理

（B）投加石灰干重宜占污泥干重的15%～30%

（C）石灰稳定设施必须设置废气处理设备

（D）石灰稳定污泥体积增加量宜控制在5%～12%

【解析】 看到本题的第一反应是去找石灰固化，翻了教材和《新三废·固废卷》与

《老三废·固废卷》会发现均没有相关的内容。再次看题，是针对生活污水的污泥石灰固化，再看题干有“规定”二字，那么去找生活污水的污泥的相关规范和内容。根据《教材（第三册）》P1424《城镇污水处理厂污泥处理技术规程》第5条有关内容。A项中“石灰稳定工艺中宜采用生石灰”，A错误。

答案选【BCD】。

6　固体废物生物处理技术

6.1　固体废物生物处理理论

单选题

1. 在有机固体废物厌氧反应过程中，大部分的甲烷主要由下列哪种中间产物转化而来？【2008－2－23】

(A) 丙酸　　(B) 氢气

(C) 乙酸　　(D) 醇类

【解析】 根据《新三废·固废卷》P304："一般来说，有70%的甲烷来自乙酸的分解。"

答案选【C】。

2. 对于固体废物厌氧消化的三阶段理论，第二阶段的厌氧微生物主要是哪一项？【2012－2－31】

(A) 酵母菌　　(B) 水解菌

(C) 产酸菌　　(D) 产甲烷菌

【解析】 根据《教材（第二册）》P111，厌氧消化三个阶段的微生物分别为水解菌、产酸菌和产甲烷菌。

答案选【C】。

3. 碱度能反应物料在厌氧处理过程中所具有的缓冲能力，下列有关碱度的描述哪项是正确的？【2008－2－22】

(A) 2000mg/L以上高浓度的游离挥发性脂肪酸（VFA）可促进甲烷菌生长，VFA阳离子也是影响碳酸氢盐碱度的主要因素

(B) 厌氧消化系统对碱的缓冲能力小于对酸的缓冲能力，一般要求碱度控制在1500mg/L（以$CaCO_3$计）为宜

(C) pH过低，氨氮多以NH_4^+的形式存在，各种脂肪酸多以分子态存在

(D) 调整pH的最佳方法是调整原料的碳氮比，原料的含氮量越低，则碱度越大

【解析】 选项A：根据《新三废·固废卷》P307，倒数第三段"正常发酵时VFA的浓度时2000mg/L以下，当超负荷或收到毒物影响而使产甲烷过程受到抑制时，VFA的浓度会增加到3000～4000mg/L以上"，故A错误；

选项B：根据《教材（第二册）》P136，第二段"通常情况下，碱度控制在2500～5000mg－$CaCO_3$/L时，可以获得较好的缓冲能力"，故B错误；

选项D：根据《新三废·固废卷》P307第三段"随后，由于氨化作用的进行而产生

氨，氨溶于水，形成氢氧化铵，中和有机酸使 pH 回升”，《教材（第二册）》P136“碱度可以通过投加石灰或含氮物料的办法进行调节”。D 错误。

答案选【C】。

4. 好氧堆肥过程中硝化菌在氮的形态转化中起重要作用，硝化菌是属于哪类微生物？它利用的碳源和能源分别是什么？【2013－2－24】

（A）光能自养微生物，利用的是 CO_2 和太阳能

（B）化能自养微生物，利用的是有机碳和化学能

（C）化能异养微生物，利用的是 CO_2 和化学能

（D）化能自养微生物，利用的是 CO_2 和化学能

【解析】 这个知识点在水方向的脱氮除磷部分，硝化细菌是化能自养微生物，利用的是 CO_2 和化学能。D 正确。

答案选【D】。

5. 在有机固体废物好氧堆肥腐熟阶段，只剩下部分较难分解的有机物和新形成的腐殖质，此时微生物活性下降，温度下降，在此阶段下列哪类微生物占优势？【2007－2－31】

（A）嗜温微生物　　（B）嗜热微生物

（C）嗜酸微生物　　（D）嗜碱微生物

【解析】 根据《新三废·固废卷》P273 第三段，“在内源呼吸后期，只剩下部分较难分解及难分解的有机物和新形成的腐殖质，此时微生物活性下降，发热量减少。在此阶段，嗜温微生物重新变成优势菌，对残余较难分解的有机物进一步分解”。

答案选【A】。

6. 在有机废物好氧堆肥过程中，下列哪种组合对分解纤维素和半纤维素物质具有良好的效果？【2009－2－26】

（A）50℃，嗜温性放线菌　　（B）55℃，嗜热性放线菌

（C）40℃，嗜热性真菌　　（D）40℃，嗜温性细菌

【解析】 根据《新三废·固废卷》P272 最后一段，“当堆肥温度升到 45℃ 以上时，即进入高温阶段。在这阶段，嗜温性微生物受到抑制甚至死亡，嗜热性微生物逐渐代替了嗜温性微生物的活动，堆肥中残留的和新形成的可溶性有机物继续分解转化，复杂的有机化合物如半纤维素、纤维素和蛋白质等开始强烈分解。通常在 50℃ 左右进行活动的主要是嗜热性真菌和放线菌；温度上升到 60℃ 时，真菌几乎完全停止活动。”

答案选【B】。

7. 在固体废物生物处理中，好氧生物处理和厌氧生物处理得相同点为哪一项？【2007－2－32】

（A）处理后的最终产物相同

（B）都是通过微生物的代谢作用，将有机物降解

（C）对氧气的要求相同

（D）处理过程中释放能量的形式相同

【解析】 好氧生物处理和厌氧生物处理产物不同，前者是二氧化碳、水，后者是甲烷，两者对氧气的要求不同，能量的释放形式也不同。

答案选【B】。

多选题

1. 下列关于有机固体废物厌氧处理两相发酵工艺的描述中，符合该工艺的特点有哪几项？【2007－2－69】

（A）在甲烷阶段产甲烷菌繁殖较快，滞留时间较短，一般甲烷罐可小于酸化罐

（B）在酸化阶段酸化菌繁殖较快，滞留时间较短，一般酸化罐可小于甲烷罐

（C）在酸化阶段酸化菌繁殖较慢，滞留时间较长，一般酸化罐可大于甲烷罐

（D）在甲烷阶段产甲烷菌繁殖较慢，滞留时间较长，一般甲烷罐可大于酸化罐

【解析】 根据《新三废·固废卷》P311倒数第七行：产甲烷菌的繁殖较慢，因此甲烷阶段停留时间长，甲烷罐体积较大。

答案选【BD】。

2. 一般认为，有机废物厌氧处理过程中的微生物菌群可分为不产甲烷菌群和产甲烷菌群，下列关于产甲烷菌群的特点的描述哪些是正确的？【2007－2－70】

（A）严格厌氧，对氧和氧化剂非常敏感　（B）要求酸性环境条件

（C）菌体倍增时间较短　（D）只能利用少数简单化合物作为营养

【解析】 根据《新三废·固废卷》P304，产甲烷均具有5个特点：（1）严格厌氧、对氧和氧化剂非常敏感；（2）要求中性偏碱环境条件；（3）菌体倍增时间较长，有的需要4～5d才能繁殖一代，因此一般情况下，产甲烷反应是厌氧消化的限速步骤；（4）只能利用少数简单化合物作为营养；（5）主要终产物是CH_4和CO_2。

答案选【AD】。

3. 根据温度对厌氧微生物的影响，厌氧发酵可分为常温、中温、高温，下列说法正确的是哪几项？【2011－2－58】

（A）中温菌种类多，易于培养驯化，活性高，因此厌氧处理常用中温驯化

（B）消化温度在短时内急剧变化（＞±5℃）时，消化速率不会受到抑制

（C）可以通过驯化的方式使中温菌满足高温消化需求

（D）高温厌氧发酵更有利于对纤维素的分解，对病毒和病菌的灭活，对寄生虫卵的杀灭

【解析】 选项B，根据《新三废·固废卷》P307，"甲烷菌对温度的急剧变化非常敏感，即使温度只降低2℃，也能立即产生不良影响"，B错误；

选项C，根据《新三废·固废卷》P308倒数第四行，"需要注意的是，进行中温发酵则必须用中温发酵的发酵液作为接种物，不能指望中温发酵的菌群在高温条件下得到良好

的效果。”C 错误。

答案选【AD】。

4. 下列哪些选项属于两相厌氧消化工艺的特点？【2014 -2 -58】

（A）物料在产酸阶段滞留期较短，在产甲烷阶段滞留期较长

（B）产酸阶段也产生大量甲烷

（C）产酸和产甲烷过程在不同装置中进行，并分别控制条件

（D）产酸阶段可降解物料中绝大部分的 COD

【解析】 选项 A：根据《新三废·固废卷》P311，正确；

选项 B：应该是产甲烷阶段产生大量甲烷，错误；

选项 C：根据《新三废·固废卷》P312 图 4 -4 -6，正确。

选项 D：产酸阶段主要是把有机物转化成有机酸，并不是降解绝大部分的 COD。

答案选【AC】。

6.2 好氧堆肥技术

单选题

1. 当堆肥物料中碳氮比过低时，需要添加一定量的碳源物质进行调理，下列物质中适宜做碳源调理剂的是哪一项？【2010 -2 -22】

（A）CO_2　　（B）$CaCO_3$

（C）玉米秸秆　　（D）鸡粪

【解析】 根据《新三废·固废卷》P284 表 4 -3 -4，可以看出鸡粪的 C/N 较小，秸秆的 C/N 较高。CO_2 和 $CaCO_3$ 非有机碳。

答案选【C】。

2. 农场为了快速对玉米秸秆进行堆肥，需要添加接种物，下列哪种物质适用？【2012 -2 -30】

（A）碎木屑　　（B）草木灰

（C）畜禽粪便　　（D）谷糠

【解析】 玉米秸秆的 C/N 比较高，需要添加含 N 较多的物质，选畜禽粪便。

答案选【C】。

【注】 本题与【2010 -2 -22】类似。

3. 某地方常以城市生活垃圾作为原料采用二次发酵工艺进行堆肥处理工艺，采用了四种不同的处理方案进行试验。当发酵终止时，各处理方案的结果如下，请根据结果判断哪个设计方案最适宜？【2011 -2 -28】

（A）方案 1 的结果：含水率 27.7%，C/N = 17.3

（B）方案 2 的结果：含水率 45.6%，C/N = 18.2

（C）方案3的结果：含水率26.8%，C/N=25.3

（D）方案4的结果：含水率28.9%，C/N=30.3

【解析】 根据《新三废·固废卷》P297，发酵终止指标：含水率25%～35%，C/N小于或等于20。

答案选【A】。

4. 城市生活垃圾在进行堆肥之前需要进行预处理，经过筛分和后续磁选后，下列哪一粒径范围的垃圾适宜送发酵仓进行堆肥？【2014-2-23】

（A）小于12mm （B）12～60mm

（C）60～100mm （D）大于100mm

【解析】 根据《新三废·固废卷》P277，第二段"物料的颗粒变小，比表面积增加，有利于微生物的繁殖，从而促进发酵过程。但是颗粒也不能太小，因为要考虑到保持一定程度的孔隙率与透气性能，以便均匀充分地通风供氧。适宜的粒径范围是12～60mm。"

答案选【B】。

5. 关于好氧堆肥原料的碳氮比的正确描述是哪一项？【2014-2-24】

（A）最佳C/N为20～25，C/N过低会导致多余氮以氨的形式逸散

（B）最佳C/N为20～25，C/N过高会导致微生物的繁殖受到碳源的限制

（C）最佳C/N为20～25，C/N过低会导致微生物的繁殖受到氮源的限制

（D）当采用水果废物堆肥时，可与纸类废物混合，以调节到最佳的C/N范围

【解析】 根据《教材（第二册）》P119，大部分有机废物的最佳C/N是20～25；

选项B：C/N过高会导致微生物的繁殖受到N源的限制，B错误；

选项C：C/N过低会导致微生物的繁殖受到C源的限制，C错误；

选项D：水果和纸类的C/N均高于最佳C/N，D错误。

答案选【A】。

6. 下列关于卧式发酵滚筒的描述错误的是哪一项？【2013-2-30】

（A）卧式发酵滚筒有多种形式，其中比较典型的形式为达诺（Dano）式滚筒，为世界各国广泛采用的发酵设备之一

（B）卧式发酵滚筒结构简单，可采用较大粒度的物料，使预处理设备简单化

（C）卧式发酵滚筒物料发酵周期长，发酵产品均质化好

（D）物料在卧式发酵滚筒内被反复升高跌落，可使筒内的水分和温度均匀化

【解析】 根据《新三废·固废卷》P294表4-3-8，C错误。

答案选【C】。

7. 经分选破碎的物料被输送机送到堆肥设备的中心上方，并被均匀地加至该设备内。物料自上而下"自转"的同时，还在该设备内"公转"，使腐熟后的物料缓慢地向设备中央的出料斗移动。上述描述指的是哪种堆肥设备的工作过程？【2009-2-27】

（A）筒仓式发酵仓 （B）螺旋搅拌式发酵仓

(C) 多段竖炉式发酵塔　　　　(D) 达诺 (Dano) 式滚筒

【解析】 根据《新三废·固废卷》P293 第一段。

答案选【B】。

8. 下列哪个指标表明堆肥尚未腐熟和稳定?【2010－2－38】

(A) 堆体经高温后回落至环境温度且不再升温

(B) 耗氧速率为 0.21L/min

(C) 雪里蕻种子发芽指数 >50%

(D) 堆料呈黑褐色、松散、无臭味

【解析】 选项 A：根据堆肥化过程温度变化规律，堆体经高温后回落至环境温度且不再升温能够表明已经处于熟化阶段。

选项 B：无法判断，应该说明单位体积堆体或者单位质量的耗氧量。

选项 C：《固体废物处置与资源化》(蒋建国) P183，"Garcia 等通过进行城市有机废物的实验，根据堆肥的腐熟程度将堆肥过程分为三个阶段：a. 抑制发芽阶段，一般在堆肥开始的 1～13d，此时种子发芽几乎被完全抑制；b. GI 指数迅速上升阶段，一般发生在堆肥 26～65d，种子发芽指数 GI＝30%～50%；c. GI 指数徐缓上升至稳定阶段，当继续堆肥超过 65d，GI 指数可以上升至 90%"，发芽指数大于 50% 说明已经超过 65d，已经处于第三阶段，堆肥基本已经稳定。《固体废物堆肥原理与技术》(柴晓利，张华，赵由才) P107，表 6－3，认为发芽指数应在 80%～85%；这个数据应该是指最终的、腐熟过程全部完成的数据。

选项 D：《固体废物处置与资源化》(蒋建国) P181，"完全腐熟以后的堆肥呈现茶褐色至黑色，没有有机物腐烂的恶臭"。

答案选【B】。

多选题

1. 在厨余垃圾好氧堆肥前处理阶段，添加秸秆等物质的作用为哪几项?【2009－2－62】

(A) 提高堆料含水率　　　　(B) 调整碳氮比

(C) 调整 pH 值　　　　(D) 增加透气性

【解析】 选项 A：秸秆含水率低，A 错误；

选项 B：厨余的 N 元素含量高，秸秆的 C 元素含量高，加秸秆可调节碳氮比，B 正确；

选项 C：加入秸秆不能调整 pH，C 错误；

选项 D：可增加透气性，D 正确。

答案选【BD】。

2. 条垛式堆肥是普遍采用的一种简便堆肥方式，在堆肥过程中需要通过人工或机械方法每间隔一段时间进行堆肥物料的翻堆，这样翻堆的目的是哪几项?【2009－2－61】

(A) 提高料堆中的氧化还原电位　　　　(B) 满足物料杀菌和无害化的需要

(C) 促进有机质的均匀降解　　　　(D) 减少氮素的损失

【解析】 选项A：翻堆可以提供充足的氧气，A正确；

选项B：根据《新三废·固废卷》P274，“如下因素会限制热灭活效率”，其二“由于传热速度低或整个堆料物没有均匀的温度场，存在局部低温区，会是病原微菌得到残活的可能条件（如加强翻堆、搅拌使整个料层有均匀的温度场是必要的）”，B正确；

选项C：翻堆的同时能够均匀混合物料，C正确；

选项D：从两个方面来理解：翻堆一方面可能造成未被氧化的氨的散逸，另一方面防止了厌氧环境形成，将氨氧化，所以D错误。

答案选【ABC】。

3. 对于机械化连续堆肥生产系统，下列有关氧浓度和供养控制的描述哪些是正确的？【2009－2－63】

（A）通过测定发酵仓内CO_2的含量来确定堆体内氧的浓度及氧的吸收率

（B）通过测定发酵仓内氧的含量来确定堆体内氧的浓度及氧的吸收率

（C）以发酵仓内氧的体积浓度14%～17%为适宜值来控制通风供氧量

（D）以发酵仓内CO_2的体积浓度14%～17%为适宜值来控制通风供氧量

【解析】 根据《新三废·固废卷》P280，氧的吸收率（或称耗氧速率）是衡量生物氧化作用及有机物分解程度的重要评价参数，故对于机械化连续堆肥生产系统，可以通过测定排气中氧的含量（或CO_2含量）以确定发酵仓内氧的浓度及氧的吸收率，排气中氧的适宜体积浓度值是14%～17%，可以此为指标控制通风供氧量。

答案选【ABC】。

4. 下列垃圾堆肥发酵装置中具有翻料功能的装置为哪几项？【2007－2－68】

（A）戽斗式翻堆机发酵池　　（B）仓式（静态）发酵仓

（C）卧式堆肥发酵滚筒　　（D）多段竖炉式发酵仓

【解析】 根据《新三废·固废卷》P289，戽斗式翻堆机发酵池，具有翻堆功能；P293：卧式发酵滚筒，具有翻堆功能；P290：多段竖炉式发酵仓，具有翻堆功能；P291：仓式发酵仓，无翻堆功能。

答案选【ACD】。

6.3 厌氧消化技术

单选题

1. 有机废物厌氧消化根据总固体含量不同，可分为低固体消化工艺和高固体消化工艺，总固体含量为下列哪项时属于高固体消化工艺？【2010－2－21】

（A）4%～8%　　（B）8%～10%

（C）10%～15%　　（D）25%～30%

【解析】 根据《教材（第二册）》P131。高固体厌氧消化工艺的总固体浓度大约在22%以上。D正确。

答案选【D】。

2. 下面有关于大型厌氧发酵装置选址的描述不正确的是哪一项？【2009-2-28】

（A）尽量靠近发酵原料的产地和沼气利用地区，还应与总排出口相衔接

（B）应靠近公路等交通设施

（C）宜选择在土质坚实、地下水位低的地区

（D）应避开竹林和树林

【解析】 发酵装置应远离公路与铁路，以免对沼气池造成震动与损害。其他选项均正确。

答案选【B】。

3. 下列哪组设备为湿式厌氧消化工艺的必需设备？【2014-2-26】

（A）进料设备、水解设备、厌氧消化设备、沼气收集储存设备、沼渣固液分离设备

（B）进料设备、厌氧消化设备、沼气收集储存设备、沼渣固液分离设备

（C）进料设备、厌氧消化设备、沼气收集储存设备、沼渣干燥设备

（D）进料设备、水解设备、厌氧消化设备、沼气收集储存设备

【解析】 水解设备、沼渣干燥设备均不是“必需”设备。

答案选【B】。

多选题

1. 在对餐厨垃圾进行厌氧消化处理时，下列哪些措施可减缓酸化作用？【2013-2-60】

（A）与草木灰混合消化　　（B）减少有机负荷率

（C）增加沼液回流比　　（D）增加含固率

【解析】 选项A：酸化是由有机质发酵而来，那么就要减少有机质的浓度才能减缓酸化作用，草木灰有机质含量很少，并且呈碱性，有利于减缓酸化作用，A正确；

选项B：减少有机负荷减少了酸化，B正确；

选项C：增加沼液回流比降低了系统含固率，减少了有机质的浓度，C正确；

选项D：增加含固率，增加了有机质的含量，D错误。

答案选【ABC】。

2. 在对秸秆类有机固体废物进行厌氧消化产沼气时，为了更好地使厌氧消化易于进行，有时会对秸秆先采取堆沤处理，下面有关堆沤处理的描述正确的是哪几项？【2013-2-61】

（A）在堆沤过程中，原料带进去的发酵细菌大量生长繁殖，起到富集菌种的作用

（B）堆沤腐熟的物料进入沼气池后可增强酸化作用

（C）可使纤维素变松散，扩大了纤维素分解菌与纤维素的接触面，大大加速了纤维素分解速度，加速发酵产沼

（D）堆沤腐烂的原料入池后易沉底，不易浮在水面

【解析】 根据《农村家用沼气的运行管理》，在“（三）原料堆沤”中说明了堆沤的作用：在堆沤过程中，原料中带进去的发酵细菌大量生长繁殖，起到富集菌种的作用；堆沤腐熟的物料进入沼气池后可减缓酸化作用，有利于酸化和甲烷化的平衡；秸秆原料经堆沤后，纤维素变松散，扩大了纤维素分解菌与纤维素的接触面，大大加速纤维素的分解速度，加速沼气发酵过程的进行；堆沤腐烂的纤维素原料含水量较大，入池后很快沉底，不易浮面结壳；原料堆沤后体积缩小，便于装池。

答案选【ACD】。

3．对于农村小型沼气池场地选择与布局，正确的是哪几项？【2011－2－59】

（A）建在农舍主导风向的下风向

（B）为使沼气池全年均衡产气，必须建在全年平均气温15℃以上地区

（C）沼气池场地宜选择靠近树林或竹林

（D）沼气池的场地宜与牲畜圈安排在一起

【解析】 选项A、D：建在农舍主导风向的下风向：沼气池的场地宜与牲畜圈安排在一起，D正确；

选项B有争议；

选项C：不适宜选在靠近树林或者竹林的地方，以防发生火灾。

答案选【AD】。

4．农村用沼气池在修建过程中和修建后检查方法主要有哪几项？【2012－2－68】

（A）水试压法　　（B）探伤法

（C）气试压法　　（D）显微摄影法

【解析】 农村沼气池一般有气试压和水试压两种方法，见中国沼气网关于沼气池建造的相关资料。

答案选【AC】。

6.4　相关计算

单选题

1．50t含水率为40%的脱水粪便与25t的含水率为45%的生活垃圾、25t含水率为35%秸秆的回流堆肥混合。若欲使此混合物料的含水率为50%，需要添加多少吨水？【2008－2－24】

（A）25t　　（B）2t

（C）10t　　（D）20t

【解析】 设添加水的量为x吨，则$\dfrac{50\times40\%+25\times45\%+25\times35\%+x}{50+25+25+x}=50\%$，得$x=20$t。

答案选【D】。

2. 某城市要建设一座100t/d的有机固体废物好氧堆肥厂，经分析得知该有机废物的化学组成是 $C_5H_7O_2N$，可降解有机物的含量为70%，实际降解系数是0.7。在25℃、101.325kPa下，空气的密度为1.20g/L、含氧量（质量分数）为23.2%，则100t该有机废物好氧堆肥理论上所需的空气量为多少立方米？【2009-2-29】

(A) 2.50×10^5　　(B) 0.58×10^5

(C) 3.00×10^5　　(D) 5.10×10^5

【解析】 需要降解有机物的质量为：$100\times0.7\times0.7=49t$；

根据化学反应方程式：$C_5H_7O_2N+5O_2 \rightarrow 5CO_2+2H_2O+NH_3$；

需要的氧气的质量为：$49\times160\div113=69.38t$；

需要的空气的质量为：$69.38\div0.232=299.1t$；

空气的体积为：$V=299.1\times1000\div1.2=2.49\times10^5m^3$。

答案选【A】。

3. 某有机垃圾中含有纤维素、蛋白质、脂肪等有机组分，其化学式为 $C_{50}H_{80}O_{40}N_8$，其中可降解有机物的含量为80%且全部降解。试计算能单位质量该有机垃圾（以干物质计算）厌氧发酵的理论甲烷产量。(甲烷的密度为 $0.7155kg/m^3$)【2014-2-25】

(A) $0.2748m^3/kg$　　(B) $0.3252m^3/kg$

(C) $0.4325m^3/kg$　　(D) $0.5151m^3/kg$

【解析】 根据《教材（第二册）》P113，根据公式4-6-13，$a=50$，$b=80$，$c=40$，$d=8$，方程式中 CH_4 前面的系数为22。$\frac{1\times0.8}{50\times12+80+40\times16+14\times8}\times\frac{22\times(12+4)}{0.7155}=0.2748m^3/kg$。

答案选【A】。

4. 某农用沼气池，发酵温度是35℃，进料总固体（TS）浓度为10%，每天进料 $100m^3$，进料比重约为 $1t/m^3$，沼气池有效容积是 $2000m^3$，估算沼气池对TS的容积负荷率。【2014-2-27】

(A) $4kg/(m^3\cdot d)$　　(B) $5kg/(m^3\cdot d)$

(C) $6kg/(m^3\cdot d)$　　(D) $8kg/(m^3\cdot d)$

【解析】 $\frac{1\times100\times0.1}{2000}\times10^3=5kg/(m^3\cdot d)$。

答案选【B】。

多选题

经分选后的餐厨垃圾与浓缩污泥进行厌氧共发酵处理，二者混合后含水量为93%，厌氧消化区有效容积 $3240m^3$，进料后反应器温度维持在50℃，水力停留时间

(HRT) 15d，采用最大流量为 $9m^3/h$ 的螺杆泵直接进料，沼气直接由反应器顶部逸出并收集。根据以上条件，下列对于该工艺类型的描述哪些是错误的？【2012-2-69】

(A) 中温、连续、两相发酵　　(B) 高温、批量、混合发酵

(C) 中温、批量、两相发酵　　(D) 高温、连续、混合发酵

【解析】 50℃为高温发酵；

根据题目如果连续进料则15d内的进料量为 $15\times9\times24=3240m^3$，正好与有效容积是相等的，所以是连续的；

混合在一起所以为混合发酵。

答案选【ABC】。

7　固体废物热处理技术

7.1　焚烧处理的指标、标准——一般要求

单选题

下列哪项是衡量垃圾焚烧处理效果的技术指标？【2009－2－36】

（A）焚烧温度、停留时间、混合强度、过剩空气

（B）减量比、热灼减量、燃烧效率、烟气中污染物的排放浓度

（C）焚烧温度、停留时间、混合强度、燃烧效率

（D）焚烧温度、热灼减量、停留时间、燃烧效率

【解析】　根据《新三废·固废卷》P360。

答案选【B】。

多选题

为了实现垃圾焚烧自动燃烧控制的目标，下列哪些参数应连续监测？【2009－2－68】

（A）烟气中CO浓度　　（B）垃圾的进料量

（C）烟气中O_2浓度　　（D）烟气中SO_2浓度

【解析】　为了实现垃圾焚烧自动燃烧控制的目标，连续监测的指标应该是能够改变或者是体现燃烧状况的参数，A、B、C正确；

D的监测是为了使尾气排放达标，故错误。

答案选【ABC】。

7.2　焚烧处理的指标、标准——生活垃圾焚烧

单选题

1．生活垃圾焚烧炉渣热灼减率不得超过百分之几？【2007－2－22】

（A）3　　（B）4

（C）5　　（D）6

【解析】　根据《生活垃圾焚烧污染控制标准》（GB 18485—2014）表1，生活垃圾焚烧炉渣热灼减率≤5%。

答案选【C】。

【注】　按照老标准，答案也是选【C】。最新版本的《生活垃圾焚烧污染控制标准》为GB 18485—2014。

2．从某生活垃圾焚烧厂出渣机排渣口取渣样本100g（渣含水8%），送干燥机脱水，干燥样再经600℃、3h灼热后冷却至室温，灼热后渣样质量为88.5g，请指出下列焚烧炉渣热灼热率哪一个是正确的？【2010－2－27】

（A）3.5%　　（B）3.8%

（C）4.0%　　（D）12.5%

【解析】 根据《新三废·固废卷》P360，灼减率＝(92－88.5)÷92＝3.8%。

答案选【B】。

3．某危险废物焚烧炉炉渣干燥后原始质量1kg（室温），进600℃（±10℃）3h灼热后冷却至室温的质量为0.935kg。该危险废弃物炉渣热灼减率为哪一项？【2014－2－36】

（A）0.8%　　（B）1.5%

（C）3.2%　　（D）6.5%

【解析】 根据《新三废·固废卷》P360，灼减率为（1－0.935）÷1＝6.5%。

答案选【D】。

4．对生活垃圾焚烧炉烟囱的技术要求是哪一项？【2010－2－69】

（A）当焚烧处理量为80t/d，烟囱最低允许高度为25m

（B）当焚烧处理量为120t/d，烟囱最低允许高度为30m

（C）当焚烧处理量为350t/d，烟囱最低允许高度为60m

（D）当焚烧炉烟囱周围半径200m距离内有建筑物，烟囱高出最高建筑物2m时，其烟尘的排放限值为40mg/m^3

【解析】 根据《生活垃圾焚烧污染控制标准》（GB 18485—2014）表3，A、B错误，C正确；

选项D：“5.5 焚烧炉烟囱高度不得低于表3规定的高度，具体高度应根据环境影响评价结论确定。如果在烟囱周围200米半径距离内存在建筑物时，烟囱高度应至少高出这一区域内最高建筑物3m以上。”D错误。

答案选【C】。

【注】 按照老标准，《教材（第三册）》P327，《生活垃圾焚烧污染控制标准》（GB 18485—2001）。根据表2，A、C正确，B错误；根据7.2.2和表3，D正确。答案选【ACD】。

多选题

1．按《城市生活垃圾处理及污染防治技术政策》，关于城市生活垃圾处理方式选择原则正确的是哪几项？【2013－2－56】

（A）具备卫生填埋场地资源和自然条件适宜的城市，以卫生填埋作为垃圾处理的基本方案

（B）具备经济条件、垃圾热值条件和缺乏卫生填埋场地资源的城市可发展焚烧处理技术

（C）垃圾焚烧目前宜采用以循环流化床为基础的成熟技术，审慎采用其他炉型的焚

烧炉

（D）进炉垃圾平均低位热值高于4000kJ/kg、卫生填埋场地缺乏和经济发达的地区适用垃圾焚烧

【解析】 根据《教材（第四册）》P198《城市生活垃圾处理及污染防治技术政策》：

选项A、B：依照第1.6条，A、B正确；

选项C：依照6.2条，“垃圾焚烧目前宜采用以炉排炉为基础的成熟技术，审慎采用其他炉型的焚烧炉”；C错误；

选项D：依照6.1条，“焚烧适用于进炉垃圾平均低位热值高于5000kJ/kg、卫生填埋场地缺乏和经济发达的地区”，D错误。

答案选【AB】。

2. 目前我国各地设计、建设了一批垃圾焚烧发电厂，下面哪些选项是正确的?【2010－2－59】

（A）生活垃圾焚烧炉烟气出口温度不低于850℃，烟气停留时间不少于1s

（B）生活垃圾焚烧炉烟气出口温度不低于850℃，烟气停留时间不少于2s

（C）必须对焚烧炉内物料给以足够的搅拌强度，并供给过剩的燃烧空气

（D）严格控制焚烧温度、搅拌强度、停留时间

【解析】 根据《生活垃圾焚烧污染控制标准》（GB 18485—2014）表1，表1内容说明A错误，B正确；

根据《新三废·固废卷》P369～P371，C、D正确。

答案选【BCD】。

【注】 按照老标准，仍然选【BCD】。

3. 在生活垃圾焚烧发电厂运行过程中，试问哪些调整措施有利于提高垃圾焚烧效率?【2011－2－60】

（A）提高焚烧温度　　（B）减少垃圾在炉排上的停留时间

（C）减少助燃空气量　　（D）增加助燃燃料量

【解析】 选项B、C，显然不利于充分焚烧。

答案选【AD】。

7.3 焚烧处理的指标、标准——危险垃圾焚烧

单选题

1. 某城市环保主管部门需对废轮胎、废塑料和废矿物油等混合物焚烧运行状况，技术性能指标进行考核，按照国家相关焚烧技术指标，下列哪一项不是该类废物焚烧设备的技术考核指标?【2010－2－37】

（A）焚烧炉出口烟气中氧含量　　（B）焚烧温度、烟气停留时间

（C）燃烧效率、焚烧残渣的热灼减率　　（D）有机物焚烧去除率

【解析】 根据《教材（第三册）》P355，《危险废物焚烧污染控制标准》（GB 18484—2001），4.4.1 条表 2 中有焚烧炉温度、烟气停留时间、燃烧效率、焚毁去除率、焚烧残渣的热灼减率。

答案选【A】。

2. 废物集中焚烧处置工程中，医疗废物临时贮存时间为哪一项？【2012－2－21】

（A）贮存温度≥5℃时，贮存时间不得超过 24h

（B）贮存温度≥5℃时，贮存时间不得超过 48h

（C）贮存温度≥5℃时，贮存时间不得超过 72h

（D）贮存温度≥5℃时，贮存时间不得超过 12h

【解析】 根据《教材（第三册）》P1134，《医疗废物集中焚烧处置工程建设技术规范》（HJ/T 177—2005）第 6.3.11 条。

答案选【A】。

3. 根据危险废物污染防治政策，下列哪项要求是错误的？【2012－2－22】

（A）易爆废物不宜进行焚烧处理

（B）危险废物焚烧去除率大于 99.99%

（C）危险废物焚烧宜采用回转窑焚烧炉

（D）危险废物焚烧产生的残渣可以进入生活垃圾填埋场进行填埋处理

【解析】 根据《教材（第四册）》P204《危险废物污染防治技术政策》第 7.2.4 条："危险废物焚烧产生的残渣和飞灰都须按照危险废物进行安全填埋处理"。

答案选【D】。

4. 某市拟建一危险废物集中焚烧处置厂，选用了两台回转式焚烧炉，下列哪一项参数不能满足焚烧技术规范要求？【2011－2－24】

（A）焚烧温度≥1100℃　　（B）焚烧炉出口烟气中氧含量≥12%

（C）烟气在 1100℃以上停留时间≥2s　　（D）焚烧炉使用寿命不低于 10 年

【解析】 根据《教材（第三册）》P355，《危险废物焚烧污染控制标准》（GB 18484—2001）表 2 和第 4.4.2 条；《教材（第三册）》P1115《危险废物集中焚烧处置工程建设技术规范》（HJ/T 176—2005）第 6.3.2 条。

答案选【B】。

5. 设计医疗废物集中焚烧厂时，下面哪项考虑是正确的？【2013－2－21】

（A）医疗废物焚烧厂接收并处置经分类收集的医疗废物、手术或尸检后能辨认的人体组织、器官等

（B）设计医疗废物焚烧场处理规模为 8t/d 以上的，焚烧厂设计服务期限不应低于 10 年

（C）焚烧炉的温度≥850℃，燃烧效率≥99.9%，焚烧去除率≥99.9%

（D）除尘设施采用静电除尘器或旋风除尘设备

【解析】 根据《教材（第三册）》P1128《医疗废物集中焚烧处置工程建设技术规

范》（HJ/T 177—2005）。

选项A：根据第4.3.1条："手术或尸检后能辨认的人体组织、器官及死胎宜送火葬场焚烧处理"，A错误；

选项B：根据第7.1.2条，应不低于15年，B错误；

选项C：根据第7.3.2（6）（7）条，焚烧炉的温度≥850℃，燃烧效率≥99.9%是正确的，按照《医疗废物焚烧环境卫生标准》（GB/T 18773—2008），表1焚烧去除率≥99.99%，C错误；

选项D：根据第7.5.3条，"禁止采用静电除尘器"，D错误。

本题无选项正确。

6. 根据现行有关标准和规范，危险废物集中焚烧排放的焚烧烟气污染物应进行在线监测，下列哪一项是必设的在线检测项目？【2013-2-34】

（A）HF　　（B）PCDDs/PCDFs

（C）Hg　　（D）CO

【解析】 根据《教材（第三册）》P1118《危险废物集中焚烧处置工程建设技术规范》（HJ/T 176—2005）第6.7.11条。

答案选【D】。

7. 在含氯危险废物焚烧炉设计中，应特别考虑的是以下哪个问题？【2014-2-38】

（A）使余热锅炉的余热利用效率最高

（B）余热锅炉的制造成本和经济性最好

（C）使含氯危险废物在余热锅炉中燃烧完全

（D）防止氯化氢的高温腐蚀

【解析】 根据《教材（第三册）》《危险废物集中焚烧处置工程建设技术规范》（HJ/T 176—2005）P1114，第6.1.3条："对于用来处理含氟较高或者含氯大于5%的危险废物焚烧系统，不得采用余热锅炉降温"，所以A、B、C不选。

答案选【D】。

多选题

1. 危险废物焚烧炉的技术性能应满足下列哪些要求？【2009-2-60】

（A）焚烧炉温度≥1100℃　　（B）烟气停留时间≥2s

（C）焚烧残渣热灼减率≤5%　　（D）焚毁去除率≥99.9999%

【解析】 根据《教材（第三册）》P355，《危险废物焚烧污染控制标准》（GB 18484—2001），表2。

答案选【AB】。

2. 危险废物焚烧时应该满足下列哪些要求？【2014-2-59】

（A）焚烧温度应达到1100℃以上

（B）烟气在炉内的停留时间应在2.0s以上

（C）焚烧残渣的热灼减率小于6%

（D）燃烧效率大于99.9%

【解析】 这类题目考了多次。根据《教材（第三册）》《危险废物焚烧污染控制标准》（GB 18484—2001）表2。

答案选【ABD】。

7.4 焚烧基本计算

单选题

1. 某城区日收运生活垃圾1000t，利用滚筒筛对城市生活垃圾进行两级分选，筛下物占70%，送去焚烧炉焚烧，其中可燃物占95%，请问每天焚烧处理的垃圾中可燃物的质量是多少吨？【2011－2－26】

（A）700　　（B）950

（C）665　　（D）300

【解析】 $1000\times0.7\times0.95=665t$。

答案选【C】。

2. 已知在100kg的城市垃圾中可燃物质占35.3%，其中厨房垃圾为30kg，热值为4600kJ/kg；竹木废物为2.0kg，热值为6500kJ/kg；塑料皮革类废物为1.8kg，热值为32000kJ/kg；纸张为1.5kg，热值为16750kJ/kg，该城市垃圾的平均热值为多少？【2007－2－28】

（A）957.2kJ/kg　　（B）2337.25kJ/kg

（C）2207.25kJ/kg　　（D）1761.25kJ/kg

【解析】 $(30\times4600+2\times6500+1.8\times32000+1.5\times16750)\div100=233725\div100=2337.25$；注意分母是100，而不是35.3。

答案选【B】。

7.5 空气量、烟气量

单选题

1. 我国华东地区某城市拟建设一座生活垃圾焚烧发电厂，该市生活垃圾综合采样检测成分见下表：【2010－2－29】

元素成分	C	H	S	N	O	水分	灰分
质量比（%）	20	3	0.5	0.5	14	48	14

为确保焚烧效果，焚烧过剩空气系数控制在1.75，在忽略系统漏风的条件下，该城市生活垃圾焚烧的实际烟气产生量约为下面哪项？

(A) 2.1m^3/kg　　(B) 3.4m^3/kg

(C) 4.6m^3/kg　　(D) 6.0m^3/kg

【解析】 根据《教材（第二册）》P150，公式4-7-13，其中V_a的表达式为P149，公式4-7-9a：

$$V_a = \frac{1}{0.21}\left[1.867C + 5.6\left(H - \frac{O}{8}\right) + 0.7S\right]$$

$$= \frac{1}{0.21}\left[1.867 \times 0.2 + 5.6 \times \left(0.03 - \frac{0.14}{8}\right) + 0.7 \times 0.005\right]$$

$$= 2.128 m^3/kg;$$

总烟气量：$V = (m - 0.21)V_a + \frac{22.4}{12}\left[C + 6H + \frac{2}{3}H_2O + \frac{3}{8}S + \frac{3}{7}N\right] = 4.59 m^3/kg$。

答案选【C】。

2. 某垃圾焚烧厂平均入炉垃圾成分为碳20%，氢3%，氧13%，硫0.1%，垃圾焚烧量为34.8t/h，总供风量约为15万m^3/h，试问该焚烧厂焚烧炉总供风量是垃圾焚烧理论空气量的多少倍？【2012-2-39】

(A) 1.0倍　　(B) 1.5倍

(C) 2.0倍　　(D) 2.5倍

【解析】 根据《教材（第二册）》P149，每kg垃圾理论需空气量为：

$$V_a = \frac{1}{0.21}\left[1.867C + 5.6\left(H - \frac{O}{8}\right) + 0.7S\right] = 2.148 m^3/kg;$$

总理论需空气量为：$2.148 \times 34.8 \times 10^3 = 7.475 \times 10^4 m^3/kg$。

焚烧炉总供风量是垃圾焚烧理论空气量的倍数：$15 \times 10^4 \div (7.475 \times 10^4) = 2$。

答案选【C】。

多选题

进入垃圾焚烧炉垃圾的成分中各元素含量会影响垃圾焚烧烟气的产生量，成分中其他元素含量不变的情况下，下列哪些说法是正确的？【2012-2-66】

(A) 若硫元素含量增高，则垃圾焚烧时产生的烟气量增大

(B) 若碳元素含量减少，则垃圾焚烧时产生的烟气量减少

(C) 若氧元素含量增高，则垃圾焚烧时产生的烟气量增大

(D) 若氢元素含量减少，则垃圾焚烧时产生的烟气量减少

【解析】 根据《教材（第二册）》P150公式4-7-13，结合公式4-7-9a，可以发现C、H、S的增加会使产生的烟气量增大，而O的增大会使产生的烟气量减少。

答案选【ABD】。

7.6 焚烧炉

单选题

1. 采用流化床焚烧炉焚烧固体废物时，对进炉废物有什么要求？【2007－2－24】

（A）必须控制废物的粒度在一定的尺寸范围内，才能燃烧

（B）必须控制废物的 pH，才能燃烧

（C）必须是城市垃圾，才能燃烧

（D）必须控制废物的含水率＜30%，才能燃烧

【解析】 根据《教材（第二册）》P165 倒数第二行，“必须先破碎成小颗粒，以利于燃烧反应”。

答案选【A】。

2. 下列焚烧炉炉型中，属于机械炉床焚烧炉的是哪一项？【2009－2－34】

（A）回转窑式焚烧炉　　（B）隧道窑式焚烧炉

（C）循环流化床式焚烧炉　　（D）往复式炉排焚烧炉

【解析】 根据《教材（第二册）》P158，往复式炉排焚烧炉是机械炉床焚烧炉的一种。

答案选【D】。

3. 已知某旋转窑焚烧炉的窑体长度 L 为 10m，窑内直径 D 为 1m，转速 N 为 2r/min，窑的倾斜度 S 为 0.01m/m，则废物在旋转窑焚烧炉的停留时间是哪一项？【2007－2－26】

（A）95min　　（B）280min

（C）180min　　（D）65min

【解析】 根据《新三废·固废卷》P416：$\theta = 0.19(L/D)\frac{1}{NS}$，将题干中的条件代入，为 95min。

答案选【A】。

4. 在进行回转窑选型设计时，当回转窑直径已经设定，为了延长固体废物在窑内的停留时间，应选择下列哪项措施？【2009－2－35】

（A）增加窑的长度、提高窑的转速、降低窑安装的倾斜度

（B）增加窑的长度、减少窑的转速、加大窑安装的倾斜度

（C）缩短窑的长度、提高窑的转速、降低窑安装的倾斜度

（D）增加窑的长度、减少窑的转速、降低窑安装的倾斜度

【解析】 根据《新三废·固废卷》P416：$\theta = 0.19(L/D)\frac{1}{NS}$。

答案选【D】。

5. 等离子体焚烧炉具有热处理效率高，设备紧凑等优点，综合经济技术等因素，比较适合用来处理下列哪一类废物?【2007－2－27】

(A) PCBs 废物　　(B) 城市垃圾

(C) 非金属　　(D) 污水厂脱水污泥

【解析】 根据《新三废·固废卷》P516，等离子体法处理效率高，但处理费用高，一般用于某些特殊的固废处理，一些危险废物可以采用等离子体法进行处理，后三种采用一般的焚烧炉。

答案选【A】。

6. 某城市拟建设一处危险废物集中处置中心，处置量为16000t/a，处置物料包括：医疗废弃物3000t、工业危险废物（固态）11000t、各种污泥1000t、废油1000t。根据中心处置物料特性，选择合适的处置设备。【2009－2－37】

(A) 机械炉床混烧式焚烧炉　　(B) 回转窑式焚烧炉

(C) 流化床式焚烧炉　　(D) 热解焚烧炉

【解析】 根据《新三废·固废卷》P403 表4－6－12，旋转窑式焚烧炉的优点："进料弹性大，可接受气、液、固三项废物，接纳固、液两相混合废物，或整桶装的废物"，P490 表4－6－48 旋转窑焚烧炉可以处理各种类型的废物。危险废物处理厂较常采用旋转窑焚烧炉。

答案选【B】。

7. 固定炉床式焚烧炉采用下列哪种物料扰动方式?【2009－2－38】

(A) 机械炉排扰动　　(B) 空气流扰动

(C) 流态化扰动　　(D) 旋转扰动

【解析】 根据《新三废·固废卷》P370，倒数第四段"中小型焚烧炉多数属固定炉床式，扰动多由空气流动产生"。

答案选【B】。

8. 当生活垃圾低位热值足以维持垃圾焚烧炉膛额定温度时，正常工况下，为保证稳定的炉膛温度，下列哪项是最主要的控制参数?【2012－2－27】

(A) 炉排运动速度　　(B) 助燃空气量

(C) 辅助燃料

【解析】 与炉排运动速度、辅助燃料相比，助燃空气量是最主要的控制参数。

根据《新三废·固废卷》P371："空气量供应是否足够，将直接影响焚烧的完善程度。过剩空气率过低会使燃烧不完全，甚至冒黑烟；但过高则会使燃烧温度降低"。过剩空气率也是四大控制参数之一，对温度的影响也比较大。

答案选【B】。

【注】 本题缺D选项。

9. 垃圾在焚烧炉床层内着火快慢是垃圾焚烧过程的重要影响因素之一，请指出下列哪项是垃圾着火的主要热源？【2013－2－25】

(A) 助燃空气携热、垃圾含水率、炉内传热

(B) 炉内空气、助燃空气携热、垃圾混匀度

(C) 助燃空气携热、垃圾挥发分释热、炉内传热

(D) 垃圾挥发分释热、助燃空气携热、垃圾进料速度

【解析】 注意题目中问的是主要热源。

答案选【C】。

10. 下列哪项不是生活垃圾机械炉排焚烧炉焚烧设计参数？【2014－2－35】

(A) 燃烧温度　　(B) 炉排机械负荷

(C) 炉料循环倍数　　(D) 燃烧室容积热负荷

【解析】 燃烧温度、炉排机械负荷、燃烧室容积热负荷均是焚烧炉设计参数。可结合《新三废·固废卷》P408～P415 的相关内容。

答案选【C】。

多选题

1. 某市决定采用流化床焚烧炉处理城市垃圾，已知：其炉膛干舷区体积 $18m^3$，截面积为 $3m^2$，为了保证垃圾在炉内焚烧后产生的烟气至少有 3s 的停留时间，下列哪些烟气的速度能满足要求？【2007－2－64】

(A) 6.0m/s　　(B) 2.0m/s

(C) 1.7m/s　　(D) 3.0m/s

【解析】 $v=\frac{18}{3\times3}=2m/s$，速度只有小于或等于 2m/s 才能达到要求。

答案选【BC】。

2. 下列选项中，哪些是机械炉排焚烧炉一燃室耐火材料应具备的特性？【2009－2－66】

(A) 耐高温　　(B) 抗腐蚀

(C) 抗透气性　　(D) 耐磨损

【解析】 根据《新三废·固废卷》P387，“结构及材料应耐高温，耐腐蚀（如采用水墙或空气冷砖砌墙），能防止空气或废气的泄漏”，分别对应的 A、B、C 三个特性。

答案选【ABC】。

7.7 焚烧炉负荷

单选题

1. 某垃圾焚烧厂的阶梯式往复炉排焚烧炉单炉处理能力为 350t/d，平均入炉生活垃

圾热值约为6300kJ/kg，炉排面积70m²，焚烧炉炉膛空间高度14m，余热锅炉汽包中心线的标高41m，则焚烧炉的炉排面积热负荷为哪一项？【2008－2－21】

(A) 2.10×10^{6}kJ/(m²·h)　　(B) 9.80×10^{4}kJ/(m²·h)

(C) 1.31×10^{6}kJ/(m²·h)　　(D) 90kJ/(m²·h)

【解析】 注意求的是"面积"热负荷。

$350\times1000\times6300\div(70\times24)=1.31\times10^{6}$kJ/(m²·h)。

答案选【C】。

2. 某型号炉排式垃圾焚烧炉，燃烧室高度为3m，炉排面积为100m²，额定容积负荷为400×10^{3}kJ/(m³·h)，当如炉垃圾低位热值为8000kJ/kg时，该型焚烧炉的处理能力为哪一项？【2011－2－31】

(A) 1.2t/d　　(B) 120t/d

(C) 360t/d　　(D) 5000t/d

【解析】 注意条件给的是"容积"负荷。$3\times100\times400\times10^{3}\times24\div(8000\times1000)=$ 360t/d。

答案选【C】。

3. 某生活垃圾焚烧发电厂，现有三台炉排式焚烧炉，单台炉排面积为100m²，设计机械负荷为150kg/(m²·h)，热负荷为1.50×10^{6}kJ/(m²·h)。入炉生活垃圾综合低位热值为7500kJ/kg，试计算该厂满负荷运行时，可以焚烧处理的垃圾量是多少？【2011－2－33】

(A) 360t/d　　(B) 1080t/d

(C) 1260t/d　　(D) 14440t/d

【解析】 以热负荷计算：$1.5\times10^{6}\times100\times24\times10^{-3}\times3\div7500=1440$t/d；

以机械负荷计算：$150\times100\times24\times10^{-3}\times3=1080$t/d；

选小的值作为处理能力，因此为1080t/d。

答案选【B】。

7.8 焚烧系统

单选题

生活垃圾焚烧工程主要包括焚烧系统，余热利用系统，烟气净化系统等，下列说法错误的是哪一项？【2011－2－29】

(A) 进料装置是垃圾焚烧系统的基本组成部分，用于向焚烧炉稳定供料

(B) 燃烧出渣装置是垃圾焚烧系统的基本组成部分，用于排出焚烧后残渣

(C) 辅助燃烧装置是垃圾焚烧系统的基本组成部分，用于在焚烧温度达不到规定标准时投加辅助燃料

(D) 脱酸塔是垃圾焚烧系统的基本组成部分，用于处理产生的酸性气体

【解析】 脱酸塔不属于垃圾焚烧子系统。

答案选【D】。

多选题

1. 在进行城市生活垃圾焚烧发电厂工程设计时，其垃圾焚烧系统的基本组成设备至少应包括哪几项？【2010－2－60】

（A）焚烧炉、汽轮机、脱酸塔、除尘器

（B）给料机、焚烧炉、辅燃器、鼓风机

（C）给料机、焚烧炉、鼓风机、出渣机

（D）焚烧炉、辅燃器、汽轮机、发电机

【解析】 根据《教材（第二册）》P160，脱酸塔、除尘器属于烟气处理子系统；汽轮机、发电机属于发电子系统。焚烧系统的基本组成设备至少应包括：给料机、焚烧炉、辅燃器、鼓风机、出渣机。

答案选【BC】。

2. 垃圾焚烧系统自动控制应包括下列哪些参数？【2014－2－60】

（A）炉膛温度及一次风温度　　（B）一、二次风量

（C）排放烟气中的颗粒物浓度　　（D）给料速率

【解析】 炉膛温度及一次风温度、一、二次风量和给料速率均是焚烧系统的自动控制参数。自动控制可参照《新三废·固废卷》P484～P485，以及《固体废物焚烧技术》（柴晓利）P59的相应内容。C项属于烟气处理子系统。

答案选【ABD】。

7.9 焚烧大气污染控制和残渣控制——酸性气体

单选题

1. 某市有一座城市垃圾焚烧厂，其焚烧烟气中酸性气体常用下列哪种方法去除？【2007－2－25】

（A）酸碱中和　　（B）水吸收

（C）降温冷凝　　（D）活性炭吸附

【解析】 根据《新三废·固废卷》P435，焚烧烟气中酸性气体常用酸碱中和的方法。

答案选【A】。

2. 某固体废物焚烧烟气净化系统烟气量10万m^3/h，烟气密度$1kg/m^3$，HCl质量浓度1%，脱酸塔脱酸效率95%，消石灰纯度80%，计算为去除HCl投加消石灰的量。【2011－2－30】

（A）0.96t/h　　（B）1.20t/h

（C）1.26t/h （D）1.50t/h

【解析】 烟气量10万m^3/h，烟气密度$1kg/m^3$，则产生烟气10万kg/h；

每小时需要去除的HCl为$10^5 \times 0.01 \times 0.95 = 950kg/h$；

$Ca(OH)_2$中和HCl摩尔比为1:2；

则需要消石灰$950 \times 74 \div (36.5 \times 2 \times 0.8) = 1203.7kg/h$。

答案选【B】。

多选题

目前我国设计、建设的生活垃圾焚烧处理工程中，垃圾焚烧处理设施产生的烟气中的主要酸性污染物类别及其常用的净化技术为哪些？【2010-2-61】

（A）主要酸性污染物有二氧化硫，常用净化技术是石灰中和法

（B）主要酸性污染物有氮氧化物，常用净化技术是石灰中和法

（C）主要酸性污染物是卤化氢类，常用净化技术是石灰中和法

（D）主要酸性污染物是二氧化碳，常用净化技术是石灰中和法

【解析】 根据《新三废·固废卷》P436，主要酸性污染物为SO_2和HCl，常用处理技术是石灰中和法。

答案选【AC】。

7.10 焚烧大气污染控制和残渣控制——氮氧化合物

单选题

1. 某城市垃圾焚烧厂处理规模为1000t/d，经检测焚烧炉出口烟气（以NO计）为5.36t/d，假定垃圾中氮元素有20%转化为烟气中的氮氧化物，试计算垃圾中氮元素含量约为多少。【2012-2-37】

（A）1.25% （B）1.50%

（C）2.00% （D）2.50%

【解析】 $5.36 \times 14 \div (30 \times 0.2 \times 1000) \times 100\% = 1.25\%$。

答案选【A】。

2. 某城市垃圾焚烧厂处理规模为1400t/d，经检测入炉垃圾中氮元素平均含量为0.5%，若垃圾自身焚烧部分产生的氮氧化物量约占焚烧炉出口烟气中氮氧化物总量的50%，假设垃圾中的氮元素完全转化为NO，试计算全厂焚烧炉出口烟气中的氮氧化物总量（以NO计）。【2013-2-27】

（A）7t/d （B）14t/d

（C）15t/d （D）30t/d

【解析】 $1400 \times 0.005 \times 30 \div 14 \div 0.5 = 30t/d$。

答案选【D】。

3. 选择性催化还原（SCR）在垃圾焚烧烟气脱硝技术中已得到应用，下列目前实际应用的SCR催化剂？【2012－2－40】

（A）氧化钛基催化剂　　（B）氧化镁基催化剂

（C）活性炭（焦）催化剂　　（D）沸石催化剂

【解析】《教材（第一册）》P782第一段第三行“目前工程中应用最多的SCR催化剂是氧化钛基催化剂”。

答案选【A】。

4. 关于控制生活垃圾焚烧烟气中NO_x含量的技术，下列哪项说法是错误的？【2013－2－26】

（A）通过对垃圾焚烧过程中过剩空气系数的控制，抑制NO_x的产生

（B）采用空气分级燃烧法控制NO_x产生量

（C）在焚烧炉内设置选择性催化还原法（SCR）脱NO_x系统

（D）在焚烧炉内设置选择性非催化还原法（SNCR）脱NO_x系统

【解析】 选项A、B：《教材（第一册）》P771，低过量空气燃烧和空气分级燃烧是氮氧化物燃烧技术中的两种方法，A、B正确；

选项C：柴晓利《固体废物焚烧技术》P56，SNCR的还原反应是在垃圾焚烧炉膛内完成的，而SCR法的还原反应则是在垃圾焚烧炉的后续设备中完成的。C错误；

选项D：根据《教材（第三册）》P1388《生活垃圾焚烧处理工程技术规范》（CJJ 90—2009）第7.5.2条“宜设置选择性非催化还原法（SNCR）脱除氮氧化物”，D正确。

答案选【C】。

7.11　焚烧大气污染控制和残渣控制——二噁英、呋喃

单选题

1. 生活垃圾焚烧飞灰经处理后进入卫生填埋场处置时，二噁英含量的限值是多少？【2009－2－25】

（A）0.1ngTEQ/kg　　（B）1.0ngTEQ/kg

（C）0.3μgTEQ/kg　　（D）3.0μgTEQ/kg

【解析】 根据《教材（第三册）》P321《生活垃圾填埋场污染控制标准》（GB 16889—2008）第6.3条生活垃圾焚烧飞灰进入生活垃圾填埋场填埋处置时二噁英含量低于3μgTEQ/kg。

答案选【D】。

2. 在医疗垃圾焚烧处理过程中，对二噁英生成总量的抑制和破坏作用不明显的为哪一项？【2008－2－39】

（A）采用尾部烟气急冷处理

（B）在布袋除尘器前的烟道中喷射活性炭

（C）炉膛烟气温度达到850℃以上，氧含量大于6%，烟气停留时间不低于2s

（D）采用催化氧化法

【解析】 因为采用活性炭吸附并不能抑制其生成，也不会破坏二噁英，所以选B。

答案选【B】。

3. 下列哪项措施不能有效减少生活垃圾焚烧烟气中二噁英类污染物的排放量？【2013－2－31】

（A）袋式除尘器滤料上喷涂特制催化剂，以催化二噁英的分解

（B）喷入消石灰，与烟气中的二噁英进行化学反应

（C）喷入活性炭，对烟气中的二噁英进行吸附去除

（D）活性炭喷射装置配套袋式除尘器，以延长活性炭与烟气的接触时间

【解析】 根据《教材（第二册）》P177，可喷入活性炭或焦炭粉通过吸附作用，和布袋除尘联用，去除烟气中的二噁英；根据《新三废·固废卷》P449，介绍了催化分解法去除二噁英。喷入石灰，可以抑制二噁英的合成，并不是与二噁英进行化学反应。注意减少二噁英的排放和减少二噁英的产生是不同的，与【2008－2－39】对比。

答案选【B】。

多选题

1. 固体废物在焚烧过程中产生的二噁英类物质与下列哪些因素有关？【2007－2－65】

（A）废物成分　　（B）燃烧状况

（C）炉外低温再合成　　（D）废物的颗粒直径

【解析】 根据《新三废·固废卷》P446，《教材（第二册）》P176，二噁英的形成与废物成分、燃烧状况、炉外低温再合成均相关。

答案选【ABC】。

2. 抑制和去除生活垃圾焚烧产生的二噁英的技术措施包括哪些？【2011－2－61】

（A）垃圾焚烧厂烟囱高度不得低于60m

（B）在中和反应器和袋式除尘器之间喷入活性炭

（C）在中和反应器和袋式除尘器之间喷入多孔吸附剂

（D）袋式除尘器内的温度应避开二噁英合成温度区间

【解析】 根据《新三废·固废卷》P448，急冷和物理吸附分别对应D项和B、C项。烟囱高低与二噁英去除无关。

答案选【BCD】。

3. 在垃圾焚烧系统中，下列哪些措施属于呋喃排放的控制措施？【2009－2－67】

（A）保证焚烧炉出口烟气中氧含量在6%～12%之间

（B）在布袋式除尘器前喷入活性炭来吸附

（C）采用静电除尘器来提高除率

（D）提高炉膛燃烧温度到1300℃

【解析】 根据《教材（第二册）》P177，“在操作上，应确保废气中具有适当的过氧浓度（6%～12%）”，A正确；

根据《教材（第二册）》P177，“当使用布袋除尘器时。因不带能够提供吸附物较长的停留时间，故将活性炭粉或焦炭粉直接喷入除尘器前的烟道内即可”，B正确；

根据《教材（第三册）》P1378《生活垃圾焚烧处理工程技术规范》（CJJ 90—2009）第7.3.2条“必须设置袋式除尘器”，C错误；

温度达到850℃以上，二噁英和呋喃就可以分解。根据《新三废·固废卷》P369，“大多数有机物的焚烧温度范围在800℃～1100℃之间”，1300℃温度过高，D错误。

答案选【AB】。

4. 目前我国设计、建设、运行的生活垃圾焚烧处理工程，对于垃圾焚烧烟气中二噁英类污染物常采用的净化技术是哪几项？【2010－2－58】

（A）“高温灼烧＋碱液吸收”法　　（B）“麻石水膜＋碱液吸收”法

（C）“活性炭吸附＋布袋除尘”法　　（D）“其他多孔物吸附＋布袋除尘”法

【解析】 常采用的是喷入活性炭或焦炭粉通过吸附作用除去烟气中的二噁英和布袋除尘联用。

答案选【CD】。

5. 下述哪些技术措施可以有效去除城市生活垃圾焚烧厂烟气中的二噁英及呋喃污染物？【2012－2－64】

（A）在烟气净化系统中设置活性炭粉喷入装置

（B）在烟气净化系统中设置石灰乳液喷入装置

（C）在烟气净化系统中设置氨或尿素喷入装置

（D）在烟气净化系统终端设置布袋除尘器

【解析】 根据《教材（第二册）》P177，可喷入活性炭或焦炭粉通过吸附作用除去烟气中的二噁英和布袋除尘联用；《新三废·固废卷》P448，氨和石灰是二噁英合成的抑制剂。

答案选【AD】。

6. 下列哪些措施可以有效减少城市生活垃圾焚烧厂产生的二噁英类污染物？【2013－2－66】

（A）大力推广垃圾分类，大量焚烧热值较高的废塑料、废橡胶类垃圾

（B）严格控制垃圾焚烧烟气含氧浓度不超过5%

（C）在入炉垃圾热值过低时及时投加辅助燃料

（D）尽量缩短垃圾焚烧烟气在200℃～400℃温度间的滞留时间

【解析】 选项A：垃圾分类正确，但是废塑料和废橡胶类垃圾焚烧会产生二噁英，A错误；

选项 B：根据《教材（第二册）》P177，“在操作上，应确保废气中具有适当的过氧浓度（6%～12%）”，B 错误；

选项 C、D：《新三废·固废卷》P444，最后一行，在低温 250℃～350℃条件下大分子碳与非飞灰基质中的有机或者无机氯在催化作用下形成二噁英，C、D 正确。

答案选【CD】。

7.12　焚烧大气污染控制和残渣控制——颗粒物

单选题

1. 某生活垃圾焚烧发电厂烟气净化系统进入袋式除尘器的烟气量 $128971m^3/h$（标况），烟气温度 145℃，烟气含尘浓度 $4250mg/m^3$，袋式除尘器采用聚四氟乙烯（PTPE）覆膜滤料。过滤风速 0.80m/min。试计算烟气净化系统中所需袋式除尘器的过滤面积（结果取至个位）。【2013－2－32】

（A）$3291m^2$　　（B）$246840m^2$

（C）$4114m^2$　　（D）$2687m^2$

【解析】　$128971\times[(273+145)\div273]\div(0.8\times60)=4114m^2$。

答案选【C】。

2. 目前我国设计、建设、运行的生活垃圾焚烧处理工程，对于垃圾焚烧烟气中颗粒污染物宜采用的净化技术是哪项？【2010－2－40】

（A）袋式除尘法　　（B）静电除尘法

（C）水膜除尘法　　（D）旋风除尘法

【解析】　根据《教材（第三册）》P1378《生活垃圾焚烧处理工程技术规范》（CJJ 90—2009）第 7.3.2 条“必须设置袋式除尘器”。

答案选【A】。

3. 根据相关标准，垃圾焚烧除尘装置适宜采用下列哪一种？【2014－2－37】

（A）喷嘴反吹类袋式除尘器　　（B）脉冲喷吹类袋式除尘器

（C）静电除尘器　　（D）分室反吹类袋式除尘器

【解析】　根据《教材（第三册）》《生活垃圾焚烧处理工程技术规范》（CJJ 90—2009）P1387 第 7.3.3 条“袋式除尘器宜采用脉冲喷吹清灰方式”。

答案选【B】。

多选题

1. 下列哪几项是存在于垃圾焚烧烟气粉尘中的污染物？【2007－2－67】

（A）重金属氧化物　　（B）可凝结的气体污染物

（C）氯化氢　　（D）灰分、无机盐类

【解析】 氯化氢不属于粉尘中的有机物。根据《新三废·固废卷》P426最后一句，A、B、D正确。

答案选【ABD】。

2. 在设计城市生活垃圾焚烧厂烟气净化系统时，必须设置用于去除颗粒污染装置，下述做法正确的是哪几项？【2012-2-65】

（A）应优先设置袋式除尘器，用于去除烟气中的颗粒污染物

（B）应优先设置静电除尘器，用于去除烟气中的颗粒污染物

（C）应维持袋式除尘器内的温度等于烟气露点温度

（D）应注意用于去除烟气中的颗粒污染物的除尘器同其他净化设备的协同作用的影响

【解析】 选项A、B：根据《教材（第三册）》P1378《生活垃圾焚烧处理工程技术规范》（CJJ 90—2009）第7.3.2条“必须设置袋式除尘器”，A正确，B错误；

选项C：袋式除尘器内的温度应大于露点温度，C错误；

选项D：《教材（第三册）》P1378《生活垃圾焚烧处理工程技术规范》（CJJ 90—2009）第7.3.1条（3）“除尘器同其他净化设备的协同作用或反向作用的影响”，D正确。

答案选【AD】。

【注】 本题与【2013-2-62】一样，只不过一个选正确一个选错误。

3. 城市生活垃圾焚烧厂烟气净化系统应包括用于去除颗粒污染物的装置，下述做法错误的是哪几项？【2013-2-62】

（A）应优先选用袋式除尘器

（B）应优先选用静电除尘器

（C）应维持袋式除尘器内的温度等于烟气露点温度

（D）应注意袋式除尘器同其他净化设备的协同作用或反向作用的影响

【解析】 选项A、B：根据《教材（第三册）》P1378《生活垃圾焚烧处理工程技术规范》（CJJ 90—2009）第7.3.2条“必须设置袋式除尘器”。A正确，B错误；

选项C：袋式除尘器内的温度应大于露点温度，C错误；

选项D：《教材（第三册）》P1378《生活垃圾焚烧处理工程技术规范》（CJJ 90—2009）第7.3.1条（3）“除尘器同其他净化设备的协同作用或反向作用的影响”，D说法正确。

答案选【BC】。

4. 某垃圾焚烧炉烟气进入袋式除尘器的温度为165℃，水分为25.8%，飞灰浓度为8000mg/m^3，氰化氢浓度为60mg/m^3，氮氧化物浓度为350mg/m^3，下列滤袋材料中，可供选用的有哪几项？【2014-2-61】

（A）丙纶　　（B）聚四氟乙烯

（C）聚苯硫醚　　（D）醋酸纤维

【解析】 本题目实际上是大气题目，根据《教材（第一册）》P539，丙纶的使用温

度不能达到165℃，A错误；

D项醋酸纤维用于大气除尘较少。

答案选【BC】。

7.13 焚烧大气污染控制和残渣控制——重金属

单选题

1. 生活垃圾焚烧烟气处理，通常采用余热回用、半干法洗烟、活性炭吸附的工艺路线，下列关于该工艺技术去除重金属污染物机理的描述中错误的是哪一项？【2011-2-34】

(A) 重金属降温达到饱和，凝结成颗粒物后被除尘设备收集去除

(B) 重金属的氯化物为水溶性，利用半干法将其去除

(C) 以气态存在的重金属，由于飞灰或活性炭的表面吸附作用而被除尘设备收集去除

(D) 饱和温度较低的重金属经飞灰表面的催化作用而后形成饱和温度较高且较易凝结的氧化物或氯化物，被除尘设备收集去除

【解析】 根据《新三废·固废卷》P438~P439，B错误，应该为湿法。

答案选【B】。

2. 下列选项中对减少生活垃圾焚烧排放烟气中重金属含量无效的措施是哪一项？【2013-2-33】

(A) 对垃圾分类收集和预分拣

(B) 降低烟气净化系统的温度及采用高效的颗粒物捕集装置

(C) 设置活性炭喷射吸附装置

(D) 提高焚烧温度，延长烟气滞留时间

【解析】 选项A：减少重金属来源；

选项B：降温烟气温度，有利于重金属凝结于颗粒物上，并采用高效的颗粒捕集装置，有利于重金属的去除；

选项C：活性炭吸附重金属；

选项D：温度升高，不利于重金属凝结。

答案选【D】。

7.14 焚烧大气污染控制和残渣控制——焚烧残渣处置

单选题

根据我国相关法规、规范要求，生活垃圾焚烧残渣可以采用的最终处置方法是哪一

项？【2010－2－28】

（A）将生活垃圾焚烧残渣与飞灰混合加工成为建筑材料

（B）将生活垃圾焚烧残渣送往垃圾填埋场

（C）将生活垃圾焚烧残渣送往安全填埋场

（D）将生活垃圾焚烧残渣必须进行毒性浸出试验，并按危险废物技术要求填埋

【解析】 飞灰是危险废物，而炉渣不是。

选项A：危险废物不应与一般废物混合；

选项B：可行；

选项C、D：炉渣不是危险废物，C、D错误。

答案选【B】。

多选题

生活垃圾焚烧炉产生的炉渣通常可用下列哪几个方法进行最终处置？【2007－2－66】

（A）作建筑材料　　（B）填埋

（C）固化后填埋　　（D）安全填埋

【解析】 注意用词：炉渣、灰渣、飞灰的不同含义。灰渣包括炉渣和飞灰，飞灰是危险废物，而炉渣不是。因此，炉渣不需要固化或者安全填埋。根据《教材（第二册）》P180，图4－7－19，炉渣可作为建筑材料。

答案选【AB】。

7.15 焚烧大气污染控制和残渣控制——综合

单选题

1. 生活垃圾焚烧厂飞灰主要为滤袋搜集的颗粒物及脱酸反应器的沉降物，并储存于飞灰储仓，储仓下通常设干灰增湿混合装置防止飞灰扬尘，常用增湿用水量约占飞灰重要的百分比？【2012－2－29】

（A）4%　　（B）10%

（C）20%　　（D）30%

【解析】《教材（第二册）》P179，第二段“并添加约占飞灰量10%的水分”。

答案选【B】。

2. 某城市新建一座处理能力为2000kg/h的危险废物焚烧炉，根据国家相关标准的规定，应执行下列哪一项排放限值？【2009－2－23】

（A）大气污染物排放限值CO 150mg/m^3，NO_x400mg/m^3

（B）大气污染物排放限值CO 80mg/m^3，HCl70mg/m^3

（C）厂界环境噪声排放标准，昼、夜间分别是70dB、60dB

（D）渗滤液排放浓度限值COD_{cr}80mg/L，$BOD_5$40mg/L

【解析】 选项A、B：根据《教材（第三册）》P355，《危险废物焚烧污染控制标准》（GB 18484—2001）表3，A错误，B正确；

选项C：焚烧厂的噪声排放执行《工业企业厂界环境噪声排放标准》，C错误。

选项D：根据《危险废物焚烧污染控制标准》（GB 18484—2001）第5.2节："危险废物焚烧厂排放废水时，其水中污染物最高允许排放浓度按GB 8978执行"。对照《教材（第三册）》P61《污水综合排放标准》表2，D错误；

答案选【B】。

多选题

1. 以下关于生活垃圾焚烧烟气净化系统描述中正确的是？【2011-2-62】

（A）主要采用石灰石中和法去除烟气中的氯化氢等污染物

（B）主要采用石灰石中和法去除氮氧化物类污染物

（C）主要采用旋风或水洗法去除颗粒物

（D）主要采用活性炭吸附去除二噁英污染物

【解析】 选项A：根据《新三废·固废卷》P435～P438，A正确；

选项D：根据《新三废·固废卷》P448中物理吸附的相关内容，因此D正确；

选项C：根据《新三废·固废卷》P427～P428，重力沉降室、旋风除尘器和喷淋塔等无法有效去除5～10μm以下的粉尘，只能视为除尘的前处理设备；旋风除尘器效率较低，C错误［《教材（第三册）》P1086旧版的《生活垃圾焚烧处理工程技术规范》（CJJ 90—2002）第7.3.4条"烟气净化的末端设备，不应采用旋风除尘器"。注意新版在P1378，此处仅为证明C错误］；

选项B：根据《新三废·固废卷》P450，去除氮氧化物类污染物不采用石灰中和法，B错误。

答案选【AD】。

2. 下列哪些选项为生活垃圾焚烧烟气净化系统中最常用的设备？【2011-2-63】

（A）脱酸塔　　　　（B）活性炭投加装置

（C）静电除尘器　　（D）袋式除尘器

【解析】 脱酸塔去除酸性气体，活性炭投加装置和袋式除尘器是烟气净化系统中比较常见的组合。根据《教材（第三册）》P1378《生活垃圾焚烧处理工程技术规范》（CJJ 90—2009）第7.3.2条"烟气净化系统必须设置袋式除尘器"。

答案选【ABD】。

3. 下述哪些生活垃圾焚烧烟气净化技术方案符合规定？【2012-2-67】

（A）当采用袋式除尘法去除垃圾焚烧烟气中的颗粒时，应控制袋式除尘器内烟气温度，确保不结露

（B）为避免垃圾焚烧厂烟囱排放白烟，当采用去除垃圾焚烧烟气中的氮氧化物类污染时，不得投加尿素

（C）当采用半干式喷雾脱酸法去除垃圾焚烧烟气中的酸性气体类污染物时，需要严格控制喷雾脱酸反应温度及时间，确保喷入脱酸塔石灰乳中的水分完全蒸发

（D）只有在严格控制水洗塔反应温度条件下，才可以采用水洗法去除垃圾焚烧烟气中的二噁英类污染物

【解析】 根据《教材（第三册）》P1378《生活垃圾焚烧处理工程技术规范》（CJJ 90—2009）。

选项A：第7.3.1条（4）“维持除尘器内的温度高于烟气露点温度20℃～30℃”，A正确；

选项B：第7.5.2条“宜设置选择性非催化法（SNCR）脱除氮氧化合物”。《教材（第一册）》P787～P788，尿素是SNCR的原料，因此错误；“焚烧厂烟囱排放白烟”是未反应的氨残留在废气中造成的；

选项C：第7.2.2条关于半干法工艺的要求，C正确；

选项D：水洗法不能有效去除二噁英。

答案选【AC】。

4. 在选择生活垃圾焚烧烟气净化系统设备时，下列做法错误的是？【2013－2－65】

（A）选择脱酸塔，作为去除垃圾焚烧烟气中氯化氢类污染物的主要设备

（B）选择脱酸塔，作为去除垃圾焚烧烟气中颗粒污染物的主要设备

（C）选择袋式除尘器，作为去除垃圾焚烧烟气中氮氧化物类污染物的主要设备

（D）选择静电除尘器，作为去除垃圾焚烧烟气中二噁英类污染物的主要设备

【解析】 选项B：脱酸塔显然不是用于去除颗粒物的，B错误；

选项C：袋式除尘器不是用来去除氮氧化物的，C错误；

选项D：作为去除垃圾焚烧烟气中二噁英类污染物的主要设备，应选择袋式除尘器，D错误。

答案选【BCD】。

5. 按照我国标准规定，生活垃圾焚烧过程中产生的炉渣和飞灰的正确处理方案是哪几项？【2013－2－58】

（A）焚烧炉渣与除尘设备收集的焚烧飞灰应分别收集、贮存和运输，如果混合收集，则全部按焚烧飞灰处理方式处置

（B）焚烧炉渣按一般固体废物处理

（C）烟气净化装置排放的飞灰按GB 5085.3检验结果决定是否按危险废物处理

（D）焚烧飞灰应按危险废物处理

【解析】 根据《生活垃圾焚烧污染控制标准》（GB 18485—2014）：

选项A：依照8.6应该分别收集，错误；选项B：正确；

选项C：错误，按照危险废物处理；选项D：正确。

答案选【BD】。

【注】 按照老标准，仍然选BD。

7.16　热平衡计算

单选题

1．我国华北地区某城市拟建设一座1500t/d规模的生活垃圾焚烧发电厂，该市生活垃圾综合采样检测低位热值为7500kJ/kg，焚烧炉正常工作时不需要投加辅助燃料，不完全燃烧及机械损失热量约为15%，烟气带出热量约占入炉垃圾热量的40%，空气预热系统吸收约25%的烟气带出热量，炉渣带出热量约占入炉垃圾热量的20%，余热锅炉及汽轮发电机组的综合热电效率约为40%，计算所配汽轮发电机组总容量应为多少。【2010-2-30】

（A）13MW　　（B）18MW

（C）26MW　　（D）28MW

【解析】　余热回收的比率为：$1-0.15-0.4\times0.75-0.2=0.35$；则余热量为：$7500\times1500\times10^3\times0.35\text{kJ/d}=3.94\times10^9\text{kJ/d}=4.56\times10^4\text{kJ/s}$；

余热锅炉及汽轮发电机组的综合热电效率约为40%，则汽轮发电机组容量应为$4.56\times10^4\times0.4\text{kJ/s}=1.82\times10^4\text{kW}$。

答案选【B】。

2．某生活垃圾焚烧发电厂炉排式焚烧炉入炉垃圾热量为100×10^6kJ/h，正常状态下不需要投加辅助燃料，燃烧供风需带入热量为20×10^6kJ/h，进入余热锅炉的热量约为入炉总热量的70%，试计算灰渣携带及系统损失的热量。【2011-2-32】

（A）30×10^6kJ/h　　（B）36×10^6kJ/h

（C）50×10^6kJ/h　　（D）120×10^6kJ/h

【解析】　$(100+20)\times10^6\times(1-0.7)=36\times10^6\text{kJ/h}$。

答案选【B】。

3．某生活垃圾焚烧厂垃圾平均热值为5000kJ/kg，单台焚烧炉规定焚烧量20t/h，焚烧过程中不需要投加辅助燃料，焚烧系统总散失热量约为入炉垃圾总热炉垃圾携带热量10%，不考虑入炉垃圾携带热量、燃烧空气携带热量、灰渣携带热量及垃圾不完全燃烧条件下，试计算焚烧产出的总热量？【2012-2-38】

（A）90×10^3kJ/h　　（B）90×10^6kJ/h

（C）100×10^3kJ/h　　（D）100×10^6kJ/h

【解析】　焚烧产出的总热量：$5000\times20\times10^3\times(1-0.1)=90\times10^6\text{kJ/h}$。

答案选【B】。

7.17 余热回收

单选题

垃圾焚烧余热回收利用是焚烧厂取得经济效益的重要手段，热利用率是衡量焚烧厂余热利用高低的重要指标，下列方案中哪一个更适合大型现代化生活垃圾焚烧厂，并且余热利用率最高？【2012－2－28】

（A）全部余热发电　　（B）余热发电加居民区采暖

（C）余热发电加工业供热　　（D）直接减压减温供热

【解析】 根据《固体废物焚烧技术》（柴晓利）P43，直接供热的热利用率高，但一般适合小型垃圾焚烧厂。P47～P48，全部余热发电热利用效率较低。余热发电加居民区采暖（区域性供热）受季节的影响比较大。

答案选【C】。

多选题

关于生活垃圾焚烧厂余热回收利用，下列说法正确的是哪几项？【2013－2－67】

（A）余热锅炉的出力应根据焚烧炉垃圾处理量、垃圾热值和余热锅炉热效率等来确定

（B）焚烧厂周边具有热用户的应优先采用热电联产的热能利用方式

（C）利用垃圾热能产生蒸汽的锅炉，不应选用自然循环余热锅炉

（D）对于采用汽轮机发电的焚烧厂，余热锅炉蒸汽参数不宜低于400℃、4MPa，鼓励采用发电效率高的蒸汽参数

【解析】 根据《教材（第三册）》P1378《生活垃圾焚烧处理工程技术规范》（CJJ 90—2009）有关内容。

选项A：依照第8.1.2条，A正确；

选项B："周边具有热用户的应优先采用热电联产的热能利用方式"，《教材（第三册）》没有这句话，CJJ 90—2009的第8.1.2条有这句话，B正确；

选项C：依照第6.3.4条，"应选用自然循环余热锅炉"，C错误；

选项D：依照第6.3.3条，D正确。

答案选【ABD】。

7.18 垃圾焚烧厂

单选题

1. 某城市拟建一座日处理能力为50t的危险废物焚烧处置中心，中心项目包括焚烧车间和贮存车间，下列不符合相关规定的是哪一项？【2011－2－23】

（A）焚烧厂不能建在退耕还林的自然保护区

（B）处于主导风向下风向

（C）距厂界1000m处有一居民村

（D）距厂界100m处有一条河面宽100m的干流通过

【解析】 选项A、B肯定是符合规定的。

选项C、D，《危险废物贮存污染控制标准》修改前相应内容为："厂界应位于居民区800m以外，地表水域150m以外"。修改后为："6.1.3 应依据环境影响评价结论确定危险废物集中贮存设施的位置及其与周围人群的距离，并经具有审批权的环境保护行政主管部门批准，并可作为规划控制的依据。在对危险废物集中贮存设施场址进行环境影响评价时，应重点考虑危险废物集中贮存设施可能产生的有害物质泄漏、大气污染物（含恶臭物质）的产生与扩散以及可能的事故风险等因素，根据其所在地区的环境功能区类别，综合评价其对周围环境、居住人群的身体健康、日常生活和生产活动的影响，确定危险废物集中贮存设施与常住居民居住场所、农用地、地表水体以及其他敏感对象之间合理的位置关系。"

在当时（2011年），答案选【D】。

【注】 关于修改单：为贯彻《中华人民共和国环境保护法》和《中华人民共和国固体废物污染环境防治法》，防治污染，保护和改善生态环境，保障人体健康，完善国家环保标准体系，我部决定对《一般工业固体废物贮存、处置场污染控制标准》（GB 18599—2001）、《危险废物贮存污染控制标准》（GB 18597—2001）和《危险废物填埋污染控制标准》（GB 18598—2001）等3项国家污染物控制标准进行修改完善，制定了上述3项标准修改单。

一、《一般工业固体废物贮存、处置场污染控制标准》（GB 18599—2001）第5.1.2条修改为：

应依据环境影响评价结论确定场址的位置及其与周围人群的距离，并经具有审批权的环境保护行政主管部门批准，并可作为规划控制的依据。

在对一般工业固体废物贮存、处置场场址进行环境影响评价时，应重点考虑一般工业固体废物贮存、处置场产生的渗滤液以及粉尘等大气污染物等因素，根据其所在地区的环境功能区类别，综合评价其对周围环境、居住人群的身体健康、日常生活和生产活动的影响，确定其与常住居民居住场所、农用地、地表水体、高速公路、交通主干道（国道或省道）、铁路、飞机场、军事基地等敏感对象之间合理的位置关系。

二、《危险废物贮存污染控制标准》（GB 18597—2001）第6.1.3条修改为：

应依据环境影响评价结论确定危险废物集中贮存设施的位置及其与周围人群的距离，并经具有审批权的环境保护行政主管部门批准，并可作为规划控制的依据。

在对危险废物集中贮存设施场址进行环境影响评价时，应重点考虑危险废物集中贮存设施可能产生的有害物质泄漏、大气污染物（含恶臭物质）的产生与扩散以及可能的事故风险等因素，根据其所在地区的环境功能区类别，综合评价其对周围环境、居住人群的身体健康、日常生活和生产活动的影响，确定危险废物集中贮存设施与常住居民居住场所、农用地、地表水体以及其他敏感对象之间合理的位置关系。

三、《危险废物填埋污染控制标准》（GB 18598—2001）第4.4条、第4.5条、第4.7

条合并为一条，内容修改为：

危险废物填埋场场址的位置及与周围人群的距离应依据环境影响评价结论确定，并经具有审批权的环境保护行政主管部门批准，并可作为规划控制的依据。

在对危险废物填埋场场址进行环境影响评价时，应重点考虑危险废物填埋场渗滤液可能产生的风险、填埋场结构及防渗层长期安全性及其由此造成的渗漏风险等因素，根据其所在地区的环境功能区类别，结合该地区的长期发展规划和填埋场的设计寿命，重点评价其对周围地下水环境、居住人群的身体健康、日常生活和生产活动的长期影响，确定其与常住居民居住场所、农用地、地表水体以及其他敏感对象之间合理的位置关系。

2. 危险废物焚烧厂消防道路设计的宽度和位置为哪一项？【2008－2－35】

(A) 6.0m，消防井边　　(B) 3.5m，焚烧厂房四周

(C) 3.0m，和厂区主车道平行　　(D) 2.0m，焚烧厂房四周

【解析】 根据《教材（第三册）》P1113《危险废物集中焚烧处置工程建设技术规范》(HJ/T 176—2005) 第4.5.2条"垃圾焚烧厂房外应设消防道路，道路的宽度不应小于3.5m"。

答案选【B】。

3. 下列选项中，哪一项不是垃圾焚烧厂自动化控制的目标？【2008－2－38】

(A) 最佳的垃圾焚烧效果　　(B) 满足严格的烟气净化要求

(C) 实现稳定的垃圾热能利用　　(D) 控制垃圾坑的贮存

【解析】 根据《教材（第三册）》P1097，根据旧版（因为是2008年的考题，新版是2009年）《生活垃圾焚烧处理工程技术规范》(CJJ 90—2002) 10.2.2条："垃圾焚烧厂的自动化控制系统，宜包括焚烧线控制系统、热力与汽轮发电机组控制系统、车辆管制系统、公用工程控制系统和其他必要的控制系统"。第10.4.3条、第10.5.6条均提到了关于烟气净化的监测与控制。

答案选【D】。

多选题

在危险废物焚烧厂选址时，应遵循下列哪些原则？【2007－2－58】

(A) 不得建设在《环境空气质量标准》(GB 3095—1996) 中规定的环境空气质量Ⅰ类功能区

(B) 不得建设在《地表水环境质量标准》(GB 3838—2002) Ⅱ类功能区

(C) 不得建设在居民区主导风向的上风向

(D) 不得建设在《地表水环境质量标准》(GB 3838—2002) Ⅲ类功能区

【解析】 根据《教材（第三册）》P352，《危险废物焚烧污染控制标准》(GB 18484—2001) 第4.1.1条和第4.1.2条的要求。

答案选【ABC】。

7.19　热解

单选题

1. 废橡胶轮胎的热解产物为燃料气、燃料油和碳渣，其组成比例主要受什么因素影响？【2007－2－29】

(A) 加热方式　　(B) 热解温度

(C) 热解设备　　(D) 颗粒大小

【解析】 根据《新三废·固废卷》P561，热解产物的产量及成分与热解原料成分、热解温度、加热速率和反应时间等参数有关。在温度较高的情况下，废物有机成分的50%以上都转化成气态产物。

另外《固体废物处理与处置》（宁平），P191 图6－19 也有相关内容。

答案选【B】。

2. 采用热解法处理污水厂产生的污泥时，应将污泥干燥到下列哪一项含水率后，才适宜进行热解处理？【2007－2－30】

(A) 40%～50%　　(B) 35%～40%

(C) 20%～30%　　(D) 50%～60%

【解析】 根据《新三废·固废卷》P574，“泥饼首先通过间接式蒸汽干燥装置干燥至含水率30%，直接投入竖式多段热解炉内”。

答案选【C】。

3. 在下列的固体废物热解处理工艺系统中，减容性能最好的热解工艺是哪一项？【2008－2－37】

(A) 固定床热解工艺　　(B) 流化床热解工艺

(C) 旋转热解炉工艺　　(D) 高温等离子体热解炉工艺

【解析】 高温等离子体热解炉工艺比其他热解工艺的效率更好，减容性更好。根据《新三废·固废卷》P516“高温等离子体法产生6000℃～8000℃的高温”，“具有生产过程中不产生废水、减容减量比大……”，等离子体法由于其温度高，实际属于熔融法的一种，《固体废物处置与资源化》（蒋建国）第11.5 节详细讲述了高温等离子体熔融技术。

答案选【D】。

4. 下列关于固体废弃物热解处理的做法哪项是错误的？【2013－2－28】

(A) 将经粉碎预处理的废木屑投入热解炉中加热，控制炉内温度1000℃，以生产燃气为主

(B) 将经粉碎预处理的废橡胶投入热解炉中加热，控制炉内温度600℃，以生产炭黑为主

(C) 将经粉碎预处理的废塑料投入热解炉中加热，控制炉内温度400℃，以生产燃油

为主

（D）将经粉碎预处理的废木屑投入热解炉中加热，控制炉内温度200℃，以产生燃油为主

【解析】 根据《新三废·固废卷》P562，“低温－低速加热条件下，有机物分子有足够的时间在其最薄弱的节点处分解，重新结合成热稳定固体，而难以进一步分解，固体产率增加；高温－高速加热条件下，有机物结构发生全面裂解，生成大范围的低分子有机物，产物中气体组分增加”。D错，应该以固体产品为主。

答案选【D】。

5. 以下集中污泥中，不适合采用热解气化工艺处理的是哪一项？【2014－2－40】

（A）制革污泥 （B）造纸污泥

（C）电镀污泥 （D）染整污泥

【解析】 电镀污泥中含有较多的重金属，不适合采用热解气化。

答案选【C】。

多选题

1. 在固体废物的热处理技术中，常用的方法有热解处理的焚烧处理，它们之间的不同点有哪些？【2008－2－69】

（A）加热的方式 （B）最终产物

（C）对氧气的需求量 （D）无害化效果

【解析】 选项A：热解的加热方式有高温、低温、高速、低速，与焚烧不同；

选项B：最终产物，热解为燃料气、燃料油和炭黑为主，与焚烧不同；

选项C：热解是无氧化或者缺氧条件下，与焚烧不同；

选项D：根据《新三废·固废卷》P556，“由于是缺氧分解，有利于减轻对大气环境的二次污染”，“保持了还原条件三价铬不会转化成六价铬”无害化效果优于焚烧。

答案选【ABCD】。

2. 关于有机固体废物热解处理工艺，下列哪些说法是正确的？【2012－2－63】

（A）有机固体废物的物料成分、粒度、含水率，以及热解温度和加热速率等是固体废物热解处理的重要影响因素

（B）热解处理有机固体废物可以得到可燃性气体、有机液体和固体残渣

（C）采用热解方式处理生活垃圾时，应确保热解炉过剩空气系数在1.7～2.5

（D）不同种类的有机固体废物热解温度有很大差异，纤维素类有机废物开始温度为900℃

【解析】 选项A：根据《教材（第二册）》P198，“2. 热解过程影响因素”相关内容，A正确；

选项B：根据《教材（第二册）》P196，“1. 热解过程和产物”相关内容，B正确；

选项C：根据《教材（第二册）》P195，热解是物料在氧气不足的气氛中燃烧，并通

过由此产生的热作用而引起的化学分解过程，C 错误；

选项 D：根据《教材（第二册）》P197，纤维素类开始热解的温度为 180℃ ~200℃，D 错误。

答案选【AB】。

3. 关于热解过程的影响因素，下列描述正确的是哪几项？【2014 -2 -62】

(A) 温度升高，脱氢反应加剧

(B) 随着加热速率的提高，产品中液态产物的含量逐渐减少

(C) 反应时间越长，热解的气态和液态产物越多

(D) 反应炉越大，热解反应越均衡，越彻底

【解析】 选项 A：《固体废物处理技术及工程应用》P194，“随着温度升高，由于脱氢反应加剧……”，A 正确；

选项 B：《环境工程手册·固体废物污染防治卷》P456，“热解过程中，热解温度与气体产量成正比，而各种酸、焦油、固体残渣缺随分解温度的增加呈相应减少之势”，B 正确；

选项 C：《固体废物处理技术及工程应用》P195，“若其他反应条件相同，仅考虑反应时间因素，则反应时间越长，热解的气态和液态产物越多”，C 正确；

选项 D：反应炉越大，热解反应不是越均衡，《固体废物处理技术及工程应用》P195，第三段“反应器内径越大，温度差越大”，D 错误。

答案选【ABC】。

7.20 其他热处理

多选题

1. 某地区拟新建医疗废物集中处理厂，采用高温蒸汽处理技术集中处理医疗废物。根据国家相关规范，在杀菌室进行医疗废物蒸汽处理时，必须满足下列哪些条件？【2009 -2 -57】

(A) 处理温度不低于 134℃　　(B) 处理压力不小于 220kPa（表压）

(C) 处理所需蒸汽源压力为 0. 15mPa　　(D) 杀菌室内处理时间不应少于 45min

【解析】 根据《教材（第三册）》P1176，《医疗废物高温蒸汽集中处理工程技术规范（试行）》(HJ/T276—2006)，第 6. 2. 8 条“杀菌室处理温度不低于 134℃、压力不小于 220kPa（表压），相应的处理时间不少于 45 分钟”。根据《教材（第三册）》P1178，第 6. 8. 3 条“（1）处理所需蒸汽压力适宜为 0. 3 ~0. 6MPa”。

答案选【ABD】。

2. 某市拟建一座医疗废物高温蒸汽灭菌处理厂，下面哪些设计符合技术规范的要求？【2012 -2 -61】

(A) 优先采用先破碎后蒸汽处理的工艺形式

（B）杀菌室内处理温度不低于134℃、压力不小于220kPa

（C）处理时间不应少于45min

（D）高温蒸煮处理后的废物回收利用

【解析】 选项B、C：《教材（第三册）》P1176，《医疗废物高温蒸汽集中处理工程技术规范（试行）》（HJ/T 276—2006），第6.2.8条“杀菌室处理温度不低于134℃、压力不小于220kPa（表压），相应的处理时间不少于45分钟”，B、C正确；

选项A：根据第4.4.2条：“优先采用先蒸汽处理后破碎或蒸汽处理与破碎同时进行两种工艺形式”，A错误；

选项D：根据第6.3.1条：“严防医疗废物高温蒸汽处理后回收利用现象的发生”，D错误。

答案选【BC】。

【注】 本题与【2009-2-57】考点相似。

8　固体废物填埋处置技术

8.1　填埋基本知识、基本规定

单选题

1. 在垃圾填埋场实现准好氧卫生填埋，下列哪项措施不合理？【2008－2－26】

（A）在垃圾堆中设置导气盲沟

（B）可用机械设备向垃圾堆体中鼓风

（C）适当加大渗滤液导排管直径

（D）适当加大导气石笼直径

【解析】 根据《教材（第二册）》P205，“准好氧填埋场是在设计填埋场时，有意识地提高渗滤液收集和排放系统的砾石排水层和管路布设的尺寸，从而形成管道中渗滤液的半流状态。通过较强的空气扩散作用使垃圾得到近似的好氧分解环境。”B错误。

答案选【B】。

2. 某一生活垃圾700t/d，生活垃圾含水率为50%。该填埋场生活垃圾的压实密度为$0.7t/m^3$，渗滤液的排放量为100t/d，则该填埋场的日填埋体积为多少？【2007－2－37】

（A）$600m^3/d$　　（B）$1100m^3/d$

（C）$1000m^3/d$　　（D）$900m^3/d$

【解析】 $700 \div 0.7 = 1000m^3/d$，渗滤液是多余条件不需要考虑。

答案选【C】。

3. 某生活垃圾卫生填埋场，处理规模约1000t/d，使用规模10年，垃圾的密度$0.8t/m^3$，覆土占填埋垃圾体积的20%，则填埋场的总库容量为多少？【2012－2－34】

（A）440万m^3　　（B）550万m^3

（C）460万m^3　　（D）600万m^3

【解析】 $1000 \times 365 \times 10/0.8 \times 1.2 = 547.5 \times 10^4 m^3$，B正确。

答案选【B】。

4. 计算填埋场渗滤液通过压实黏土防渗层的流量时，一般应运用什么定律或理论？【2007－2－38】

（A）菲克（Fick）第一定律　　（B）达西（Darcy）定律

（C）朗金（Rankine）理论　　（D）库仑（Coulomb）理论

【解析】 根据《新三废·固废卷》P910，达西定律。

Fick定律是用于传质的；Rankine理论和Coulomb理论为土压力理论。

答案选【B】。

5. 目前我国应用最为广泛的生活垃圾填埋工艺是哪一项？【2009－2－32】

（A）生物反应器型卫生填埋　　（B）好氧型卫生填埋

（C）准好氧型卫生填埋　　（D）厌氧型卫生填埋

【解析】 我国应用最为广泛的生活垃圾填埋工艺是厌氧型。

答案选【D】。

6. 下列关于不同类型生活垃圾卫生填埋场特点的说法中错误的是哪一项？【2010－2－32】

（A）厌氧型填埋场中的可降解有机物在垃圾填埋场封场以后需要较长时间才能降解完毕

（B）设置有导气石笼的卫生填埋场，能够在垃圾堆体上形成好氧环境，因此都属于好氧型填埋场

（C）好氧型填埋场中的可降解有机物垃圾可以在垃圾填埋场封场后较快降解完毕

（D）厌氧型填埋场产生的填埋气体中甲烷气体含量较高

【解析】 根据《教材（第二册）》P205，设置有导气石笼的卫生填埋场属于准好氧填埋方式。

答案选【B】。

7. 某城市生活垃圾填埋场处理规模300t/d，填埋总库容415万m^3。下列哪种说法正确？【2008－2－29】

（A）填埋场防洪标准按50年设计，生产管理用房1500m^2

（B）填埋场防洪标准按20年设计，生产管理用房1500m^2

（C）填埋场防洪标准按50年设计，生产管理用房500m^2

（D）填埋场防洪标准按20年设计，生产管理用房500m^2

【解析】 根据《教材（第三册）》P1356，《生活垃圾卫生填埋处理工程项目建设标准》（建标124—2009），第二十二条："填埋场的防洪标准应按照不小于50年一遇洪水水位"，B、D错误；

对照表1，该填埋场属于Ⅲ类（200～500t/d），按照表3，生产管理用房与辅助设施面积650～950m^2。

答案无正确选项。

【注】 本题是2008年的题，在当时按照老标准（2001），答案选【D】。

8. 某城镇拟新建生活垃圾填埋场，其环境影响评价于2008年12月通过了审批。将在2010年底建成投产，根据国家相关标准的规定，应执行下列哪组污染物排放限值？【2009－2－22】

（A）SS 50mg/L，CODcr 200mg/L，$BOD_5$50mg/L

（B）SS 40mg/L，CODcr 300mg/L，BOD_5 20mg/L

（C）SS 30mg/L，CODcr 100mg/L，BOD_5 30mg/L

（D）SS 30mg/L，CODcr 100mg/L，BOD_5 50mg/L

【解析】 根据《教材（第三册）》P323，《生活垃圾填埋场污染控制标准》（GB 16889—2008），按表2。

答案选【C】。

多选题

下列哪些垃圾可以进入生活垃圾卫生填埋场填埋处理？【2014－2－63】

（A）商业垃圾　　（B）集贸市场垃圾

（C）建筑垃圾　　（D）工业厂矿的生活垃圾

【解析】 根据《生活垃圾卫生填埋处理技术规范》（GB 50869—2013）第3.0.1条"进入填埋场的填埋物应是居民家庭垃圾、园林绿化废弃物、商业服务网点垃圾、清扫保洁垃圾、交通物流场站垃圾、企事业单位的生活垃圾及其他具有生活垃圾属性的一般固体废弃物"。

答案选【ABD】。

8.2 填埋场选址、工程设计

单选题

1. 某城市拟建一座生活垃圾填埋场，设计规模是300t/d。在厂址选择过程中，下列哪组条件最为合适？【2014－2－32】

（A）厂址位于城市规划范围之外，库容约为80万m^3

（B）距离厂址约400m处有一居民密集区，库容约为230万m^3

（C）基础层底部距地下水最高水位距离小于1.0m，库容约为180万m^3

（D）厂址处于城市夏季主导风向下风向，库容约为210万m^3

【解析】 选项A：根据《生活垃圾卫生填埋处理技术规范》（GB 50869—2013）第5.2.3条"填埋场的合理使用年限在10年以上，特殊情况不低于8年"；根据第12.2.3条相关规定，"生活垃圾的压实密度应大于600kg/m^3"。则库容应为$300/0.6\times365\times10=182.5$万$m^3$。A库容太小，A错误；

选项B：根据《生活垃圾卫生填埋处理技术规范》（GB 50869—2013）第4.0.2条"填埋厂不应设在下列地区：第4点填埋库区与敞开式渗沥液处理区边界距居民居住区或人畜供水点的卫生防护距离在500m以内的地区"，B错误；

选项C：根据《教材（第三册）》P319，《生活垃圾填埋场污染控制标准》（GB 16889—2008），第5.13条"生活垃圾厂填埋区基础层底部应与地下水年最高水位保持1m以上的距离"，C错误；

选项D：厂址处于城市夏季主导风向下风向，库容约为210万m^3，均符合要求，D正确。

答案选【D】。

2. 依据《生活垃圾填埋场污染控制标准》（GB 16889—2008），下列关于城市卫生填埋场选址的哪项是错误的？【2011－2－22】

（A）场址不应选在城市工农业发展规划区

（B）场址的标高应位于重现期不小于20年一遇的洪水位之上

（C）场址的选择应避开废弃矿区的活动塌陷区、湿地，以及尚未稳定的冲击扇及冲沟地区

（D）场址位置与周围人群的距离应依据影响评价结论确定

【解析】 根据《教材（第三册）》P319，《生活垃圾填埋场污染控制标准》（GB 16889—2008）第4.3条："场址的标高应位于重现期不小于50年一遇的洪水位之上"。其他选项分别对应第4.2条、第4.4条、第4.5条。

答案选【B】。

多选题

1. 下列关于生活垃圾卫生填埋场选址的描述中，正确的是哪几项？【2007－2－62】

（A）运输距离、场址限制条件、可以利用土地面积

（B）填埋场的合理使用年限在8年以上，特殊情况不低于5年

（C）水文地质条件、当地环境条件、填埋封场后场地是否可以利用

（D）出入场地道路、地形和土壤条件、气候、地表水温条件

【解析】 选项B：根据《生活垃圾卫生填埋处理技术规范》（GB 50869—2013）第5.2.3条"填埋场的合理使用年限在10年以上，特殊情况不低于8年"。

答案选【ACD】。

2. 在下列工程设施中，哪些属于垃圾填埋场主体工程设施？【2008－2－64】

（A）渗滤液调节池　　（B）垃圾坝

（C）清污分流系统　　（D）计量站

【解析】《生活垃圾卫生填埋处理技术规范》（GB 50869—2013）第5.1.3条中介绍了填埋场的主体工程构成。

答案选【ABCD】。

8.3 填埋作业、设备

单选题

1. 填埋场压实作业时，每层垃圾摊铺厚度与下面哪项无关？【2011－2－39】

（A）填埋作业设备的压实性能　　（B）压实次数

（C）垃圾的无机物含量　　（D）垃圾的可压缩性

【解析】 每层垃圾摊铺厚度与垃圾的无机物的含量无关。其他选项均与压缩效果相关。

答案选【C】。

2. 生活垃圾卫生填埋场主要填埋设备应按照作业区、卸车平台的分布和下列哪一项来选用？【2014－2－29】

（A）填埋气体收集井布置　（B）当地气象条件

（C）日处理垃圾量　（D）填埋场总库容

【解析】 根据《教材（第三册）》，《生活垃圾卫生填埋处理工程项目建设标准》（建标124—2009），P1356 第四章第三节，应该选日处理垃圾量。

答案选【C】。

多选题

1. 下列设备中，哪些在一般固体废物填埋场中具有平整废物的功能？【2007－2－60】

（A）推土机　（B）装载机

（C）压实机　（D）挖掘机

【解析】 根据《新三废·固废卷》P945 表 6－3－5，挖掘机不适用于平整废物，其他均可。

答案选【ABC】。

2. 生活垃圾填埋作业主要工艺包括哪几项？【2012－2－56】

（A）转运　（B）摊铺

（C）压实　（D）覆土

【解析】 根据《教材（第二册）》P252，"垃圾填埋作业过程包括：场地准备、垃圾的运输、摊铺、压实、覆盖"。

答案选【BCD】。

3. 垃圾填埋处理时，填埋作业应按工序操作，下列关于生活垃圾卫生填埋场填埋作业工艺说法正确的是哪几项？【2013－2－68】

（A）每层垃圾摊铺厚度不宜超过 60cm，宜从作业单元的边坡底部到顶部摊铺，垃圾压实密度宜大于 600kg/m^3

（B）每一单元的垃圾高度宜为 2～4m，单元作业宽度不宜小于 5m，单元坡度不宜大于 1∶3

（C）每一单元作业完成后，应进行覆盖，覆盖土厚度宜为 20～25cm

（D）每一作业区完成阶段性高度后，暂不再在其上继续填埋时，应进行中间覆盖，覆盖层可选用 HDPE 土工膜

【解析】 根据按照《生活垃圾卫生填埋处理技术规范》（GB 50869—2013）：

选项 A：根据第 12.2.3 条相关规定，A 正确；

选项 B：根据第 12.2.4 条中"最小宽度不宜小于 6m"，B 错误；

选项 C：根据第 12.2.5 条相关规定，C 正确；

选项 D：根据第 12.2.7 条相关规定，D 正确。

答案选【ACD】。

4. 下列哪些关于生活垃圾填埋作业的说法是正确的？【2014 - 2 - 64】

（A）填埋单元作业工序应为卸车、分层摊铺、压实，并在达到规定高度后进行覆盖

（B）每一作业单元的垃圾填埋高度宜为 2 ~ 4m，最高不超过 10m

（C）每一作业单元完成阶段性填埋后，如暂时不在其上继续填埋，则可暂不覆盖

（D）填埋场填埋作业达到设计标高后，应进行封场和生态恢复

【解析】 根据按照《生活垃圾卫生填埋处理技术规范》（GB 50869—2013）：

选项 A：根据第 12.2.2 条相关规定，A 正确；

选项 B：根据第 12.2.4 条中“最高不超过 6m”，B 错误；

选项 C：根据第 12.2.5 条相关规定，C 错误；

选项 D：根据第 12.2.7 条相关规定，D 正确。

答案选【AD】。

8.4 防渗系统

单选题

1. 下列 HDPE 膜的焊接方法中，最适合焊接细微部分的方法是哪一项？【2008 - 2 - 31】

（A）挤压平焊　　（B）挤压角焊

（C）热气焊　　（D）热空气焊

【解析】 根据《新三废 · 固废卷》P1035，挤压角焊一般用于难度大的部位的焊接，不适用于大面积的焊接，适用于细微部分的焊接。

答案选【B】。

2. 由于 GCL 为卷材，在施工过程中需要进行搭接而形成一个完整的防渗层，以下哪种搭接方式常用于 GCL？【2009 - 2 - 33】

（A）自然搭接　　（B）缝合连接

（C）热熔焊接　　（D）挤出焊接

【解析】 根据《新三废 · 固废卷》P1037，GCL 的搭接方式为自然搭接。《生活垃圾卫生填埋场防渗系统工程技术规范》（CJJ 113—2007），表 3.7.2 也有相关内容。

答案选【A】。

3. 在生活垃圾卫生填埋场设计中，防渗结构的设计是最重要的环节，以下关于填埋场单衬层防渗结构是合理的？【2011 - 2 - 38】

（A）卵石层 - HDPE 膜 - 土工布 - 压实黏土

（B）卵石层 - 压实黏土 - 土工布 - HDPE 膜

(C) 卵石层 - 压实黏土 - HDPE 膜 - 土工布

(D) 卵石层 - 土工布 - HDPE - 膜压实黏土

【解析】 根据《生活垃圾卫生填埋处理技术规范》(GB 50869—2013) 第 8.2.5 节的图 8.2.5 以及相应的解释。土工布在 HDPE 膜上方，保护 HDPE 膜；压实黏土在 HDPE 膜下方。

答案选【D】。

4. 评价 HDPE 膜性能的主要技术指标为哪一项？【2014 - 2 - 33】

(A) 抗压性，抗拉性，抗蚀性，抗熔性

(B) 抗压性，抗拉性，抗爆性，耐久性

(C) 抗压性，抗拉性，抗蚀性，耐久性

(D) 抗压性，抗磨性，抗蚀性，抗刺性

【解析】 抗熔性、抗爆性和抗磨性不是 HDPE 的技术指标。

答案选【C】。

5. 生活垃圾填埋场底采用单层防渗结构，应选用下列哪种规格的 HDPE 防渗膜和非织造土工布？【2014 - 2 - 34】

(A) 1mm，600g/m^2　　(B) 2mm，300g/m^2

(C) 1mm，300g/m^2　　(D) 2mm，600g/m^2

【解析】 根据《生活垃圾卫生填埋处理技术规范》(GB 50869—2013) 第 8.2.5 条的内容，非织造土工布的密度不宜小于 600g/m^2，HDPE 膜的厚度不宜小于 1.5mm。

答案选【D】。

多选题

1. HDPE 膜是应用最广泛的填埋场防渗材料，其优点是哪几项？【2009 - 2 - 64】

(A) 化学性能较稳定　　(B) 气候适应性较强

(C) 抗腐蚀能力较强　　(D) 抗穿刺能力强

【解析】 根据《新三废·固废卷》P1021，HDPE 膜具有如下特点：“(2) 化学稳定性高，对大部分化学物质具有抗腐蚀能力……(6) 气候适应性较强”。A、B、C 正确。

根据表 6 - 3 - 25，抗刺穿能力较差，D 不选。

答案选【ABC】。

2. 下列材料中可作为生活垃圾卫生填埋场防渗透材料的有哪些？【2007 - 2 - 63】

(A) 砂质黏土　　(B) 膨润土改性黏土

(C) 高密度聚乙烯 (HDPE) 膜　　(D) 聚合物水泥混凝土

【解析】 根据《新三废·固废卷》P1020 ~ P1022，膨润土改性黏土、HDPE、聚合物水泥混凝土均可以作为填埋场防渗材料。砂质黏土防渗系数低，不能作为防渗材料。

答案选【BCD】。

3. 生活垃圾填埋场的人工防渗衬层系统及构造形式有多种，目前在我国采用的人工防渗衬层有哪些？【2010-2-63】

（A）天然土壤单层防渗结构

（B）高密度聚乙烯膜单层防渗结构

（C）双层防渗结构

（D）高密度聚乙烯膜+膨润土垫（GCL）的复合防渗结构

【解析】 根据《生活垃圾卫生填埋处理技术规范》（GB 50869—2013）第8.2节中有B、C、D三种防渗结构的图示。天然土壤单层防渗结构不属于人工防渗。

答案选【BCD】。

4. 已知某危险废物填埋场的天然基础层饱和渗透系数为6.5×10^{-6}cm/s，压实后饱和渗透系数为1.0×10^{-6}cm/s，厚度为4m，请问该填埋场可以采用哪种衬层？【2011-2-57】

（A）天然材料衬层

（B）复合衬层，且复合衬层的下衬层厚度为0.5m

（C）复合衬层，且复合衬层的下衬层厚度为1.0m

（D）双人工衬层

【解析】 根据《教材（第三册）》P346，《危险废物安全填埋污染控制标准》第6.5.2条和表2，应选C、D。

答案选【CD】。

5. 下列生活垃圾卫生填埋场防渗层设计不符合标准的有哪几项？【2013-2-69】

（A）HDPE膜和压实土壤的复合单层防渗结构中，压实土壤的渗透系数不得小于1.0×10^{-5}cm/s，厚度不小于750mm

（B）在HDPE膜单层防渗结构中，采用HDPE膜厚度不应小于1.5mm

（C）HDPE膜和GCL的复合防渗结构中，GCL渗透系数不得大于1.0×10^{-7}cm/s

（D）双层防渗结构的主、次防渗层均应采用HDPE膜作为防渗材料

【解析】 根据《生活垃圾卫生填埋处理技术规范》（GB 50869—2013）第8.2.4条，第8.2.5条，第8.2.6条的相关内容，A、C说法错误。

答案选【AC】。

8.5 渗滤液——来源、产生量、渗漏

单选题

1. 以下做法中不能减少垃圾填埋场渗滤液产生量的是哪一项？【2009-2-31】

（A）通过地下水导排系统降低地下水水位

（B）在填埋场采取雨污分流措施

（C）设置专用渗滤液调节池

（D）及时进行垃圾场封场

【解析】 注意是“产生量”，C 说法错误。

答案选【C】。

2. 依据《城市生活垃圾处理及污染防治技术政策》及相关标准，下列说法正确的是哪一项？【2011－2－21】

（A）垃圾卫生填埋场内实行雨水与污水分流，可以减少运行过程中的渗滤液

（B）垃圾渗滤液经过处理尚不能达到排放标准要求的可排入城市污水处理系统处理

（C）采用回灌法处理垃圾渗滤液，虽然可以减少渗滤液处理量，降低处理负荷，但不利于填埋场稳定化

（D）垃圾填埋场封场后不必继续进行渗滤液导排和处理

【解析】 选项 A：根据《教材（第四册）》P200 第 5.5 条，A 正确。

选项 B：根据《教材（第三册）》P323，《生活垃圾填埋场污染控制标准》（GB 16889—2008）第 9.1.3 条：“2011 年 7 月 1 日起，全部垃圾填埋场应自行处理垃圾渗滤液”，B 错误。

选项 C：第 5.6 条：“设置渗沥水收集系统，鼓励将经过适当处理得垃圾渗沥水排入城市污水处理系统，渗沥水也可以进行回流处理，以减少处理量，降低处理负荷，加快卫生填埋场稳定”，C 错误。

选项 D：第 5.9 条：“填埋终止后，要进行封场处理和生态环境恢复，继续引导和处理渗滤液，D 错误”。

答案选【A】。

3. 某填埋场所在区域最大月平均日降雨量为 10mm，填埋区面积为 20000m^2，入渗系数为 0.75，封场区的面积为 120000m^2，入渗系数为 0.15，则该填埋场正常运行期间最大月平均渗滤液产生量为（忽略垃圾自身产生的渗滤液）：【2013－2－29】

（A）125m^3/d　　（B）330m^3/d

（C）500m^3/d　　（D）625m^3/d

【解析】 根据《教材（第二册）》P243 公式 4－8－29：

$Q=0.75\times20000\times10\times10^{-3}+0.15\times120000\times10\times10^{-3}=330m^3/d$。

答案选【B】。

4. 在渗透系数为 10^{-7}cm/s 的 1m 厚压实黏土上，当渗滤液水位为 0.3m 时，计算每平方米面积上渗滤液的渗漏量为多少。【2012－2－36】

（A）$0.3\times10^{-7}m^3/s$　　（B）$1.3\times10^{-7}m^3/s$

（C）$0.3\times10^{-8}m^3/s$　　（D）$1.3\times10^{-9}m^3/s$

【解析】 根据《新三废·固废卷》P965 式 6－3－32，$q=K_s\dfrac{d+h}{d}=10^{-7}\times10^{-2}\times\dfrac{1+0.3}{1}=1.3\times10^{-9}m/s$；单位平方米则为 $1.3\times10^{-9}m^3/s$。

答案选【D】。

多选题

1. 控制填埋场垃圾渗滤液产生量的主要工程措施包括哪几项？【2007－2－61】

(A) 控制入场垃圾含水率　　(B) 控制填埋场作业面积

(C) 控制地下水的入渗量　　(D) 减少渗滤液调节池（加盖）面积

【解析】 减少渗滤液调节池的面积与渗滤液产生量无关，D 错误，其他均与渗滤液的产生相关。

答案选【ABC】。

2. 影响填埋场渗滤液产生量的因素很多，实际操作中，能够减少渗滤液产生量的措施主要有哪几项？【2010－2－67】

(A) 设置渗滤液集排系统　　(B) 尽量减少填埋作业面

(C) 设置地表水和地下水排水系统　　(D) 设置封场覆盖系统

【解析】 设置渗滤液集排系统不能减少渗滤液的产生量。

答案选【BCD】。

3. 下列哪些是垃圾渗滤液中水分的来源？【2011－2－65】

(A) 垃圾自身携带的水分

(B) 填埋场山坡截洪沟内的地表径流

(C) 填埋场作业区经集雨导排管收集的雨水

(D) 垃圾中有机物分解产生的水

【解析】 选项 A、D：正确；

选项 B：截洪沟可截留山坡下来的积水引向别处，B 错误；

选项 C：集雨导排管说明进行了雨水收集，雨污进行了分流，C 错误。

答案选【AD】。

4. 下列哪几项可能转化成生活垃圾卫生填埋场渗滤液？【2014－2－65】

(A) 入渗到填埋场的降水

(B) 垃圾及覆土含水

(C) 截洪沟截留雨水

(D) 防渗膜破损处渗入填埋场的地下水

【解析】 C 项：截洪沟截留雨水不是渗滤液来源，C 错误。

答案选【ABD】。

5. 固体废物填埋场渗滤液产生量的主要影响因素包括哪几项？【2012－2－59】

(A) 填埋场性质　　(B) 气象条件

(C) 填埋库区的地下水位　　(D) 填埋库区雨污水分流系统

【解析】 选项A：本题A有歧义，这个性质具体是按照什么来说，不明确。根据《新三废·固废卷》P953，渗滤液的产生量与填埋场的构造有关系，比如是否设计完好，填埋场的类型等，如果按照构造等来看，A正确；

选项B：《新三废·固废卷》P954～P956，渗滤液的产生量还与降雨、蒸发量有关，B正确；

选项C：《新三废·固废卷》P952，最后一段，C正确；

选项D：设计较好雨污分流系统可以减少渗滤液的产生，D正确。

答案选【ABCD】或者【BCD】。

8.6 渗滤液——收集

单选题

1. 下列关于生活垃圾填埋场渗滤液收集系统的错误描述是哪一项？【2008-2-25】

(A) 渗滤液收集系统主要由导流层、集液井、收集管道和导流盲沟等组成

(B) 导流盲沟石料的渗透系数不应小于 1.0×10^{-3}cm/s，厚度不宜小于40cm

(C) HDPE管的干管直径不应小于500mm

(D) HDPE管的支管直径不应小于200mm

【解析】 选项C，根据《生活垃圾卫生填埋处理技术规范》(GB 50869—2013) 10.3.3条，HDPE收集干管公称外径不应小于315mm。

答案选【C】。

2. 我国某城市正在设计、建设一座生活垃圾卫生填埋场，下述哪项不符合国家相关标准要求？【2012-2-24】

(A) 生活垃圾填埋场渗透滤液导排系统应确保在填埋场的运行期内深度不大于30cm

(B) 生活垃圾填埋场渗滤液处理设施应确保在填埋场的运行期和对渗滤液进行处理达标后排放

(C) 生活垃圾填埋场雨水集排水系统收集的雨水可与渗滤液合并处理

(D) 生活垃圾填埋场渗滤液调节池应采取封闭等措施防止恶臭扩散

【解析】 根据《教材（第三册）》P320，第5.11条"雨水集排水系统收集的雨水不得与渗滤液掺混"。

答案选【C】。

多选题

生活垃圾卫生填埋场渗滤液收集及处理系统包括下列哪几项？【2014-2-66】

(A) 膜上导流层及盲沟　　(B) 膜下导流层及盲沟

(C) 截洪沟及膨润土衬垫　　(D) 调节池及生化处理池

【解析】 膜上导流层及盲沟属于渗滤液收集系统，调节池和生化处理池属于渗滤液

处理系统。

答案选【AD】。

8.7 渗滤液——处理

单选题

填埋场污染控制标准的提高对垃圾渗滤液处理提出了严格的要求，采用膜分离技术是保证垃圾渗滤液处理出水达标的有效方式。不同的膜材料具有不同的有效孔径，因此能在不同的处理阶段去除特定大小的污染物。以下对于各种膜的去除污染物颗粒大小排序正确的是哪一项？【2010－2－33】

（A）微滤膜＞超滤膜＞纳滤膜＞反渗透膜

（B）微滤膜＞反渗透膜＞纳滤膜＞超滤膜

（C）反渗透膜＞纳滤膜＞超滤膜＞微滤膜

（D）微滤膜＞超滤膜＞反渗透膜＞纳滤膜

【解析】 反渗透膜肯定是去除污染物颗粒大小中最小的，A 正确。

根据各种膜的大小排列及主要去除的对象见《教材（第一册）》P80，图 2－1－53。

答案选【A】。

多选题

1. 按照执行《生活垃圾填埋场污染控制标准》的规定，以下关于渗滤液处理的说法正确的是哪几项？【2009－2－59】

（A）自 2008 年 7 月 1 日起，现有和新建生活垃圾填埋场 COD_{Cr} 的排放浓度限值为 100mg/L

（B）自 2008 年 7 月 1 日起，现有和新建生活垃圾填埋场 BOD_5 的排放浓度限值为 30mg/L

（C）自 2008 年 7 月 1 日起，生活垃圾渗滤液不得送往城市二级污水处理厂进行处理

（D）自 2008 年 7 月 1 日起，全部生活垃圾填埋场应自行处理生活垃圾渗滤液

【解析】 根据《教材（第三册）》P323，《生活垃圾填埋场污染控制标准》（GB 16889—2008），按表 2，A、B 选项均正确。第 9.1.1 条：“生活垃圾填埋场应设置污水处理装置，生活垃圾渗滤液（含调节池废水）等污水经处理并符合本标准规定污染物控制要求后，可直接排放”。第 9.1.3 条：“2011 年 7 月 1 日前，现有生活垃圾填埋场无法满足表 2 规定的水污染物排放浓度限值要求的，满足下列条件时可将生活垃圾渗滤液送往城市二级污水处理厂处理。2011 年 7 月 1 日起，全部垃圾填埋场应自行处理垃圾渗滤液”。

答案选【AB】。

2. 为保证垃圾渗滤液排放能够满足现行国家标准排放要求，目前在渗滤液处理中常用的方法主要有哪些?【2010-2-64】

(A) 厌氧+好氧+反渗透处理+浓缩液回灌处理

(B) 膜生物反应器（MBR）+反渗透处理+浓缩液回灌处理

(C) 混凝沉淀+升流式厌氧污泥床（UASB）+氧化沟

(D) 氨吹脱+厌氧滤池+序批式活性污泥法（SBR）

【解析】 根据《教材（第三册)》P1309，《生活垃圾填埋场渗滤液处理工程技术规范（试行)》（HJ 564—2010）第6.3.1条:“推荐采用预处理+生物处理+深度处理的方式”，也可以采用如下组合工艺“a）预处理+深度处理；b）生物处理+深度处理”的形式，第6.3.4条:“深度处理宜以纳滤和反渗透为主”。一般来说，采用的是预处理+生物处理+深度处理的方式，C、D中没有相应的深度处理工艺。

答案选【AB】。

3. 生活垃圾填埋场渗滤液处理，以下哪几种工艺组合是可行的?【2011-2-66】

(A) 预处理+生物处理+超滤+反渗透

(B) 预处理+纳滤

(C) 混凝沉淀+生物处理+纳滤+反渗透

(D) 预处理+生物处理+超滤

【解析】 根据《教材（第三册)》P1309，《生活垃圾填埋场渗滤液处理工程技术规范（试行)》（HJ 564—2010）第6.3.1条:“推荐采用预处理+生物处理+深度处理的方式”，也可以采用如下组合工艺“a）预处理+深度处理；b）生物处理+深度处理”的形式，第6.3.4:“深度处理宜以纳滤和反渗透为主”。A、C正确，D错误。

B选项中预处理之后直接用纳滤膜不合适。

答案选【AC】。

4. 环境敏感地区生活垃圾填埋场建设的渗滤液处理设施，为达到现行《生活垃圾填埋场污染控制标准》中水污染物特别排放限制，下列哪些组合工艺是适宜的?【2012-2-60】

(A) 预处理(混凝沉淀)+MBR(反硝化、硝化和超滤)+膜处理(NF+RO或RO+RO)

(B) 预处理(吹脱)+厌氧(UASB或UBF)+好氧(SBR)+膜处理(NF或RO)

(C) 砂滤+连续微滤(CMF)+膜处理(NF)

(D) 膜处理(NF+RO或RO+RO)

【解析】 一般来说采用预处理+生物处理+深度处理的方式。

答案选【AB】。

5. 下列关于生活垃圾卫生填埋场渗滤液处理的说法中错误的是哪几项?【2013-2-64】

(A) 陈旧性垃圾填埋场采取回灌法处理渗滤液，主要是利用填埋场的生物作用稀释废滤液中的有害成分

（B）对于场龄在5年内的填埋场产生的渗滤液，可单独采用生物处理工艺
（C）对于场龄超过5年的填埋场产生的渗滤液，一般采用生物处理+深度处理的工艺
（D）相对于物化处理工艺来说，生物处理工艺受渗滤液水质水量变化影响较小

【解析】 选项A："生物作用稀释"，A错误；

选项B：应采用生物处理+深度处理的工艺，或预处理+生物处理+深度处理的工艺，B错误；

选项C：《生活垃圾卫生填埋处理技术规范》（GB 50869—2013），条文说明的表19，中后期的采用预处理+物化处理，或者是预处理+生物处理+深度处理的工艺；生物处理+深度处理用于初期的渗滤液，C错误；

选项D：生物处理运行效果受水质水量影响更大，D错误。

答案选【ABCD】。

8.8 填埋气

单选题

1. 某一垃圾填埋场，每天填埋生活垃圾500t，填埋场采用人工防渗膜做衬底材料，填埋场运行5a完成一期填埋工程，采用人工防渗膜作为填埋场覆盖材料，填埋深度40m。经勘探测量，得知填埋气体具有开采价值，由于设计初期没有布设填埋气体收集系统，现在需要进行打井抽气收集填埋气体，设计采用垂直立井，请问在缺乏实验数据情况下，井深多少比较安全，井间距设计多远比较合理？【2007-2-39】

（A）井深为填埋场深度的90%，井间距离80~100m
（B）井深穿过填埋场防渗层，井间距离45~60m
（C）井深为填埋场深度的80%，井间距离45~60m
（D）井深为填埋场深度的50%，井间距离80~100m

【解析】 根据《新三废·固废卷》P1006，第一段关于井深，"井深一般不能超过填埋厂深度的90%"；倒数第二段，"对于深度大并且有人工薄膜的混合覆盖层的填埋厂，常用井间距为45~60m"。

答案选【C】。

2. 某生活垃圾填埋场处理规模500t/d，填埋总库容600万m^3。关于该填埋场的填埋气体处理利用，下列哪种方法最为合理？【2008-2-27】

（A）填埋初始阶段直接排空，后续收集采用火炬集中燃烧
（B）填埋初始阶段开始收集燃烧发电
（C）填埋初始阶段收集采用火炬直接燃烧，后续收集燃烧发电
（D）填埋初始阶段直接排空，后续收集燃烧发电

【解析】 根据《生活垃圾卫生填埋处理技术规范》（GB 50869—2013）第11.1.3条："填埋场不具备填埋气体利用条件时，应采用火炬法燃烧处理。未达安全稳定的旧

填埋场应设置有效的填埋气体导排和处理设施。”第 11.1.2 条“当设计填埋库容大于或等于 2.5×10^6t，填埋厚度大于或等于 20m 时，应考虑填埋气体利用”。综合上面两点，C 正确。

答案选【C】。

3. 无序迁移的垃圾填埋气体可以在填埋场附近的建筑物或其他封闭空间中聚集，在一定条件下会引起火灾或爆炸危害。下列哪项不是影响填埋气体迁移的因素？【2008－2－30】

（A）覆盖层材料　　　　（B）地质条件

（C）渗滤液回灌　　　　（D）垃圾压实密度

【解析】 渗滤液回灌不是影响填埋气体迁移的因素。

答案选【C】。

4. 填埋场沼气产生可大致分为 5 个阶段，如下图所示：

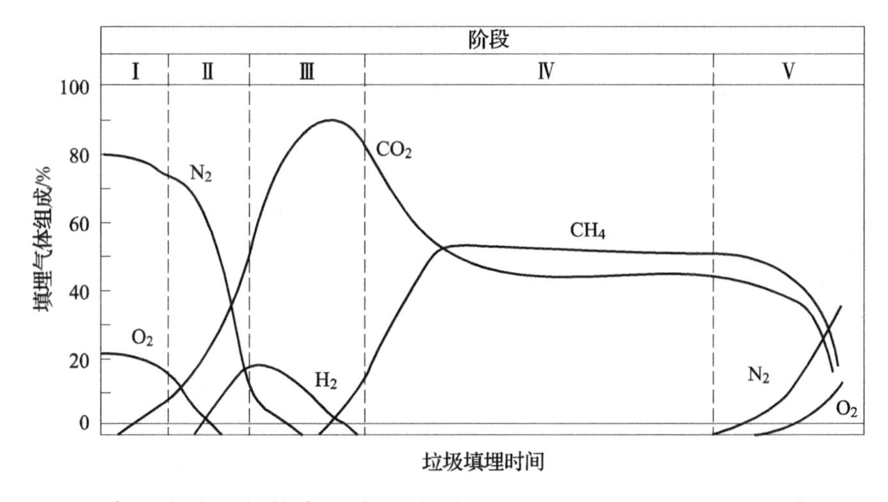

下列关于图中 5 个阶段的特点，表述错误的是哪一项？【2011－2－35】

（A）Ⅰ阶段为初期调整阶段，其主要特点是填埋气体的主要成分为 N_2 和 O_2，温度上升很快，该阶段持续的时间很短

（B）Ⅱ阶段为过渡阶段，其主要特点是 N_2 的体积百分比急剧下降，有部分 H_2 产生，堆体中氧化还原电位升高，该阶段持续的时间较短

（C）Ⅲ阶段为水解酸化阶段，其主要特点是气体主要成分是 CO_2，pH 达到最低，游离脂肪酸浓度较高，此阶段渗滤液浓度较高

（D）Ⅳ阶段为甲烷发酵阶段，其主要特点是 CH_4 升高，含量达到了 50% 左右，pH 值升高

【解析】 根据《教材（第二册）》P231，Ⅱ阶段为过渡阶段，“此阶段的特点是氧气逐渐消耗殆尽，而厌氧条件开始并逐步发展”。因此堆体中的氧化还原电位降低而不是升高，B 错误。

答案选【B】。

5. 某市拟对垃圾填埋场进行沼气回收，经测定该填埋场中垃圾中有机碳的含量为9%，有机碳的分解率为75%，假设填埋气体全部为甲烷和二氧化碳，不考虑其他痕量气体，则该填埋场单位重量垃圾的产气潜能为（在标准状态下）多少？【2011-2-36】

（A）126L CH_4/kg 垃圾

（B）126L(CH_4+CO_2)/kg 垃圾

（C）1252L(CH_4+CO_2)/kg 垃圾

（D）63L(CH_4+CO_2)/kg 垃圾

【解析】 能降解的有机碳不是转化成二氧化碳就是转化成甲烷，因此：$1000\times0.09\times0.75/12\times22.4=126$L($CH_4+CO_2$)/kg 垃圾。

答案选【B】。

【注】 本题和【2012-2-33】相似。

6. 南方某城市生活垃圾卫生填埋场，垃圾组分中有机碳含量为9%，有机碳分解率为75%，填埋气体中甲烷含量为50%，求填埋场的填埋气体理论产气量。【2012-2-33】

（A）126m^3/t　　（B）63m^3/t

（C）84m^3/t　　（D）168m^3/t

【解析】 能降解的有机碳不是转化成二氧化碳就是转化成甲烷，因此：$1000\times0.09\times0.75/12\times22.4=126m^3$($CH_4+CO_2$)/t 垃圾。

答案选【A】。

【注】 本题和【2011-2-36】相似。

7. 地方环境保护行政主管部门对生活垃圾卫生填埋场区和填埋气体的监督性监测频度为哪一项？【2012-2-23】

（A）每1周进行一次　　（B）每1个月进行一次

（C）每3个月进行一次　　（D）每6个月进行一次

【解析】《教材（第三册）》P1328，《生活垃圾卫生填埋场环境监测技术要求》（GB/T 18772—2008）第4.2条“大气污染每年应检测4次，每季度1次”；第5.2条“填埋气体每季度应至少检测1次，一年不少于6次”。

答案选【C】。

8. 生活垃圾填埋场上方甲烷气体含量必须小于多少？建（构）筑物内甲烷气体含量严禁超过多少？【2014-2-30】

（A）3%，5.00%　　（B）5%，1.25%

（C）15%，1.25%　　（D）5%，2.50%

【解析】 根据《生活垃圾卫生填埋处理技术规范》（GB 50869—2013）第11.6.4条的规定，B正确。

答案选【B】。

9. 生活垃圾进行卫生填埋时，会产生填埋气体，达到稳定产气状态后，下列哪一项是占比例最大的可燃气体?【2014-2-31】

(A) 氢气　　(B) 一氧化碳

(C) 二氧化碳　　(D) 甲烷

【解析】 根据根据《教材（第二册)》P231，图4-8-16。

答案选【D】。

多选题

1. 下列关于生活垃圾填埋气体产生过程的说法，哪些是正确的?【2009-2-65】

(A) 过渡阶段的特点是氧气逐渐消耗殆尽，而厌氧条件开始逐步形成

(B) 酸化阶段将产生大量的有机酸和少量氢气

(C) 甲烷发酵阶段 CH_4和 CO_2的生成量逐渐增加

(D) 在垃圾中的可降解有机物被转化成 CH_4和 CO_2后，填埋物进入稳定化阶段

【解析】 根据《新三废·固废卷》P995，图6-3-44以及P995~P996的文字部分。

选项A：P996，第二阶段的第一句，氧气逐渐被消耗，厌氧条件逐渐形成；

选项B：P996，第三阶段的第一句，产生大量有机酸和少量氢气；

选项C：图6-3-44第四阶段，CH_4生成量逐渐增加，而 CO_2逐渐减少；

选项D：第五阶段的第一句话，可降解有机物被转化成 CH_4和 CO_2后，填埋物进入稳定化阶段。

答案选【ABD】。

2. 填埋气体收集、导排及处理系统的设计是生活垃圾填埋场设计的一个重要组成部分，以下部分设计内容中正确的是?【2010-2-65】

(A) 水平抽气沟的沟壁应先铺设土工布，再填砾石

(B) 集气管的开孔尺寸为 ϕ10mm~ϕ20mm

(C) 被动集气系统不必设置气体燃烧装置

(D) 主动导排的竖井间距可比被动导排的竖井间距大一些

【解析】 选项A：《新三废·固废卷》P1008，沟壁一般要铺设无纺布。无纺布是土工布的一种，A正确；

选项B：未发现相应出处，从教材或三废的图片中，标注的开孔尺寸均在该范围内；《危险废物处理技术》(赵由才) P108，“开孔直径16~20mm”，也在该范围内，B暂选；

选项C：《新三废·固废卷》P1008，“如果在排出气体中甲烷有足够高的浓度，则可以把几个管道连接起来，并装上燃气系统”，C错误；

选项D：主动导排的竖井间距可以比被动导排的竖井间距大，D正确。

答案选【ABD】。

3. 生活垃圾填埋处理过程中，首先经好氧分解，再进入厌氧阶段，厌氧阶段产生的主要气体有哪些?【2012-2-58】

（A）二氧化碳　　　　　　　　　　（B）甲烷
（C）氢气　　　　　　　　　　　　（D）一氧化氮

【解析】 根据《教材（第二册）》P231，图4－8－16下面的一段文字，H_2也属于主要气体，选【ABC】。

答案选【ABC】。

【注】 但是从表4－8－11来看，氢气占很少的部分。《环境影响评价—技术方法》中提到，生活垃圾填埋场产生的气体主要为甲烷和二氧化碳。因此，这个“主要”的理解如果理解为频次上的主要，即大部分的生活垃圾填埋场都会产生的气体，则选A、B、C；如果理解成数量上的主要，则选【AB】。

建议按照教材来，选【ABC】。

4. 生活垃圾填埋场填埋气体对大气造成的污染和危害主要包括哪几项？【2013－2－63】
（A）CH_4、CO_2造成的温室效应　　　　（B）CO_2、H_2导致的爆炸事故
（C）H_2S、NH_3等气体产生的恶臭　　（D）CH_4导致的爆炸事故

【解析】 垃圾填埋气体CO_2并不会产生爆炸事故，B错误，其他均正确。

答案选【ACD】。

8.9　地表水和地下水监测

单选题

生活垃圾填埋场地下水监测点至少应包括哪些？【2008－2－28】
（A）本井底一眼，污染扩散井一眼，污染监视井一眼
（B）本井底一眼，污染扩散井一眼，污染监视井两眼
（C）本井底一眼，污染扩散井两眼，污染监视井两眼
（D）本井底两眼，污染扩散井两眼，污染监视井两眼

【解析】 根据《教材（第三册）》P316，《生活垃圾填埋场污染控制标准》（GB 16889—2008），第10.2.1条：“（1）本底井，一眼，设在填埋场地下水向上游30～50m处；（2）排水井，一眼，设在填埋场地下水主管出口处；（3）污染扩散井，两眼，分别设在垂直填埋场地下水走向的两侧各30～50m处；（4）污染监视井，两眼，分别设在填埋场地下水向下游30、50m处。大型填埋场可以在上述要求基础上适当增加监测井的数量”。

答案选【C】。

8.10　终场覆盖和场址修复

单选题

1. 在垃圾卫生填埋场封场处理时，设计方根据当地条件进行了覆盖方案的设计，提

出四种设计构想，哪一种方案最为合理？【2007－2－40】

（A）从表层至垃圾层依次是：表层—排水层—柔性膜—排气层—黏土层—垃圾

（B）从表层至垃圾层依次是：表层—保护层—排水层—柔性膜—黏土层—排气层—垃圾

（C）从表层至垃圾层依次是：表层—排水层—黏土层—柔性膜—垃圾

（D）从表层至垃圾层依次是：表层—保护层—排水层—黏土层—柔性膜—排气层—垃圾

【解析】 根据《新三废·固废卷》P1058 图6－3－70，并结合P1061 页图6－3－71，B 正确。

答案选【B】。

2. 某填埋场已经达到设计服务年限，拟对其进行封场，封场覆盖系统由植被层、排水层和排气层构成，该封场系统和规范封场系统相比易发生哪种问题？【2008－2－32】

（A）渗滤液产生量增多　　（B）易发生火灾和爆炸

（C）垃圾堆体滑坡　　（D）不均匀沉降

【解析】 与《生活垃圾卫生填埋处理技术规范》（GB 50869—2013）中图13.2.3 相比，主要缺少防渗层，因此会导致渗滤液产生量增多。

答案选【A】。

3. 某生活垃圾填埋场同时填埋部分市政污泥，请问封场后最适宜的利用方式是哪种？【2011－2－25】

（A）住宅　　（B）绿地

（C）仓库　　（D）工厂

【解析】 封场后最适宜的利用方式是绿地。

答案选【B】。

4. 根据生活垃圾卫生填埋场封场要求，填埋场封场必须建立完整的封场覆盖系统结构由垃圾堆体表面至顶表面顺序应为哪一项？【2012－2－32】

（A）防渗层、排水层、植被层

（B）防渗层、排水层、植被层

（C）排气层、防渗层、排水层、植被层

（D）排水层、防渗层、排水层、植被层

【解析】 根据《生活垃圾卫生填埋处理技术规范》（GB 50869—2013）中图13.2.3。

答案选【C】。

5. 下列对于卫生填埋场封场覆盖系统的基本功能和作用描述错误的是哪一项？【2013－2－36】

（A）减少雨水和其他外来水渗入垃圾堆体，减少渗滤液产量

（B）可控制填埋场恶臭散发，并利于填埋气体有组织排放及利用

（C）具有抵抗风化侵蚀的能力，同时利于填埋堆体的边坡稳定

（D）可以有效提高垃圾好氧降解速率

【解析】 封场覆盖不可能提高好氧降解速率，D明显错误。

答案选【D】。

多选题

生活垃圾填埋场服务期满后要终场封场，终场封场一般有黏土覆盖和人工材料覆盖两种，请问终场黏土覆盖封场时应设置有哪些？【2011－2－67】

（A）排水层　　（B）导气层

（C）植被层　　（D）HDPE防渗层

【解析】 根据《教材（第二册）》P256图4－8－30（a），不含HDPE防渗层。

答案选【ABC】。

8.11　危险废物填埋

单选题

1. 危险废物填埋场地下水监测井最少应设置几眼？【2009－2－30】

（A）3　　（B）4

（C）5　　（D）6

【解析】 根据《教材（第三册）》P343《危险废物填埋污染控制标准》（GB 18484—2001），10.3.1条"在填埋场上游应设置一眼监测井，以取得背景水源值。在下游至少设置三眼井，组成三维监测点，以适应下游地下水的羽流型流向"。一共4眼。

答案选【B】。

2. 某地区危险废物填埋场的天然基础层饱和渗透系数小于1.0×10^{-6}cm/s，下列哪项防渗层设计是符合国家标准的？【2009－2－24】

（A）天然材料衬层经机械压实后的饱和渗透系数≤1.0×10^{-7}cm/s，厚度≥3m，复合衬层下衬层厚度≥0.2m

（B）天然材料衬层经机械压实后的饱和渗透系数≤1.0×10^{-7}cm/s，厚度≥3m，复合衬层下衬层厚度≥0.5m

（C）天然材料衬层经机械压实后的饱和渗透系数≤1.0×10^{-6}cm/s，厚度≥4m，复合衬层下衬层厚度≥0.5m

（D）天然材料衬层经机械压实后的饱和渗透系数≤1.0×10^{-6}cm/s，厚度≥2m，复合衬层下衬层厚度≥0.5m

【解析】 根据《教材（第三册）》P343《危险废物填埋污染控制标准》（GB 18484—2001），按表2，B正确。

答案选【B】。

3. 在危险废物填埋场设计中，天然基础层饱和渗透系数大于多少必须选用双人工衬层？(单位为 cm/s)【2012 -2 -35】

(A) 10^{-6}　　(B) 10^{-7}

(C) 10^{-8}　　(D) 10^{-9}

【解析】 根据《教材（第三册)》P346，《危险废物填埋污染控制标准》(GB 18598—2001)，6.5.3 条“如果天然基础层饱和渗透系数大于 10^{-6}cm/s，则必须选用双人工衬层”。

答案选【A】。

4. 下列关于危险废物填埋场防渗层选择描述正确的是哪一项？【2013 -2 -35】

(A) 危险废物填埋场天然基础层的饱和渗透系数不应大于 1.0×10^{-5}cm/s，且厚度不应小于 2m

(B) 若天然基础层饱和渗透系数小于 1.0×10^{-7}cm/s，且厚度为 2.5m，可选渗透系数小于 1.0×10^{-7}cm/s 且厚度大于 1m 的天然材料衬层

(C) 若天然基础层饱和渗透系数小于 1.0×10^{-6}cm/s，且厚度小于 3m，则必须选用复合结构衬层

(D) 若天然基础饱和渗透系数大于 1.0×10^{-6}cm/s 必须选用双人工衬层，且上、下人工衬层 HDPE 膜的厚度均不小于 1.5mm

【解析】 根据《教材（第三册)》P346《危险废物填埋污染控制标准》6.5 条的相关规定，A 正确。

答案选【A】。

5. 某危险废物安全填埋场处理规模为 30000t/年（含 15% 的水泥量)，服务年限 20 年。废物全部采用水泥进行稳定化/固化处理后，进入安全填埋场填埋，固化后的废物浓度按 1.5t/m^3 考虑，该填埋场的净库容至少应为多少？【2010 -2 -34】

(A) 40 万 m^3　　(B) 46 万 m^3

(C) 34 万 m^3　　(D) 90 万 m^3

【解析】 $30000\times20\div1.5=40$ 万 m^3。净库容意指填埋场有效库容，计算应含预处理中加入的水泥的体积。

答案选【A】。

6. 测得某污染土壤浸出液总铬浓度为 10mg/L、六价铬浓度为 2mg/L、总铅浓度为 6mg/L，则关于该污染土壤的说法正确的为哪一项？【2013 -2 -22】

(A) 不属于危险废物

(B) 经预处理后可以进入危险废物填埋场填埋

(C) 可以直接进入危险废物填埋场填埋

(D) 可以直接进入卫生填埋场填埋

【解析】 根据《教材（第三册)》P1154，《危险废物安全填埋处置工程建设技术要求》第 5.3.2 条（2）“必须预处理后入场填埋的废物”中第①“根据 GB 5086 和

GB/T 15555.1～12 测的废物浸出液中任何一种有害成分浓度超过表 5－1 中允许进入填埋区的控制限值的废物”，B 正确。

答案选【B】。

多选题

1. 下列哪些是危险废物填埋场选址应满足的条件？【2008－2－65】

（A）填埋场场界距离最近的居民区 800m 以外

（B）场址距离地表水域＞150m

（C）场址距离飞机场距离≥2000m

（D）处于规划的工业开发区之外

【解析】 根据《教材（第三册）》P343，《危险废物填埋污染控制标准》（GB 18598—2001），“第 4.3 条，填埋场场址不应选在城市工农业发展规划区、农业保护区、自然保护区、风景名胜区、文物保护区、生活饮用水源保护区、供水远景规划区、矿产资源远景储备区和其他需要特别保护的区域内。第 4.4 条，填埋场距飞机场、军事基地距离应在 3000m 以上。第 4.5 条，填埋场场界应位于居民区 800m 以外。第 4.7 条，填埋场场址距离地表水域的距离大于 150m”。

答案选【ABD】。

【注】 如果按照修改单后：“《危险废物填埋污染控制标准》（GB 18598—2001）第 4.4 条、第 4.5 条、第 4.7 条合并为一条，内容修改为：危险废物填埋场场址的位置及与周围人群的距离应依据环境影响评价结论确定，并经具有审批权的环境保护主管部门批准。”A、B、C 选项需要重新考虑。

2. 对危险废物进行安全填埋是实现危险废物最终安全处置的一种方法，其场址的选择应满足下列哪些要求？【2009－2－56】

（A）能充分满足填埋场基础层的要求

（B）地下水位应在不透水层 2m 以下

（C）场址距地表水域的距离应大于 150m

（D）场址应位于 50 年一遇的洪水标高线以上

【解析】 根据《教材（第三册）》P343，《危险废物填埋污染控制标准》（GB 18598—2001），“4.6 填埋场场址必须位于百年一遇的洪水标线以上；4.7 距地表水域的距离不应小于 150m；4.8 地下水位应在不透水层 3m 以下。”

答案选【AC】。

【注】 如果按照修改单后：“《危险废物填埋污染控制标准》（GB 18598—2001）第 4.4 条、第 4.5 条、第 4.7 条合并为一条，内容修改为：危险废物填埋场场址的位置及与周围人群的距离应依据环境影响评价结论确定，并经具有审批权的环境保护主管部门批准”，C 选项需要重新考虑。

3. 某危险废物综合处置场占地面积约 45000m^3，基本呈正方形，其中焚烧面积

10000m³，危险废物填埋场占地面积 20000m³，在场址选择中，下列哪些满足综合处置场选址要求？【2012－2－62】

（A）综合处置场场界距离居民区不小于 800m

（B）综合处置场场址应位于百年一遇的洪水标高线以上

（C）综合处置场的中心距离地表水 150m

（D）综合处置场场址位于地下水饮用水源地主要补给区之外

【解析】 根据《教材（第三册）》P343《危险废物填埋污染控制标准》（GB 18598—2001）第 4.5 条"填埋场应位于居民区 800m 以外"；第 4.6 条"填埋场应位于百年一遇的洪水标高线以上"；第 4.7 条"填埋场场址距地表水水域的距离不应小于 150m"；第 4.8 条"填埋场场址位于地下水饮用水源地主要补给区之外"。C 项应该是边界，不是中心。A、B、D 选项同时也是符合危险废物焚烧相关的要求的。A、B、D 正确。

答案选【ABD】。

【注】 如果按照修改单后："《危险废物填埋污染控制标准》（GB 18598—2001）第 4.4 条、第 4.5 条、第 4.7 条合并为一条，内容修改为：危险废物填埋场场址的位置及与周围人群的距离应依据环境影响评价结论确定，并经具有审批权的环境保护主管部门批准。"A、C 选项需要重新考虑。

4. 某市拟建立一座日处理 100t 的危险废物集中处置中心，中心项目包括危险废物储存车间，50t/d 危险废物焚烧厂和 60t/d 危险废物填埋场，当地常年主导风向为东北风，下列哪些选项符合危险废物集中处置工程中心建设选址要求？【2013－2－57】

（A）拟建在城市发展规划区外正南 5km 处

（B）场址位于 50 年一遇的洪水标高线上

（C）场界西侧 1000m 处有一个居民村庄

（D）距离集中处置场场界 180m 处有一条 100m 宽河面的干流通过

【解析】 该危险废物集中处置中心应该符合危险废物填埋和焚烧的相关要求。

选项 A：处于规划区外，A 正确；

选项 B：填埋场场址位于百年一遇的洪水标高线上，B 错误。

选项 C、D：《教材（第三册）》P1109《危险废物集中焚烧处置工程建设技术规范》（HJ/T 176—2005）、P1150《危险废物安全填埋处置工程建设技术要求》（环发［2004］75 号）。C、D 项分别大于上述规范要求的 800m 和 150m，C、D 正确；

答案选【ACD】。

【注】 关于危险废物填埋场、焚烧厂场址的题目已经考了多次。往年的专业知识真题中危险废物的填埋与焚烧一般来说牵涉四个规范《危险废物填埋污染控制标准》《危险废物焚烧污染控制标准》《危险废物安全填埋处置工程建设技术规范》《危险废物集中焚烧处置工程建设技术规范》。

5. 下列哪些条件符合危险废物安全填埋场的选址要求？【2014－2－67】

（A）现场或其附近有充足的黏土资源以满足构筑防渗层的需要

（B）距离地表水距离不小于 100m

（C）位于地下水水源地主要补给区范围之内，且下游无集中供水井

（D）地下水位应在不透水层3m以下，如果小于3m，则必须提高防渗设计要求，实施人工措施后的地下水水位必须在压实黏土层底部1m以下

【解析】 根据《教材（第三册）》P343《危险废物填埋污染控制标准》（GB 18598—2001）：

选项A："4.8 现场或其附近有充足的黏土资源以满足构筑防渗层的需要"，A正确；

选项B："4.7 填埋场场址距地表水水域的距离不应小于150m"。B错误；

选项C："4.8 位于地下水饮用水水源地主要补给区范围之外"，C错误；

选项D：《教材（第三册）》P1152《危险废物安全填埋处置工程建设技术要求》（环发［2004］75号）："4.8（4）地下水位应在不透水层3m以下，如果小于3m，则必须提高防渗设计要求，实施人工措施后的地下水水位必须在压实黏土层底部1m以下"，D正确。

答案选【AD】。

6. 某城市拟新建危险废物填埋场，根据《危险废物填埋场污染控制标准》要求，在危险废物填埋场的设计和施工中下列哪些是环保设计要求必须做到的？【2007-2-57】

（A）填埋场应设预处理站

（B）应对不相容性废物设置不同的填埋区

（C）填埋场周围必须设置宽度不小于5m的绿化隔离带

（D）填埋场必须设置渗滤液集排水系统、雨水排水系统和集排气系统

【解析】 根据《教材（第三册）》P343，《危险废物填埋场污染控制标准》（GB 18598—2001）。根据6.1、6.2、6.13、6.6内容，选A、B、D。C项应该为10m。

答案选【ABD】。

7. 关于危险废物安全填埋场的填埋作业，以下描述错误的是哪几项？【2010-2-66】

（A）废物必须分层摊平，分层厚0.8~1m，然后用压实机来回碾压3~5次

（B）作业基本流程为：计量—卸车—摊平—压实—喷药—覆盖—封场—综合利用

（C）废物运输车辆应尽量不要进入填埋场内

（D）通常情况下采用HDPE膜进行临时覆盖

【解析】 选项A：根据《教材（第三册）》P347，7.2b"散状废物入场后要进行分层碾压，每层厚度视填埋容量和场地情况而定"；A错误；

选项B：根据《教材（第三册）》P1152，《危险废物安全填埋处置工程建设技术要求》4.1，"除了绿化外不能做他用"，B错误；

选项C、D：正确。

答案选【AB】。

8. 根据国家有关政策的规定，在对危险废物采用安全填埋处置时，下面哪些选项符合安全填埋要求？【2010-2-68】

（A）天然基础层饱和渗透系数小于1.0×10^{-7}cm/s，且厚度为3m时，可直接采用天

然基础层作为防渗层

（B）填埋场运行中应对填埋场地下水、地表水、大气进行定期监测

（C）填埋场设置渗滤液导排设施和处理设施

（D）填埋场终场后，要进行封场处理，进行有效的覆盖和生态环境恢复

【解析】 根据《教材（第三册）》P346，《危险废物填埋污染控制标准》（GB 18598—2001）：

选项 A：可采用天然材料衬层，而不是天然基础层，A 错误；选项 B、C、D 均正确。

答案选【BCD】。

9. 危险废物填埋场应根据天然基础层的地质情况分别采用天然材料衬层、复合衬层或双人工衬层作为其防渗层。完成后的符合衬层必须满足以下哪几项条件？【2012－2－57】

（A）其中天然材料衬层经机械压实后的饱和渗透系数应≤10^{-7}cm/s

（B）其中坡面天然材料衬层厚度应比平面下衬层厚度大 10%

（C）其中人工合成材料衬层采用高密度聚乙烯（HDPE），其渗透系数≤10^{-12}cm/s，厚度≥1.5mm

（D）其中人工合成材料衬层采用高密度聚乙烯（HDPE），其渗透系数≤10^{-12}cm/s，厚度≥1.0mm

【解析】 见《教材（第三册）》P346，《危险废物填埋污染控制标准》（GB 18598—2001）：

选项 A：根据 6.5.1，A 正确；

选项 B：根据 6.5.2a，B 正确；

选项 C、D：根据 6.5.2b，C 正确，D 错误。

答案选【ABC】。

10. 危险废物具有种类多，成分复杂且有毒性，腐蚀性等特点，处置危险废物的安全填埋场属于全封闭型填埋场，在安全填埋场设计过程中，下列哪些措施是正确的？【2011－2－64】

（A）设置遮雨设施

（B）除设置渗滤液主排水系统外，还应设置渗滤液检测层

（C）可以不设置集排气系统

（D）必须设有渗滤液处理系统

【解析】 根据《教材（第三册）》P346～P348，《危险废物填埋污染控制标准》（GB 18598—2001）：

选项 A：7.2 的 k 条，“危险废物安全填埋场的运行不能暴露在露天进行，必须有遮雨设备”，A 正确；

选项 B：6.8 条，“采用双人工合成材料衬层的填埋场除设置主集排水系统外，还应该设置辅助集排水系统，辅助集排水系统的集水井主要用作上人工合成层的渗漏监测”。

前提是“双人工合成材料衬层”，并且“上人工合成层的渗漏监测”并不是“渗滤液检测层”，B 错误；

选项 C：6.11 条，“设置集排气系统”，C 错误；

选项 D：8.1 条，“必须设有渗滤液处理系统”，D 正确。

答案选【AD】。

9 固体废物资源化技术、生态修复、污泥处理及其他

单选题

1. 对铅酸电池的回收利用主要以废铅的再生利用为主，下列哪一种工艺不是再生铅处理厂采用的处理工艺?【2008-2-36】

(A) 火法冶金　　　　(B) 湿法冶炼

(C) 直接浸出法　　　(D) 固相电解还原

【解析】 根据《新三废·固废卷》P691，再生铅业主要采用火法和湿法以及固相电解三种处理方法。

答案选【C】。

2. 1000kg 废旧线路板经过破碎后，进入摇床分选，将金属物料和塑胶类物质分开，分别进入金属料斗和塑胶料斗中，已知线路板中金属材料占 20%，分选后金属料斗中金属物料占 95%，假定在分选过程中金属材料全部回收到金属料斗，请问分选后有多少纯塑胶得到回收?【2010-2-23】

(A) 200kg　　　　(B) 789kg

(C) 800kg　　　　(D) 211kg

【解析】 金属材料量应为 $1000\times0.2=200$kg；塑料量应为 800kg；在分选过程中金属材料全部回收到金属料斗，分选后金属料斗中金属物料占 95%，这说明金属料斗中含有塑料，这部分的塑料量是 $200\div0.95-200=10.5$kg，则能够被回收的塑料量为 $800-10.5=789.5$kg。

答案选【B】。

3. 废旧橡胶的综合利用途径很多，下列哪种处理技术不符合资源化要求?【2010-2-24】

(A) 通过机械方法将废旧橡胶粉碎生成胶粉，可以用于铺路材料、橡胶制品的添加料等

(B) 将废橡胶送入垃圾填埋场填埋

(C) 利用裁剪、冲切等技术将废橡胶直接加工成为码头或船舶的护舷等有用物品

(D) 利用废橡胶的高热值热解发电

【解析】 将废橡胶送入垃圾填埋场填埋，并没有进行资源化利用。

答案选【B】。

4. 利用煤矸石产生烧结砖，并将煤矸石作为烧砖内燃料时，对煤矸石的发热量一般要求是哪一项?【2013-2-37】

（A） >6300kJ/kg　　（B）4200 ~ 6300kJ/kg

（C）2100 ~ 4200kJ/kg　　（D） <2100kJ/kg

【解析】 根据《教材（第二册）》P270 表 4 - 9 - 2。

答案选【C】。

5. 利用热冲击法对阴极射线管显示器（CRT 显示器）进行拆解、回收利用，其拆解工艺主要是哪一项？【2013 - 2 - 38】

（A）通过加热 CRT 显示屏玻璃和锥形玻璃之间的熔接玻璃，经冷却使屏玻璃和锥形玻璃分离

（B）通过加热 CRT 显示器的锥形玻璃，使锥形玻璃中的重金属铅解析出来

（C）通过加热 CRT 显示器屏玻璃，使屏玻璃中的荧光粉物质挥发

（D）通过加热 CRT 显示器屏玻璃和锥形玻璃，使屏玻璃和锥形玻璃分离

【解析】 根据《新三废·固废卷》P712 图 5 - 2 - 26。

答案选【A】。

6. 采用水淬法进行钢渣预处理，应控制渣水比和水的压力，下列哪项渣水比和压力的搭配是适宜的？【2007 - 2 - 23】

（A）渣水比控制在 1:10 ~ 1:15，并将水的压力保持在 0.20 ~ 0.25MPa

（B）渣水比控制在 1:5 ~ 1:10，并将水的压力保持在 0.20 ~ 0.25MPa

（C）渣水比控制在 1:10 ~ 1:15，并将水的压力保持在 0.10 ~ 0.15MPa

（D）渣水比控制在 1:5 ~ 1:10，并将水的压力保持在 0.30 ~ 0.351MPa

【解析】 根据《老三废·固废卷》P507。熔渣水淬的关键是防止水淬爆炸，控制不使熔渣将水包裹。一般应注意以下几点：渣水比要控制在 1:10 ~ 1:15。一要保持好渣罐出渣孔的孔径；二要保证渣水不中断，并保持 0.2 ~ 0.25MPa 的压力。

答案选【A】。

7. 某城市日产垃圾 1000t，采用垃圾综合处理技术，分选后粒度大于 65mm 的物料送去焚烧，粒度在 30 ~ 65mm 的物料作为可堆肥物料送去制肥，小于 30mm 的物料直接进入填埋场。若分选后，粒度在 30 ~ 65mm 之间的物料占原始垃圾的 36%，粒度大于 65mm 的物料占原始垃圾的 30%。焚烧后产生炉渣占焚烧垃圾的 10%，焚烧炉渣送填埋场，则每天填埋量为多少吨？【2009 - 2 - 40】

（A）250　　（B）370

（C）320　　（D）440

【解析】 填埋的垃圾量 $=1000\times(1-0.36-0.30)+1000\times0.30\times0.1=370$t/d。

答案选【B】。

8. 在汽车加油站，由于汽油的泄漏，加油站及周边的土壤受到汽油污染，下面哪种处理技术最适用于加油站及周边油污染土壤的治理？【2010 - 2 - 26】

（A）利用水洗脱油污染土壤的修复处理

（B）对油污染土壤进行气提修复处理

（C）利用催化氧化技术处理油污染土壤

（D）对油污染土壤进行固化/稳定化处理

【解析】 土壤气提技术适用于处理亨利系数大于0.01或者蒸汽压大于66.66Pa的挥发性有机化合物。土壤受到汽油泄漏的污染，适合用气提。

答案选【B】。

【注】【2011－3－55】也考到相似的题目。

9．某铬盐厂产生的含铬废物总铬含量为1%，其中水溶性铬盐占60%，非水溶性占40%。在含铬废物湿法处理过程中采用酸溶浸出，其中水溶性铬盐溶出了90%，非水溶的溶出了85%，问处理后的铬渣中总铬盐含量是多少？【2011－2－27】

（A）0.12%　　　　（B）0.10%

（C）0.15%　　　　（D）0.24%

【解析】 $1\% \times (0.6 \times 0.1 + 0.4 \times 0.15) = 0.12\%$。

答案选【A】。

10．土壤石油污染修复技术主要有物理修复技术、化学修复技术和生物修复技术，哪一项属于化学修复技术？【2013－2－39】

（A）气相抽提法去除土壤中挥发性有机污染物

（B）将水和洗涤剂的混合物导入油污染的土壤，利用洗涤剂将油污染物与土壤分别导出

（C）利用养殖蚯蚓去除土壤中油污染物

（D）通过蒸汽热脱附的方式将油污染物变成气体

【解析】 选项B属于化学淋洗法。可以参照《污染场地土壤修复技术导则》（征求意见稿）编制说明》中P4～P5的内容。

答案选【B】。

11．下面哪种重金属污染土壤用热解析法修复比较有效？【2013－2－40】

（A）铬　　　　（B）汞

（C）镁　　　　（D）铅

【解析】 热解析法是通过对土壤加热升温，将挥发性污染物从土壤中解析出来，并收集进行处理。热解析主要用于有机物污染土壤的修复，也用于修复挥发性重金属污染土壤（主要是汞、硒）。

答案选【B】。

12．某城市的垃圾卫生填埋场设计处理规模是200t/d，根据《城镇污水处理厂污泥处置混合填埋用泥质》（GB/T 23485—2009），下列哪种情况的污泥能进入生活垃圾填埋场处理？【2014－2－28】

（A）污泥填埋量25t/d，污泥含水率50%，pH值6.0

（B）污泥填埋量20t/d，污泥含水率55%，pH值7.0

（C）污泥填埋量15t/d，污泥含水率60%，pH值8.0

（D）污泥填埋量10t/d，污泥含水率70%，pH值9.0

【解析】 选项A、B：《教材（第三册）》P364《城镇污水处理厂污泥处置混合填埋用泥质》（GB/T 23485—2009），表1，混合比例应该≤8%，即小于$200\times0.08=16$t/d，A、B错误；

选项D：含水率≤60%，D错误。

答案选【C】。

13. 以三氧化二铝为载体的铂金属固体催化剂是目前石油化学工业中常用的催化剂，从失效的含铂金属催化剂中回收金属铂的常用方法有？【2014-2-39】

（A）利用硫酸溶解载体分离提取铂金属

（B）电解还原法

（C）利用硫酸溶解铂金属

（D）机械剥离法

【解析】 根据《新三废·固废卷》P884，采用酸溶的方法进行铂的回收。

答案选【A】。

多选题

1. 解毒后的铬渣可直接用于建筑材料，下列哪些是常用的还原解毒方法？【2008-2-67】

（A）碳还原工艺

（B）铁精矿和含铬废渣混合原料生产烧结矿工艺

（C）亚硫酸钠、硫酸亚铁等作还原剂的酸性还原工艺

（D）酸分解法

【解析】 根据《新三废·固废卷》P867，常用的还原解毒方法有：铁精矿和含铬废渣混合原料生产烧结矿工艺；碳还原工艺；亚硫酸钠、硫酸亚铁等作还原剂的酸性还原工艺。

答案选【ABC】。

2. 某城市近郊堆存历史遗留铬渣68万t，已经堆存约20年，铬渣成分复杂，根据城市建设规划要求，残留铬渣必须在两年内全部进行无害化处理，分析下列哪些处理方法是可行的？【2009-2-69】

（A）铬渣用作玻璃着色剂

（B）采用湿法溶出，添加硫酸亚铁解毒技术

（C）采用煤和铬渣按一定比例混合煅烧进行干法解毒技术

（D）将铬渣直接用作公路建设的路基材料

【解析】 根据《新三废·固废卷》P867，D项“直接”错误。两年内处理完，A方法吃渣量较小。

答案选【BC】。

3. 六价铬通常以铬酸根 CrO_4^{2-} 或重铬酸根 $Cr_2O_3^{2-}$ 阴离子形式存在，是造成环境污染的主要原因，通常在铬渣处理过程中加入还原剂，使铬酸盐中的 Cr^{6+} 还原为 Cr^{3+}，减少铬渣对环境造成危害，下列哪些物质可以作为铬渣的还原剂？【2010－2－57】

(A) 焦炭　　(B) 硫酸

(C) 硫酸亚铁　　(D) 氯化钙

【解析】 根据《新三废·固废卷》P867。

答案选【AC】。

4. 下列哪些属于废橡胶粉的表面处理方法？【2008－2－68】

(A) 聚合物涂层法　　(B) 气体改性法

(C) 水油法　　(D) 化学机械法

【解析】 根据《新三废·固废卷》P701，废橡胶粉的表面处理方法有化学机械法、聚合物涂层法、气体改性法。

答案选【ABD】。

5. 重金属污染土壤原位生物修复技术主要通过下列哪些途径实现对土壤中重金属的净化作用？【2011－2－68】

(A) 通过生物作用改变土壤的物理化学性质，使重金属从土壤中分离

(B) 通过生物作用改变在土壤中的化学形态，使重金属解毒或固定

(C) 通过生物吸收和代谢达到对重金属的消减、净化和固定

(D) 通过生物代谢作用直接破坏土壤中的重金属

【解析】《重金属污染生物恢复技术研究》(温志良)“重金属污染生物恢复技术，就是利用生物（主要是微生物、植物）作用，削减、净化土壤中重金属或降低重金属毒性。这种技术主要通过两种途径来达到对土壤中重金属的净化作用：

(1) 通过生物作用改变重金属在土壤中的化学形态，使重金属固定或解毒，降低其在土壤环境中的移动性和生物可利用性；

(2) 通过生物吸收、代谢达到对重金属的削减、净化与固定作用”。

A、D 这两种说法均不妥：生物作用能够“改变土壤的理化性质”，并使重金属从土壤中“分离”；通过生物代谢作用“直接破坏”土壤中的重金属。

答案选【BC】。

6. 下列哪几项属于尾矿库生态修复工程？【2011－2－69】

(A) 尾矿库的植被恢复　　(B) 尾矿库坝体和边坡稳定处理

(C) 控制水土流失　　(D) 尾矿库区四周建立围网

【解析】 尾矿库区四周建立围网不属于生态修复方法。

答案选【ABC】。

7. 污泥是污水处理过程中产生的沉淀物，具有含水率高，体积大，为了对其控制宜进行处理处置。下列哪些工艺流程实际可行且符合环境保护制度和资源化利用政策的要求？【2011－2－70】

（A）浓缩—厌氧发酵—沼气、沼渣利用

（B）浓缩—机械脱水—好氧堆肥—园林绿化利用

（C）浓缩—机械脱水—干化—直接填埋

（D）浓缩—机械脱水—干化—焚烧—发电

【解析】 选项C填埋没有资源化，其他选项均符合《教材（第三册）》P1420《城镇污水处理厂污泥处理技术规程》3.3.4的要求。《教材（第四册）》P220，《城镇污水处理厂污泥处理处置及污染防治技术政策》4.1、4.2、4.4也有相应内容。

答案选【ABD】。

8. 某大型金属冶炼厂搬迁后，原厂址计划在一年内进行土地开发利用，建设商业办公区，相关部门对金属污染土壤进行检测调查，确定污染物种类为重金属污染，通过网格方法，测定不同区域土壤的污染程度，确定重污染区域、中污染区域均较小，各占场地面积的5%，轻污染区占90%，在此基础上制定了如下修复计划，请确定下列哪几项方案是可行的？【2012－2－70】

（A）原场地全部污染土壤挖掘搬运走，异地处理

（B）轻度污染区域，使用稳定化药剂使污染土壤中的重金属稳定化

（C）对重度污染区和中度污染区污染土壤进行土地淋洗处理，回收重金属，处理后的土壤回填

（D）对于轻污染土壤，利用生物修复技术，通过生物的吸收和累积逐步去除污染土壤的重金属

【解析】 选项A：重污染区域、中污染区域均较小，进行异地处理不经济；

选项D：由于生物修复技术需要的时间较长，题目需要在一年内进行土地开发利用，D不选；其他的方法可以参照《〈污染场地土壤修复技术导则〉（征求意见稿）编制说明》中P4～P5的内容。

答案选【BC】。

9. 下列哪些措施常见于城市污水处理厂脱水污泥好氧堆肥的前处理？【2014－2－57】

（A）与木屑、秸秆混合　　（B）与餐厨垃圾混合

（C）用堆肥成品调整污泥含水量　　（D）用消石灰调整污泥pH值

【解析】 根据《教材（第三册）》《城镇污水处理厂污泥处理技术规程》P1418：

选项A：4.1.5“堆肥初始碳氮比应为20:1～40:1，可通过添加调理剂调节营养平衡，调理剂宜采用锯木屑、稻草、麦秆、玉米秆、泥炭、稻壳、棉仔饼、厩肥、园林修剪物等”，A正确；

选项B：《新三废·固废卷》P720～P721，餐厨垃圾的C/N为20左右，而污泥的C/N较低，并且餐厨垃圾含水量较高，因此不适合用餐厨垃圾混合，B错误；

选项C：可以采用堆肥成品调节含水量，根据《新三废·固废卷》P281～P282，“（三）物料含水率调节与控制”，C正确；

选项D：错误，不需要用消石灰调整pH。

答案选【AC】。

10. 下列哪些是高炉渣常用的处理工艺？【2014－2－69】

(A) 水淬工艺　　(B) 膨胀矿渣珠生产工艺

(C) 重矿渣碎石工艺　　(D) 余热自解工艺

【解析】 根据《教材（第二册）》P293～P294。

答案选【ABC】。

11. 以石煤、煤矸石和劣质煤作为燃料的流化床锅炉，其燃烧后产生的炉渣可采用下列哪些途径进行综合利用？【2014－2－70】

(A) 制砖的内燃料　　(B) 制加气混凝土砌块

(C) 制无熟料水泥　　(D) 蒸养粉煤灰砖

【解析】 根据《新三废·固废卷》P785，第一段“但含碳量少，不能像炉渣那样做制砖内燃料”，A不选；

选项B、C、D：在《新三废·固废卷》P785第三段中均有体现。

答案选【BCD】。

[illegible] P231~P232。

答案：【AC】

10. [illegible]（2014年 2—69）

(A) [illegible]　　(B) [illegible]

(C) [illegible]　　(D) [illegible]

【解析】根据《[illegible]》（第二册）P293~P294。

答案：【ABC】

11. [illegible]（2014—2—70）

(A) [illegible]　　(B) [illegible]

(C) [illegible]　　(D) [illegible]

【解析】[illegible]

[illegible]

答案：【BCD】

第二篇　案　例　题

10　固体废物特征、分析和采样

※知识点总结

危险废物的判断：一般来说，以下两条中满足一条就是危险废物。

1. 国家危险废物名录中有该种废物，国家危险废物名录：《新三废·固废卷》P9，表1-1-7；

2. 鉴别后符合危险废物的特性：

(1) 危险废物的特性：急性毒性、易燃性、腐蚀性、反应性、感染性、浸出毒性等；

(2)《危险废物鉴别标准》(系列标准)。

※真　　题

某城市进行固体废物来源调查登记，发现该市主要固体废物有燃煤电厂产生的粉煤灰、垃圾焚烧产生的飞灰、金属电镀厂产生的污泥、废旧橡胶轮胎、机械加工厂更换润滑油及清洗油、废铅蓄电池、废旧家用电器等。对于上述废物中哪些需要列入危险废物管理，产生了四种不同分类，下面哪一组均作为危险废物管理?【2007-4-59】

(A) 垃圾焚烧产生的飞灰、金属电镀厂产生的污泥、废旧橡胶轮胎、废铅蓄电池

(B) 机械加工厂更换润滑油及清洗油、垃圾焚烧产生的飞灰、金属电镀厂产生的污泥、废铅蓄电池

(C) 燃煤电厂产生的粉煤灰、垃圾焚烧产生的飞灰、金属电镀厂产生的污泥、废旧橡胶轮胎

(D) 废旧家用电器、垃圾焚烧产生的飞灰、金属电镀厂产生的污泥、机械加工厂更换润滑油及清洗油

解：

垃圾焚烧产生的飞灰：HW18；金属电镀厂产生的污泥：含重金属；机械加工厂更换润滑油及清洗油：HW08；废铅蓄电池：含重金属；废旧家用电器、燃煤电厂产生的粉煤灰、废旧橡胶轮胎不属于危险废弃物。

答案选【B】。

【解析】 判断是否是危险废物：

(1) 国家危险废物名录中是否有该种废物；

(2) 或者鉴定检测后是否符合危险废物的性质。

两条中满足一条就是危险废物。

11 固体废物的收集、运输、中转、贮存

※知识点总结

1. 高频考点相关规范：

(1)《生活垃圾转运站技术规范》(CJJ 47—2006)；

(2)《生活垃圾转运站工程项目建设标准》(建标 117—2009)；

(3)《一般工业固体废物贮存、处置场污染控制标准》(GB 18599—2001)；

(4)《危险废物贮存污染控制标准》(GB 18597—2001)；

(5)《生活垃圾转运站评价标准》(CJJ/T 156—2010)。

2. 相关计算：

(1) 基本计算，较简单，细心计算即可；

(2) 压缩单元、牵引车数量的计算：

1) 压缩设备数量的确定：要保证高峰期转运的车辆的垃圾都能够得到压缩；

2) 牵引车数量 = 每日运转量/每辆牵引车每天的工作量 × 车辆的备用系数。

※真　　题

1. 某企业的一个自燃性煤矸石贮存、处置场，根据国家有关规定，企业对其大气污染控制项目进行测定。在下列监测项目中，正确的是哪一组？【2007 - 3 - 51】

(A) 颗粒物，二氧化硫　　(B) 颗粒物，氮氧化物

(C) 二氧化硫，氮氧化物　　(D) 二氧化硫，氨氮

解：

依据《一般工业固体废物贮存、处置场污染控制标准》(GB 18599—2001) 第 9.1.3 条："贮存、处置场以颗粒物为控制项目，其中属于自燃性煤矸石贮存、处置场，以颗粒物、二氧化硫为控制项目"。

答案选【A】。

【解析】 《一般工业固体废物贮存、处置场污染控制标准》(GB 18599—2001)。

2. 某一般工业固体废弃物贮存、处置场拟设置地下水质监控井，以监测渗滤液对地下水的污染。其中，污染监视监测井应该设在下列何种位置？【2007 - 3 - 53】

(A) 沿地下水流向设在贮存、处置场上游

(B) 设在最可能出现扩散影响的贮存、处置场周边

(C) 沿地下水流向设在贮存、处置场下游

(D) 设置渗滤液集排水系统的周边

解：

《一般工业固体废物贮存、处置场污染控制标准》(GB 18599—2001) 第 6.2.3 条："污染监视监测井沿地下水流向设在贮存、处置场下游"。

答案选【C】。

【解析】《一般工业固体废物贮存、处置场污染控制标准》（GB 18599—2001）。

3. 下列选项中，关于危险物贮存设施（仓库式）设计原则说法不正确的是哪一项？【2012 - 3 - 62】

（A）必须有泄漏液体收集装置、气体导出口及气体净化装置

（B）存放装载液体、半固体危险废物容器的地方，必须有耐腐蚀的硬化地面，且表面无裂隙

（C）应设计堵截泄漏的裙脚，地面与裙脚所围建的容积不低于堵截最大容器的最大储量或总储量的十分之一

（D）不相容的危险废物必须分开存放，并设有隔离间隔断

解：

按照《危险废物贮存污染控制标准》（GB 18597—2001）第 6.2.5 条："应设计堵截泄漏的裙脚，地面与裙脚所围建的容积不低于堵截最大容积的最大储量或总储量的 1/5"。

答案选【C】。

【解析】《危险废物贮存污染控制标准》（GB 18597—2001）。

4. 城市垃圾的收运需进行科学、合理、经济的收运路线设计，指出下列哪项是城市垃圾收运路线设计不需要考虑的步骤？【2007 - 4 - 53】

（A）准备适当比例的地域地形图，标明垃圾收运点、容器数量、收运次数等

（B）资料分析和初步收集路线设计

（C）对初步收集路线和实际运行数据进行比较并对路线进行修改、优化

（D）确定垃圾运输车型号和数量

解：

选项 D 并不属于收运路线设计的内容。

答案选【D】。

【解析】注意题干"收运路线设计"。

5. 某城市总面积为 194km^2，该市的垃圾转运站分批建设，规划建设转运站的总数为 25 座，采用小型机动车进行垃圾收集，目前在旧城区共建成转运站 15 座，这些转运站的服务半径为 1.2km，则每一个新建转运站的服务半径约为多少才能满足该城市的垃圾收集转运要求？【2008 - 3 - 62】

（A）1600m　　　　（B）2000m

（C）500m　　　　（D）1000m

解：

已建设 15 座，还需新建 10 座。

$3.14 \times 1.2^2 \times 15 + 3.14 \times r^2 \times 10 = 194$，得到半径为 2km。

答案选【B】。

6. 某城市构建一座垃圾中转站，其设计规模为308t/d，该地区的平均人口密度为10000人/km^2。人均垃圾的排放量为1.1kg/(人·天)，垃圾的平均含水率为50%，若垃圾的季节波动系数为1.4计，则该垃圾中转站的服务面积为多少？【2009－3－66】

(A) 40.0km^2　　(B) 20.0km^2

(C) 39.2km^2　　(D) 10.0km^2

解：

$$308 \times 1000 \div (1.1 \times 1.4 \times 10000) = 20.0km^2$$

答案选【B】。

【解析】 含水率是多余条件。固废有部分案例题会出现多余的条件，注意排除干扰。

7. 某垃圾中转站服务区域居民30万人，居民垃圾人均日产量1.2kg，垃圾产量变化系数为1.5，该区域只设置一座垃圾中转站并能满足服务需求，若运输车垃圾运量为8t/车，每部车日转运次数为3次，备用车系数取1.2，则转运站运输车辆数量为多少？【2008－4－57】

(A) 31辆　　(B) 27辆

(C) 23辆　　(D) 19辆

解：

$$\text{转运站运输车辆数量} = \frac{30 \times 10^4 \times 1.2 \times 10^{-3} \times 1.5}{8 \times 3} \times 1.2 = 27。$$

答案选【B】。

8. 某城市拟新建转运站一座，该转运站服务范围为该城市中心城区全部生活垃圾，已知该城市中心城区人口统计数据为30万人，人均垃圾排放量为1kg/d，该城市垃圾排放季节性波动系数无实测值，则该新建转运站设计规模是哪一项？【2011－4－51】

(A) 300t/d　　(B) 360t/d

(C) 420t/d　　(D) 480t/d

解：

没有实测值时，垃圾排放的季节性波动系数可以取1.3～1.5。

$Q_D = K_S Q_C = (1.3 \sim 1.5) \times 30 \times 10^4 \times 10^{-3} = 390 \sim 450$ t/d。

答案选【C】。

【解析】《生活垃圾转运站技术规范》(CJJ 47—2006) 公式2.2.4，没有实测值时，垃圾排放的季节性波动系数可以取1.3～1.5。

9. 已知某城市拟建设一座垃圾转运站，其服务面积为20km^2，该城市人口50万，平均人口密度为10000人/km^2。试计算该垃圾转运站的设计规模为多少？(垃圾产量的季节波动系数为1.5，人均垃圾排放量为1.0kg/(人·天))【2012－4－63】

(A) 750t/d　　(B) 300t/d

(C) 200t/d　　(D) 500t/d

解：

转运站服务面积内人口数量：$20 \times 10000 = 2 \times 10^5$，人均产生垃圾 1kg/d，则转运站的规模为 $2 \times 10^5 \times 1.5\text{kg/d} = 300\text{t/d}$。

答案选【B】。

【解析】 注意按照服务面积进行计算。

10. 某省对设计规模分别为 150t/d（简称 1 号站）和 100t/d（简称 2 号站）的生活垃圾转运站进行评价，对两个转运站的工程建设、生产运行现状、污染控制与节能减排，总体印象分别评价打分，评分结果如下。不考虑关键指标综合评终评级结果中以下哪个答案是正确的？【2013－3－60】

	工程建设	生产运行现状	污染控制与节能减排	总体印象
1 号站	90	95	90	80
2 号站	90	80	90	80

（A）1 号站：AA 级，2 号站：A 级
（B）1 号站：A 级，2 号站：A 级
（C）1 号站：AA 级，2 号站：B 级
（D）1 号站：A 级，2 号站：B 级

解：

按照《生活垃圾转运站工程项目建设标准》、《生活垃圾转运站评价标准》：

（1）1 号站为中型Ⅲ类生活垃圾转运站，对工程建设、生产运行现状、污染控制与节能减排、总体印象按照 30%、30%、30%、10% 的分值权重进行评价。因此：

$90 \times 0.3 + 95 \times 0.3 + 90 \times 0.3 + 80 \times 0.1 = 90.5$，为 AA 级。

（2）2 号是小型 IV 类生活垃圾转运站，对工程建设、生产运行现状、污染控制与节能减排、总体印象按照 25%、25%、25%、25% 的分值权重进行评价。因此：

$90 \times 0.25 + 80 \times 0.25 + 90 \times 0.25 + 80 \times 0.25 = 85$，为 A 级。

答案选【A】。

【解析】《生活垃圾转运站工程项目建设标准》（建标 117—2009）表 1，《生活垃圾转运站评价标准》（CJJ/T 156—2010）第 2.0.2 条、第 4.0.2 条。

11. 城市日产垃圾 1000t，垃圾处理设施距离城市 50km，拟采用牵引车和集装箱可分离的垂直压缩式垃圾中转站对城市垃圾进行二次转运，综合考虑各方面因素，该城市高峰时段 3h 需转运垃圾量 60%，垃圾中转站的集装箱载重量为 15t 垃圾每箱，每压缩处理一箱周期时间为 13 分钟，转运车往返转运站和垃圾处理设施的时间为 2.7h，运输时间按每天 8h 计。该转运站至少需配置多少台压缩单元、多少台牵引车（考虑车辆的备用系数为 1.1）？【2010－4－60】

（A）3，15　　（B）3，25
（C）5，25　　（D）5，15

解：

高峰期每小时的垃圾转运量为200t，则每小时转运出的箱数为200/15 = 13.333；

每压缩一箱需要13min，故需要同时启用的压缩设备数量为13.33 × 13/60 = 2.9，故需要压缩设备为3台；

每台牵引车往返于转运站和垃圾处理设施的次数为8/2.7 = 2.9，约等于3次，每台牵引车每天的工作量为3 × 15 = 45t；

则需要的牵引车数量为1000/45 = 22.2，考虑1.1的系数，取25台。

答案选【B】。

【解析】 压缩单元、牵引车数量的计算是高频考点：

（1）压缩设备数量的确定要求保证高峰期转运的车辆都能够得到压缩；

（2）牵引车数量 = 每日运转量/每辆牵引车每天的工作量 × 车辆的备用系数。

12. 某城市日产垃圾1000t，垃圾处理设施距离市中心40km，拟采用转运车和集装箱可分离的垂直压缩式垃圾转运站对城市垃圾进行二次转运，综合考虑各方面因素。该城市高峰时段3h需要接收当天垃圾量的60%，垃圾转运站的集装箱数量为20t垃圾/箱，每压缩处理一箱周期为18min，转运车往返转运站和垃圾最终处理设施的时间以2h计（包括卸料、背箱等操作时间），车辆每天工作8h，考虑车辆的备用系数为1.1，计算该转运站至少需要配备的压缩泊位数量和转运车台数。【2014 - 3 - 72】

（A）3，14　　　　（B）5，14

（C）3，9　　　　（D）5，9

解：

高峰期每小时的垃圾转运量为1000 × 0.6 ÷ 3 = 200t，则每小时转运出的箱数为200 ÷ 20 = 10；

每压缩一箱需要18min，故需要同时启用的压缩设备数量为10 × 18 ÷ 60 = 3，需压缩设备为3台；

每台转运车往返于转运站和垃圾处理设施的次数为8 ÷ 2 = 4次，每台转运车每天的工作量为4 × 20 = 80t，则需要的牵引车数量为1000/80 = 12.5；考虑1.1的系数，取14台。

答案选【A】。

【解析】 压缩单元、牵引车数量的计算是高频考点：

（1）压缩设备数量的确定要求：要保证高峰期转运的车辆都能够得到压缩；

（2）牵引车数量 = 每日运转量/每辆牵引车每天的工作量 × 车辆的备用系数。

13. 某城市日产垃圾800t，垃圾处理设施距离城市50km，拟采用运输车和集装箱可分离的垂直压缩式垃圾中转站对城市垃圾进行二次运转，综合考虑各方面因素，该转运站在城市垃圾高峰运输时段的3h内需要接受并压缩垃圾量的60%。垃圾中转站的集装箱载重量为15t垃圾/箱，每压缩处理一箱周期时间10min，转运车往返转运站和垃圾处理设施的时间以2.67h计，运输时间按每天8h计，转运单元数为8个，单个单元的转运能力为100t/d。则该转运站至少需要配置多少套压实器？多少辆运输车（考虑车辆的备用系数为1.1）？多少个转运容器？【2013 - 3 - 61】

(A) 2，15，27　　(B) 2，20，27

(C) 3，15，21　　(D) 3，20，21

解：

高峰期每小时的垃圾转运量为 800×0.6/3＝160t，则每小时转运出的箱数为 160÷15＝10.67；

每压缩一箱需要 10min，故需要同时启用的压缩设备数量为 10.67×10÷60＝1.78，故需要压缩设备为 2 台；每台牵引车往返于转运站和垃圾处理设施的次数为 8÷2.67＝3 次，每台牵引车每天的工作量为 3×15＝45t，则需要的牵引车数量为 800÷45＝17.78；考虑 1.1 的系数，取 20 台。

运转容器数量＝车辆数＋转运单元数－1＝20＋8－1＝27。

答案选【B】。

【解析】《生活垃圾转运站技术规范》(CJJ 47—2006) 公式 4.2.5：运转容器数＝车辆数＋转运单元数－1。

12　固体废物的压实、破碎和分选技术

12.1　固体废物的压实、破碎

※知识点总结

1. 压实：

空隙率、空隙比、压缩倍数、压实设备：《新三废·固废卷》P191～P194；

2. 破碎：

（1）极限破碎比（前max/后max）、真实破碎比（前平均/后平均）；

（2）各类破碎机的原理、适用范围；

（3）相关计算公式。辊式破碎机：《新三废·固废卷》P196～P197；颚式破碎机：《新三废·固废卷》P198；冲击式破碎机：《新三废·固废卷》P199；反击式破碎机：《新三废·固废卷》P200；球磨机：《新三废·固废卷》P202。

※真　　题

1. 废弃物料综合利用过程中有一经过粗碎的废弃耐火材料，其粒度为30～200mm，堆积密度为2.4t/m^3，处理量65t/h。要求采用锤式破碎机，将其粒度破碎到≤10mm，破碎产品堆积密度为1.8t/m^3，按设备最大生产能力计算，下列哪一种型号的锤式破碎机最适合？【2007－4－74】

（A）转子直径600mm，转子长度900mm

（B）转子直径600mm，转子长度1050mm

（C）转子直径650mm，转子长度1185mm

（D）转子直径650mm，转子长度1315mm

解：

锤式破碎机生产率 $Q=(30\sim45)DL\gamma_0$。按最大生产能力设计 $Q=45DL\gamma_0$，$DL=65/45/1.8=0.802$。

ABCD四个选项中 DL 中分别为：0.54(0.6×0.9)、0.63、0.77、0.85。

答案选【D】。

【解析】　参见《新三废·固废卷》P199公式4－1－17。

2. 某有色金属碎矿车间，计划购置一批颚式破碎机，对废矿石进行破碎回收有色金属，现有废矿石原料粒度为150～200mm，试分析购买下列哪种规格的颚式破碎机较为经济适宜。【2008－4－52】

（A）150mm×250mm　　　　（B）250mm×400mm

（C）350mm×550mm　　　　（D）150mm×550mm

解：

进入颚式破碎机中的料块，最大许可尺度应比宽度 B 小 15% ~20%。矿石的最大粒度为 200mm，选项 B 符合要求宽度为 250mm。

答案选【B】。

【解析】《新三废·固废卷》P198："进入颚式破碎机中的料块，最大许可尺度应比宽度 B 小 15% ~20%"。

3. 某医疗废物处理厂，采用先高温蒸汽处理，然后破碎处理的工艺，根据医疗废物的特点，选用下列哪种破碎机较为合适？【2009 -3 -71】

(A) 辊式破碎机　　(B) 颚式破碎机

(C) 锤式破碎机　　(D) 剪切破碎机

解：

选项 A：辊式破碎机主要用于破碎脆性材料；

选项 B：颚式破碎机适用于坚硬和中硬物料的破碎；

选项 C：针对纱布、导管等软性材料，锤式破碎不如剪切破碎；

选项 D：剪切破碎机可以用于高温蒸汽处理后的医疗废物。

答案选【D】。

【解析】《医疗废物高温蒸汽集中处理工程技术规范（试行）》（HJ/T 276—2006）第 6.3.2 条："破碎设备应能同时破碎硬质物料和软质物料"；《新三废·固废卷》P195：辊式破碎机；《新三废·固废卷》P197：颚式破碎机。

4. 某垃圾样品破碎前的最大粒度是 180cm，平均粒度是 100cm，经两段破碎机破碎，第一段破碎机破碎后的最大粒度是 30cm，平均粒度是 15cm；第二段破碎机破碎后的最大粒度是 5cm，平均粒度是 2.5cm；则垃圾二级破碎的极限破碎比和真实破碎比分别是多少？【2014 -4 -52】

(A) 6，40　　(B) 36，6

(C) 36，40　　(D) 6，6

解：

二级极限破碎比为：$30 \div 5 = 6$；

二级真实破碎比：$15 \div 2.5 = 6$。

答案选【D】。

【解析】 极限破碎比是破碎前后最大粒径的比值；真实破碎比是破碎前后平均粒径的比值。

12.2　固体废物的分选

※知识点总结

1. 各类分选方法的原理、适用范围；

2. 相关计算：

（1）综合分选效率：$E\ (x,\ y)\ \left|\frac{x_1}{x_0}-\frac{y_1}{y_0}\right|\times100\%=\left|\frac{x_2}{x_0}-\frac{y_2}{y_0}\right|\times100\%$；

（2）重力分选层流区：$v=\frac{d^2g\ (\rho_s-\rho)}{18\mu}$；

（3）筛分效率：$\eta=\frac{Q_1}{Q}\times100\%$；

（4）其他相关公式虽然往年案例题目中未出现，但也要注意：《新三废·固废卷》P209～P232的计算公式；

（5）对不同类型的固废，分选工艺组合的选择和判断：该类题目较为灵活，要在熟练掌握各种分选方法分离的对象和作用的基础上，根据题目具体条件进行判断。

※真　　题

1. 某城市的生活垃圾含有无机物40%、动植物和废品60%，采用滚筒进行两级分选预处理，得到第一级分选物重量占垃圾量的45%，其中无机物占80%、动植物和废品占20%。按雷特曼公式计算滚筒的综合分选效率。【2007－4－54】

（A）96%　　（B）25%

（C）75%　　（D）70%

解：

$$E\ (x,\ y)=\left|\frac{x_1}{x_0}-\frac{y_1}{y_0}\right|\times100\%=\left|\frac{0.45\times0.8}{0.4}-\frac{0.45\times0.2}{0.6}\right|\times100\%=75\%。$$

答案选【C】。

【解析】《教材（第二册）》P70：综合分选效率的公式。

$$E(x,y)=\left|\frac{x_1}{x_0}-\frac{y_1}{y_0}\right|\times100\%=\left|\frac{x_2}{x_0}-\frac{y_2}{y_0}\right|\times100\%$$

式中：x_1、y_1——分别指在第一排放口排出的物料中的x、y的量；

x_2、y_2——分别指在第二排放口排出的物料中的x、y的量。

2. 某炼钢厂年钢产量为800万t，其吨钢产渣130kg，从钢渣中磁选出10.4万t废钢，作为炼钢原料返回生产系统，磁选后剩余钢渣中的88万t代替石灰石返回供烧结、炼铁和生产钢渣水泥。该企业年钢渣利用率是多少？【2007－4－73】

（A）94.6%　　（B）84.6%

（C）74.6%　　（D）85.0%

解：

$$\frac{10.4+88}{800\times\frac{130}{1000}}\times100\%=94.6\%。$$

答案选【A】。

3. 一台筛孔为80目的筛分装置，它的分选效率为95%，现利用该筛分装置处理电厂粉煤灰，筛下物回收生产免烧砖，实现资源化，处理规模100t/d，其中粉煤灰中颗粒尺

寸小于 80 目的占总灰量 89% 。计算工厂每天可回收多少吨生产免烧砖的粉煤灰？【2007 - 4 - 75】

（A） 85t/d （B） 95t/d

（C） 89t/d （D） 100t/d

解：

生产免烧砖的粉煤灰产量：$100 \times 0.89 \times 0.95 = 85t/d$。

答案选【A】。

4. 利用滚筒筛对生活垃圾分选，处理能力为 10t/h，垃圾中灰土含量占 15% ，有机质含量占 50% ，滚筒筛对灰土分选效率为 90% ，对有机质分选效率为 80% ，剩余物可作衍生燃料，计算在滚筒筛出口每小时得到多少可作衍生燃料？【2010 - 3 - 51】

（A） 3.50t （B） 4.65t

（C） 2.80t （D） 3.65t

解：

$$10 - 10 \times 0.15 \times 0.9 - 10 \times 0.5 \times 0.8 = 4.65t$$

答案选【B】。

5. 重力分选某固体废物颗粒，颗粒按球体考虑，介质为空气，在标准大气压下，温度为 20℃时，空气密度为 $1.205 \times 10^{-3} g/cm^3$，黏度为 $1.81 \times 10^{-5} Pa$，颗粒密度取 $1g/cm^3$，重力加速度取 $9.8m/s^2$，则粒径为 0.01mm 的固体废物颗粒自由沉降的末速度为多少？【2008 - 4 - 55】

（A） 0.1cm/s （B） 0.2cm/s

（C） 0.3cm/s （D） 0.4cm/s

解：

假定处于层流区，采用 Stocks 公式，自由沉降的末速度为：

$$v = \frac{d^2 g(\rho_s - \rho)}{18\mu} = \frac{(1 \times 10^{-5})^2 \times 9.8 \times (1000 - 1.205)}{18 \times 1.81 \times 10^{-5}} = 0.003m/s = 0.3cm/s;$$

校核雷诺数：

$$Re_p = \frac{vd\rho}{\mu} = \frac{0.3 \times 10^{-2} \times 10^{-5} \times 1.205 \times 10^{-2}}{1.81 \times 10^{-5}} < 2。$$

答案选【C】。

【解析】《新三废·固废卷》P212，公式 4 - 1 - 17。该公式给的不全，其成立的条件应该为颗粒雷诺数小于 2，即处于层流区域，因此在计算后应校核雷诺数，如果雷诺数不小于 2，应假设其处于过渡区或者湍流区，分别采用 Allen 或者 Newton 公式。

6. 利用重介质分选某种工业固体废物，通常要配制一定体积的重悬浮液，已知设备正常运行时，每天消耗重悬浮液 $2m^3$，重悬浮液密度为 $2.5g/cm^3$，重悬浮液中重介质的干密度为 $5g/cm^3$，计算每天消耗重介质的量是哪一项？【2011 - 3 - 53】

（A） 2000kg/d （B） 3750kg/d

（C）5000kg/d　　　　　　　　　　（D）10000kg/d

解：

假设每 cm^3 的重悬浮液中消耗的重介质的体积是 $X cm^3$，则 $5X+1(1-X)=2.5$；$X=0.375cm^3$，则每天消耗重介质的量是：$0.375\times2\times5\times1000=3750kg/d$。

答案选【B】。

【解析】 重悬浮液由加重质与水混合而成的悬浮液。

7. 利用滚筒筛对破碎后的垃圾进行分选处理，筛上物送焚烧炉焚烧，筛下物生化处理。已知滚筒筛孔孔径 20mm，破碎后垃圾中实际粒径小于 20mm 的物料占 40%，假定筛分前物料处理量为 800t/d，筛分后筛上物进入焚烧炉垃圾量为 540t，计算分选机的效率是多少？【2013－3－51】

（A）32.5%　　　　　　　　　　（B）48.1%

（C）67.5%　　　　　　　　　　（D）81.25%

解：

$$\eta=\frac{Q_1}{Q}\times100\%=\frac{(800-540)}{800\times40\%}\times100\%=81.25\%$$

答案选【D】。

【解析】 参见《教材（第二册）》P71 公式 4－4－9：$\eta=\frac{Q_1}{Q}\times100\%$；

其中 Q_1 为筛下的产品重量；Q 为固废原料所含小于筛孔尺寸的颗粒重量。

8. 利用平面摇床对工业废渣进行分选，将工业废渣粉碎进入摇床，水从注水槽给入摇床，在摇床的往复运动和薄层水流冲洗下，物料分层运动，不同密度的物料向摇床的不同区域分离，如图所示，Ⅰ区，Ⅱ区，Ⅲ区，判断下面哪一区域和物料对应的关系是正确的？【2010－3－52】

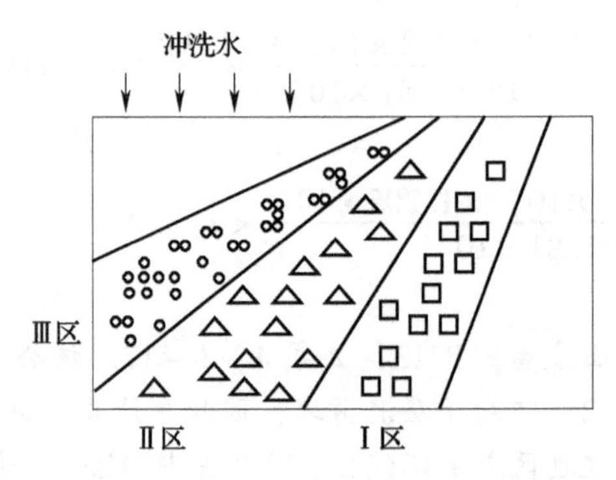

（A）Ⅰ区＝轻物料　　　　　　　　（B）Ⅱ区＝重物料

（C）Ⅲ区＝轻物料　　　　　　　　（D）Ⅲ区＝中等重物料

解：

Ⅲ区应为轻物料，Ⅱ区应为中等重物料，Ⅰ区应为重物料。

答案选【C】。

【解析】《新三废·固废卷》P217 图 4－1－38。

9. 在轻物料与重物料分选的过程中，常采用气流分选，为了保证混合物料在分选筒中均匀分散，提高物料的分选效率，常常采用某些辅助措施，下列哪项措施效果较差？【2011－3－51】

(A) 将分选筒改造成锯齿形　　(B) 将分选筒改造成旋转式

(C) 将分选筒改造成振动式　　(D) 将分选筒由圆形变成矩形

解：

气流分选机要能有效地识别轻、重物料，一个重要的条件，是使气流在分选筒中产生湍流和剪切力，从而把物料团块进行分散，达到较好的分选效果。为达这一目的，对分选筒进行改进，采用了锯齿形、振动式或回转式分选筒的气流通道。

答案选【D】。

【解析】《新三废·固废卷》P212 倒数第二段。

10. 某垃圾中转处理厂实施垃圾分选，其分选系统如下图，试确定各分选单元对应采用的最佳分选手段。【2009－4－72】

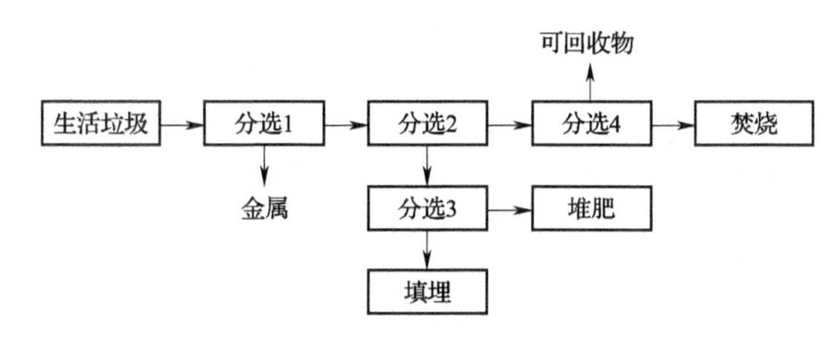

(A) 分选 1：人工手选，分选 2：振动筛，分选 3：滚筒筛，分选 4：磁选

(B) 分选 1：磁选，分选 2：滚筒筛，分选 3：人工手选，分选 4：风选

(C) 分选 1：磁选，分选 2：滚筒筛，分选 3：振动筛，分选 4：人工手选

(D) 分选 1：电选，分选 2：振动筛，分选 3：滚筒筛，分选 4：风选

解：

分选 1，需要从生活垃圾中选出金属，因此磁选或电选可行；分选 2：采用振动筛分离堆肥与填埋物质；分选 3：采用滚筒筛进一步分离堆肥物质和填埋物质；分选 4：采用风选选出一些轻质的可回收物质，其他的用于焚烧。

答案选【D】。

【解析】分选题目较为灵活，要熟练掌握各种分选方法分离的对象和作用。

11. 废印刷电路板含有较多的组分，主要包括钢铁导磁材料，铜、铝导电材料以及塑料和塑胶板等，同时还含有电池、多氯联苯电容等有害部件，为了废印刷电路板的资源回收利用和减少对环境的二次污染，下列哪种处理工艺流程是可行的？【2012－3－52】

(A) 拆解→粗破碎→细破碎→电选→摇床分选→风力分选

(B) 拆解→粗破碎→磁选→细破碎→电选→风力分选

（C）粗破碎→细破碎→磁选→风力分选

（D）细破碎→电选→风力分选

解：

不拆解就破碎，是错误的，应该将有害部件分选后再破碎，选项 C、D 不对；

选项 A 中无法区分导磁材料和导电材料，塑料和塑胶等轻质物质用风力分选；

选项 B 拆解后破碎，经过磁选选出导磁材料，细破碎后选出导电材料，然后用风力分选区分出塑料等物质，因此 B 可行。

答案选【B】。

【解析】 分选题目较为灵活，要熟练掌握各种分选方法分离的对象和作用。

12. 某生活垃圾预处理厂，垃圾主要包括大件垃圾、厨余垃圾、废旧纸张和废塑料、金属、其他无机物。为了把上述物质分离开，分析哪一组工艺组合能够较好地满足分选要求？【2014－4－51】

（A）人工手选→磁选机→滚筒筛→风力分选机

（B）滚筒筛→磁选机→电选机→浮选

（C）人工手选→磁选机→电选机→摇床分选机

（D）人工手选→磁选机→水平气流分选→浮选

解：

首先采用人工手选，选出可回收物质，然后采用磁选分离金属物质，接着用滚筒筛分离，分离不同粒度的废物，最后风力分选，分离不同密度的废物，分离出塑料等废物。

答案选【A】。

【解析】 塑料可以采用风选进行分离。

13　固体废物固化/稳定化处理技术

※知识点总结

1. 不同固化法的适用范围、优缺点：

见《新三废·固废卷》P623 表4－9－1～表4－9－4；《教材（第二册）》P84 表4－5－3、表4－5－4；

2. 分配系数和浸出率：

（1）$K_d = \dfrac{(C_0 - C)/\mathrm{m}}{C/V}$；

（2）$R_n = \dfrac{a_n/A_0}{(F/V)t_n}$。

3. 浸出试验测试方法：《新三废·固废卷》P649～P654，能够快速定位。

※真　　题

1. 危险废物焚烧产生的炉渣和飞灰通常都要进行固化/稳定化处理，下列哪种固化方法形成的固化体污染物浸出率最低？【2011－3－52】

（A）水泥固化法　　　　　　（B）玻璃固化法

（C）石灰固化法　　　　　　（D）热固体塑料包容法

解：

固化体污染物浸出率最低的固化方法是玻璃固化法。玻璃体固化方法可用于高放射性废物，具有高稳定性。

答案选【B】。

【解析】《新三废·固废卷》P633。

2. 水泥是最常用的危险废物固化/稳定化材料，固化工艺简单，材料来源丰富，但影响固体废物水泥固定化的因素很多，指出下面哪一项是影响固化体性能的最重要因素？【2010－3－53】

（A）水泥、废物、水三种物料的配比

（B）固体危险废物的粒度

（C）水泥、废物、水三种物料混合浆料的温度

（D）固体废物固化过程的压力

解：

水泥固化的影响因素有：pH、水、水泥和废物的量比、凝固时间、其他添加剂、固化块的成型工艺。水泥、废物、水三种物料的配比直接影响固化的强度，与其他选项相比，是最重要的影响因素。

答案选【A】。

【解析】《教材（第二册）》P88。

3. 毒性浸出程序（TCLP）是目前最常用的毒性浸出试验方法，下列不是其主要实验条件的是哪一项？【2012 - 3 - 54】

(A) 采用醋酸为浸出介质　　(B) 液固比为20∶1

(C) 震荡平衡时间为18h　　(D) 最大废物颗粒尺寸300μm

解：

选项D最大颗粒尺寸应为9.5mm，其他选项均正确。

答案选【D】

【解析】 参见《新三废·固废卷》的P650表4 - 9 - 13。

4. 某科研单位在一次浸出试验中将含重金属M^{2+}的固体废物样品20g浸没于1L蒸馏水中，达到平衡时液相中M^{2+}浓度为0.05mg/L，则M^{2+}的分配系数为多少mL/g？【2008 - 4 - 54】

(A) 30　　(B) 40

(C) 50　　(D) 60

解：

分配系数的含义是：单位质量固体与单位体积液相中污染物含量的比值，本题固体物质中有多少重金属并未说明，无法计算。

【解析】 分配系数的公式见《新三废·固废卷》P646，公式4 - 9 - 4。这个公式经常考到，但不适用于本题。

5. 实验测定镉在土壤 - 水体系中的分配系数，在含镉浓度为20mg/L溶液中投入100g粉末土壤，即液固比10∶1(L/kg)，进行静态吸附分配实验，静态吸附20h后，测得溶液中平衡浓度为2mg/L，计算镉在土壤 - 水体系中的分配系数（mL/g）。【2012 - 3 - 53】

(A) 180mL/g　　(B) 10mL/g

(C) 90mL/g　　(D) 9000mL/g

解：

$$K_d=\frac{(C_0-C)/m}{C/V}=\frac{(20-2)/10^3}{2/10^4}=90\text{mL/g}$$

答案选【C】。

【解析】 参见《新三废·固废卷》P646公式4 - 9 - 4。

6. 某医疗废物焚烧飞灰铅的浸出浓度为21mg/L，严重超标，对其进行水泥固化。已知水泥固化为圆柱体，直径4cm，柱高4cm，采用静态浸出方法模拟在实际情况下的浸出规律，固化体中铅含量为0.1g，以100mL去离子水（不含铅）作浸取液，浸出实验进行18h后，浸出液中铅的浓度为3mg/L。计算铅在水泥固化体中的平均浸出率。【2009 - 4 - 73】

（A）0.0117cm/h （B）0.00167cm/h

（C）0.00125cm/h （D）0.000111cm/h

解：

$$R_n = \frac{a_n/A_0}{(F/V)t_n}$$

其中 $a_n = 3\text{mg/L} \times 100\text{mL} = 0.3\text{mg} = 3 \times 10^{-4}\text{g}$；$A_0 = 0.1\text{g}$；$F = 75.36\text{cm}^2$；$V = 50.24\text{cm}^3$；$t_n = 18\text{h}$；

解得 $R_n = 1.11 \times 10^{-4}\text{cm/h}$。

答案选【D】。

【解析】 参见《新三废·固废卷》P646 公式 4－9－6。F 为样品暴露出的表面积。

7. 进行飞灰水泥固化模拟实验时，取飞灰样品 25cm^3，测得其质量为 30g，其中重金属离子 M^{2+} 含量为 1%（质量百分比），飞灰样品添加固化剂后制成长 10cm、宽 4cm、高 1cm 的固化体。为了评价固化稳定化效果，将固化体完全浸于 4L 蒸馏水中（假设固化体与容器无接触），经过 48h 后，测得浸出液中 M^{2+} 浓度为 0.02mg/L，则该固化体的浸出率是多少 cm/d?【2014－4－54】

（A）4.94×10^{-5} （B）9.88×10^{-6}

（C）1.48×10^{-4} （D）1.98×10^{-4}

解：

采用公式 $R_n = \dfrac{a_n/A_0}{(F/V)t_n}$；

其中 $a_n = 0.02\text{mg/L} \times 4\text{L} = 0.08\text{mg} = 8 \times 10^{-5}\text{g}$；$A_0 = 0.01 \times 30 = 0.3\text{g}$；$F = 108\text{cm}^2$；$V = 40\text{cm}^3$；$t_n = 2\text{d}$；

解得 $R_n = 4.94 \times 10^{-5}\text{cm/d}$。

答案选【A】。

【解析】 参见《新三废·固废卷》P646 公式 4－9－6。

8. 某垃圾焚烧厂的飞灰采用螯合剂加水泥固化处理，若飞灰产生量为 200t/d，水泥配入量不低于飞灰量的 15%，螯合剂配入量不低于飞灰量的 3%，固化物含水 20%，选择设备的富裕系数为 2.0。若采用单班作业，设计选用的主要设备混合成型机的最小能力为多少?【2008－4－56】

（A）25t/h （B）37t/h

（C）59t/h （D）74t/h

解：

$$\frac{200 \times (1 + 0.15 + 0.03) \times 2}{8 \times (1 - 0.2)} \approx 74\text{t/h}$$

答案选【D】

【解析】 单班作业，每天工作 8h。

9. 医疗废物焚烧炉的炉渣、飞灰采用水泥固化处理。若炉渣、飞灰总产出量为5t/d，水泥配入量为渣、灰量的10%，固化体含水15%，选择混合设备的富裕系数为2.0，采用6h/d作业，计算混合设备的最小处理能力应是多少？【2007-4-60】

(A) 2.1t/h　　(B) 1.08t/h

(C) 0.54t/h　　(D) 2.16t/h

解：

水泥的配入量为 $5\times0.1=0.5$t/d；固化体中的固体量为 $5+0.5=5.5$t/d；

固体量占固化体的85%，则固化体为 $5.5\div0.85=6.47$t/d；

考虑富裕系数则为 $6.47\times2=12.94$t/d；每天仅工作6h，则每小时应该处理 $12.94\div6=2.16$t/h。

答案选【D】。

【解析】 本题重点是"固化体含水15%"的理解，是以固化体为基准1，则水占0.15，固体占0.85。

10. 某医疗废物焚烧炉烟气净化系统每天产焚烧飞灰120kg，含水率1.76%，用硅酸盐水泥进行固化稳定化处理，固化产物总含水15%、含水泥10%（质量百分比）。试计算每天水泥的消耗量。【2014-4-53】

(A) 15.7kg　　(B) 16.0kg

(C) 11.8kg　　(D) 12.0kg

解：

需要处理的飞灰中干物质的量为：$120\times(1-0.0176)=117.888$kg；

固化稳定化后总物质的量为：$117.888\div(1-0.1-0.15)=157.184$kg；

则水泥的量为：$157.184\times0.1=15.784$kg。

答案选【A】。

【解析】 本题需要读懂题意，固化物中除了水和水泥就是干物质。抓住要处理的干物质前后不变。

14 固体废物生物处理技术

14.1 生物处理理论

※知识点总结

1. 好氧生物转换过程：

有机物 + O_2→新细胞物质 + 残留有机物 + CO_2 + H_2O + NH_3 + SO_4^{2-} + … + 能量；

2. 厌氧三阶段理论：

（1）三个阶段是：水解阶段、产氢产乙酸阶段、产甲烷阶段。

（2）每个阶段的原料、作用菌、产物各是什么？《教材（第二册）》P111～P112。

（3）发酵细菌、产氢产乙酸菌和产甲烷菌的作用和特点是什么？《新三废·固废卷》P303～P304。

产甲烷菌的特点：1）严格厌氧、对氧和氧化剂非常敏感；2）甲烷菌对温度的急剧变化也非常敏感，即使温度只降低2℃，也能立即产生不良影响；3）要求中性偏碱环境条件；4）菌体倍增时间较长，有的需要4～5d才能繁殖一代，因此一般情况下，产甲烷反应是厌氧消化的限速步骤；5）只能利用少数简单化合物作为营养；6）主要终产物是CH_4和CO_2。

※真　　题

1. 根据有机固体废物厌氧发酵的液化阶段、产酸阶段和产甲烷阶段三阶段理论，有机物在产氢产乙酸类细菌作用下生成的产物有哪些？【2007－3－68】

（A）糖类、氨基酸、脂肪酸

（B）CH_4、H_2、N_2、CO_2、H_2S等

（C）挥发性酸、醇类、中性化合物、H_2、CO_2等

（D）CH_4、H_2、CO_2、乙酸

解：

根据厌氧三阶段理论，有机物在产氢产乙酸菌的作用下，产物应该为乙酸、H_2、CO_2等，选项A的糖类、氨基酸、高级脂肪酸应为水解菌的主要产物；BD选项中CH_4为产甲烷菌的主要产物。

答案选【C】。

【解析】《教材（第二册）》P111～P112，尤其是P111图4－6－1。

2. 有机固体废物的厌氧消化阶段可划分为三个阶段，涉及三类生物，下列哪种说法是正确的？【2014－3－51】

（A）第一阶段是水解酸化阶段，在此阶段醋酸细菌、某些梭状芽孢杆菌等微生物大量分解高级脂肪酸产生乙酸和氢，导致在水解酸化阶段前期，发酵料液pH值

迅速下降

（B）产甲烷细菌能将乙酸、CO_2和H_2等转化为甲烷，但不能直接利用除乙酸外的其他有机酸和醇类

（C）第三阶段是产甲烷阶段，此阶段产甲烷细菌对pH值和氧化还原点位的要求非常严格，要求pH值为中性偏碱，氧化还原电位不能低于-300mV

（D）第三阶段是产甲烷阶段，这一过程由两类生理功能不同的产甲烷菌完成，一类从乙酸或乙酸盐脱羧产生CH_4，另一类利用H_2还原CO_2生成甲烷

解：

选项A水解阶段，主要是发酵性细菌的作用下将碳水化合物、蛋白质和脂肪等大分子化合物水解与发酵转化成小分子有机物，选项A错误；

选项B，产甲烷菌不仅可以利用乙酸，也可以利用乙酸以外的有机物，选项B错误；

选项C，产甲烷阶段需要厌氧环境，所以"氧化还原电位不能低于-300mV"说法错误；

选项D正确。

答案选【D】。

【解析】 主要考查对厌氧三阶段理论的理解，《教材（第二册）》P111～P112，《新三废·固废卷》P302～P304。

14.2 好氧堆肥——工艺、设备、反应器

※知识点总结

1. 好氧堆肥化工艺过程：

前处理、主发酵（一次发酵）、后发酵（二次发酵）、后处理、脱臭及贮存等工序组成。

（1）前处理：粒径12～60mm，调理剂、膨胀剂；

（2）主发酵：4～12d；

（3）后发酵：20～30d以上，作用：主发酵工序尚未分解的易分解及难分解的有机物在此阶段继续分解，变成腐殖酸等比较稳定的有机物，得到完全成熟的堆肥成品；

（4）后处理：去除杂物：分选、破碎、压实选粒等；

（5）脱臭：每个工序都有臭气产生，主要有氨、硫化氢、甲基硫醇、胺类等；

（6）贮存。

2. 堆肥化过程温度变化规律：潜伏阶段、中温增长阶段、高温阶段、熟化阶段，见《固体废物处置与资源化》（蒋建国，第1版）P168～P169。

3. 好氧堆肥的主要影响因素：《教材（第二册）》P118，表4-6-7。

适宜范围：C/N：20～50；含水率：50%～60%（最佳55%）；病原微生物的控制：最高温必须达到60℃～70℃，并维持24h。

4. 参数调控：

（1）通风：通风方式和控制通风供氧量的指标（《新三废·固废卷》P279～P280）；

（2）含水率控制：含水率调节计算；

(3) 物料形状及 C/N 调配：了解不同物质的 C/N，秸秆、锯末屑的 C/N 高，粪便类 C/N 低；

(4) 孔隙率：粒径 12 ~ 60mm；

(5) 温度及控制：温度 - 通风反馈（《新三废·固废卷》P285）；

(6) 其他：有机质含量、C/P、调理剂等。

5. 好氧生物处理工艺类型和反应器：

(1) 静态垛式：强制通风；

(2) 翻垛式；

(3) 反应器式：各类反应器的特点（《新三废·固废卷》P289 ~ P294）。

6. 堆肥设备可参考《环境工程手册·固体废物污染防治卷》第 9.4 节和《老三废·固废卷》P231 ~ P245。

7. 相关规范：《生活垃圾堆肥处理技术规范》（CJJ 52—2014），原先的《城市生活垃圾好氧堆肥处理技术规程》（CJJ/H 52—1993）废止。

※真 题

1. 生活垃圾高温堆肥中常有各种气体产生，包括恶臭气体和非恶臭气体，在主发酵池最不可能产生的气体是哪些？【2010 - 3 - 57】

(A) 硫化物、甲基硫醇等含硫气体　　(B) 氨、胺、苯

(C) CO_2　　(D) CH_4

解：

好氧堆肥主发酵池不会产生甲烷。

答案选【D】。

【解析】《新三废·固废卷》P277，主发酵："在发酵仓内，由于原料和土壤中存在的微生物作用而开始发酵，首先是易分解物质分解，产生二氧化碳和水，同时产生热量使堆温上升"，C 不选；《新三废·固废卷》P278，"在堆肥化工艺过程中，每个工序系统有臭气产生，主要有氨、硫化氢、甲基硫醇、胺类等，必须进行脱臭。" AB 不选，选 D。

2. 城市污泥高温堆肥通常需要膨松剂（调理剂）如锯木屑等调节污泥水分和 C/N 比等，下列关于污泥高温堆肥的表述哪种是正确的？【2011 - 4 - 52】

(A) 冬季堆肥时，必须通入热风或外源给堆体加热，以获得堆肥中的高温

(B) 对含水 80% 左右的脱水污泥，在堆肥时，污泥与膨松剂（调理剂）的体积比应该是 3:1

(C) 高温堆肥实质上是一种好氧堆肥，必须给堆体通风供氧，通常可采用强制鼓风或抽风，也可采用翻堆方式

(D) 对应于高温堆肥的升温、高温与腐熟三个阶段，其通风量的供给量分别为低、中、高

解：

选项 A：堆肥中的高温是由于微生物的代谢作用释放能量使得温度升高，而不是由于

外部供热使温度升高，A 错；

选项 B：污泥与木屑的容积比一般为 1∶2 ~ 1∶3，B 错；

选项 C：正确；

选项 D：腐熟阶段耗氧低，不需要高通风量，D 错。

答案选【C】。

【解析】 A 项：《新三废·固废卷》P270；B 项，《新三废·固废卷》P288；C 项，《新三废·固废卷》P287 ~ P288；D 项，《老三废·固废卷》，图 4 - 2 - 41。

3. 在调节堆肥配方时，下列哪种做法是正确的?【2009 - 4 - 51】

（A）当堆肥原料是湿物料时，应先根据水分来设计一个初始配方

（B）当堆肥原料是湿物料时，应先根据 C/N 比来设计一个初始配方

（C）当堆肥原料偏碱性时（pH > 9）可以添加草木灰来调节堆料的 pH 值

（D）为减少磷素的损失可以添加磷肥

解：

A、B 选项：对于好氧堆肥来说，最严格的控制因素应为 C/N 比，应该根据 C/N 比来设计一个初始配方，B 正确，A 错误；

选项 C：草木灰本身呈碱性，堆肥原料 pH 大于 9，用草木灰显然不合适；

选项 D：一般添加污泥提高磷含量。

答案选【B】。

【解析】《教材（第二册）》P119。

4. 某河道清淤淤泥成深黑色泥状，有机质含量（干基）高达 5% ~10%，拟将该淤泥自然干化到含水率至适宜堆肥要求后，进行高温堆肥发酵处理，采用条垛式发酵，用行走式翻抛机定期翻抛供氧。但堆体温度始终达不到高温阶段，试问最可能的原因是下列哪一个?【2012 - 4 - 51】

（A）供氧方式不对，应该用鼓风机强制通风供氧

（B）热量过度散发，应该覆塑料薄膜保温

（C）没有接种高温发酵微生物

（D）堆肥原料有机质过低，没有达到堆肥的基本要求

解：

堆肥最适合的有机质含量为 20% ~80%，5% ~10% 偏少。

答案选【D】。

【解析】《新三废·固废卷》P286。

5. 关于生活垃圾高温好氧堆肥，下列哪个工艺流程是正确的?【2012 - 4 - 52】

（A）原生垃圾→分拣/破碎/过筛→主发酵 20 ~ 30d→后发酵 7 ~ 11d→破碎/过筛→堆肥产品

（B）原生垃圾→主发酵 20 ~ 30d→后发酵 7 ~ 11d→破碎/过筛→堆肥产品

（C）原生垃圾→主发酵 3 ~ 5d→后发酵 20 ~ 30d→破碎/过筛→堆肥产品

(D) 原生垃圾→分拣/破碎/过筛→主发酵7～11d→后发酵20～30d→破碎/过筛→堆肥产品

解:

堆肥生产包括（预）处理、主发酵、后发酵、后处理、脱臭、贮存等工序。BC不对，缺乏预处理过程。以城市生活垃圾为主体的城市固体废物好氧堆肥的主发酵期为4～12d。后发酵时间通常在20～30d以上，选D。

答案选【D】。

【解析】《新三废·固废卷》P277～P278。

6. 下列关于堆肥发酵工艺参数的描述错误的是哪一项?【2013-4-61】

(A) 实际堆肥系统必须提供超出理论需氧量的空气，以保证充分的好氧条件，一次发酵强制通风的经验数据为0.05～0.2m^3/(min·m^3垃圾)

(B) 堆肥化所需的氧气是通过堆肥原料的颗粒空隙供给的，一般适宜的颗粒大小为12～60mm

(C) 有机固体废物堆肥处理时，有机废物中有机质的含量越高越利于堆肥的进行，堆肥后产品的碳氮比（C/N）越高，堆肥产品的肥效和实用价值越高

(D) 固体废物堆肥时通常不需要调整pH值，一般适宜的pH值为6～8.5

解:

选项A，实际的堆肥化系统必须提供超出理论需氧量（2倍以上）的空气以保证充分的好氧条件，主发酵强制通风的经验数据为0.05～0.2m^3/(min·m^3堆料)；

选项B，堆肥化所需的氧气是通过堆肥原料的颗粒空隙供给的，一般适宜的颗粒大小为12～60mm，B说法正确；

选项C，C/N应该在适宜的范围内，当C/N在80以上时，堆肥无法进行；

选项D，一般认为，在pH=6.5～8.5时，堆肥化的效率最高。正常情况下，不必人为调整pH。

答案选【C】。

【解析】《新三废·固废卷》P279、P283～P284，《固体废物处置与资源化》P177。

7. 在城市生活垃圾的好氧堆肥过程中，为杀灭病原微生物和植物种子，其最高温度应达到60℃～70℃，并维持24h。但温度不宜超过75℃，若一旦操作失控，导致发酵仓的温度过高，会使发酵停止，请问下列哪项降温措施最为有效?【2008-3-53】

(A) 打开发酵仓盖　　(B) 加大通风量

(C) 搅拌堆肥物料　　(D) 用水直接喷淋

解:

在极限情况下，堆体温度可以上升至80℃～90℃，若如此，将严重影响微生物的生长和繁殖，这时必须通过加大通风量将堆体内的水分带走，使堆温下降。

答案选【B】。

【解析】《环境工程手册·固体废物污染防治卷》P301。

8. 强制通风静态堆肥系统常用温度或时间作为控制参数，温度控制方式是在堆体中安装温度反馈探头并与外部的鼓风机相连，当堆体温度超过下列哪个温度时，鼓风机可自动启动排出堆体中的热量和水汽？【2014-3-54】

(A) 50℃　　(B) 55℃

(C) 65℃　　(D) 80℃

解：

80℃温度过高，因此应启动鼓风机排除堆体中的热量和水汽，帮助降温。选D。

答案选【D】。

9. 生化垃圾高温堆肥中常有恶臭气体产生，下列哪项措施在防治臭气污染方面不可行？【2012-4-64】

(A) 在处理车间进行抽风造成负压环境，收集的臭气进行脱臭处理。

(B) 向周围空气喷洒包括除臭剂在内的药剂

(C) 同堆体通入热风加大鼓风量，提高堆肥温度，达到高温堆肥目的以快速降解恶臭气体

(D) 在堆肥物料中添加除臭菌剂，通过微生物分解转化物质，减少恶臭气体的产生

解：

选项A：防止臭气向外部散逸，正确；

选项BD：通过喷洒除臭剂和除菌剂来减少臭气产生，可行；

选项C：通入了热风会导致挥发性臭气的加速挥发，并且加大风量会导致臭气的处理量增大。

答案选【C】。

【解析】 本题考查堆肥臭气控制的措施，其他的臭气控制方法见《环境工程手册·固体废物污染防治卷》P329~P330。

10. 下列叙述符合筒仓式堆肥工艺的是哪一项？【2014-3-53】

(A) 发酵仓深度2~3m，一般好氧发酵6~12d，初步腐熟的堆肥由仓顶通过出料机出料

(B) 发酵仓深度4~5m，一般好氧发酵3~4d，初步腐熟的堆肥由仓底通过出料机出料

(C) 发酵仓深度4~5m，一般好氧发酵6~12d，初步腐熟的堆肥由仓顶通过出料机出料

(D) 发酵仓深度4~5m，一般好氧发酵6~12d，初步腐熟的堆肥由仓底通过出料机出料

解：

筒仓式发酵仓的深度一般为4~5m，一般经过6~12d发酵周期，原料从仓顶加入，仓底出料。

答案选【D】。

【解析】 《新三废·固废卷》P291~P292。

11. 在我国大部分垃圾好氧堆肥过程中，应防止堆肥物料的压实，保持良好的通风性能，使物料在堆肥过程中不易造成厌氧状态，下列哪种堆肥化设备容易产生堆料压实现象？【2011－4－53】

(A) 浆式翻堆机发酵池　　(B) 卧式刮板发酵池

(C) 筒式静态发酵仓　　(D) 卧式堆肥发酵滚筒

解：

筒式静态发酵仓：堆积呈压实状；

浆式翻堆机发酵池：定期对物料进行翻动、搅拌、混合、破碎、输送物料；

卧式刮板发酵池：刮板从左向右摆动搅拌废物；

卧式堆肥发酵滚筒：物料在滚筒内反复升高、跌落，同样可以使物料的水分均匀化。

答案选【C】。

【解析】 AB项：《新三废·固废卷》P290；C项：《新三废·固废卷》P294，表4－3－8；D项：《新三废·固废卷》P293。

12. 在规模化的污泥、畜禽粪便等有机固体废物条垛式高温发酵堆肥工程中，常采用翻堆机翻抛供氧，下列哪个是最常见的专用翻堆机械？【2013－4－51】

(A)　(B)

(C)　(D)

解：

A图中为槽式翻堆机，B为抓斗，C为铲车，D为条垛式翻堆机。

答案选【D】。

【解析】 本题需要对堆肥的相关设备有一定的认识。

本题图片来自于互联网。

13. 某堆肥厂采用畜禽粪便二次发酵好氧堆肥方式生产有机肥获得很好的效果，后在原有工艺和设备的基础上增加脱水污泥作为堆肥原料，为了解决输送过程中物料“搭桥”问题，选用下列哪种输送机最为合适？【2008－3－52】

（A）多螺旋推进器　　（B）斗式提升机

（C）链板输送机　　（D）皮带输送机

解：

多螺旋推进器（螺旋输送机），可在输送过程中进行搅拌、混合，解决了“搭桥”问题；斗式提升机是在垂直或接近垂直方向上连续提升粉粒状物料的输送机械，它适用于经破碎、分选后的垃圾和成品堆肥的输送；链板输送机和皮带输送机无混合搅拌功能。

答案选【A】。

【解析】《老三废·固废卷》P234。

14. 日产50t的生活垃圾采用堆肥处理，其堆料的含水率55%，经堆肥后的产品质量为28t。已知该堆肥整个过程中每千克垃圾（干重）去除的水分质量为0.97kg，试根据堆肥后产品的含水率选择合适设备。【2009－4－52】

（A）跳汰筛　　（B）滚筒筛

（C）振动筛　　（D）弛张筛

解：

堆肥前每kg干垃圾对应的水分为：$0.55 \div 0.45 = 1.22$kg；

堆肥后每kg干垃圾对应的水分为：$1.22 - 0.97 = 0.25$kg；

则堆肥后的含水率为：$0.25 \div (1 + 0.25) = 0.2 = 20\%$。

含水率小于30%用振动筛。

答案选【C】。

【解析】 关于堆肥的筛选设备，见《环境工程手册·固体废物污染防治卷》P317～P318。

14.3 好氧堆肥——腐熟度的判断

※知识点总结

1. 腐熟方面的知识点教材和《新三废·固废卷》涉及较少，可以补充《老三废·固废卷》和《固体废物处置与资源化》（蒋建国）这两本资料的相关内容。

2. 腐熟的参考指标（不限于此）：

（1）温度下降接近常温，外观茶褐色或会暗色；疏松的团粒结构；

（2）C/N下降到（15～20）:1，被认为达到腐熟；

（3）硝酸盐和亚硝酸盐含量增加，氨氮减少或消失；

（4）有机物含量在堆肥过程中减少；

（5）通过耗氧速率和CO_2产生率判断；

（6）通过发芽指数GI进行判断。

3. 次级发酵的终止指标：

《生活垃圾堆肥处理技术规范》（CJJ 52—2014）中对次级发酵的终止指标进行了规定：耗氧速率应小于0.1% O_2/min；种子发芽指数不应小于60%。

※真　　题

1. 氮试验法可定性判断堆肥腐熟度，下列哪种情况表明堆肥已完全腐熟？【2007－3－59】

（A）堆肥中不含硝酸氮只含氨氮　　（B）堆肥中硝酸氮和氨氮都很少或不存在

（C）堆肥中硝酸氮和氨氮都存在很多　　（D）堆肥中含有硝酸氮和很少氨氮

解：

完全腐熟的堆肥含有硝酸氮和少量氨氮，未腐熟的堆肥只含有氨氮而不含硝酸氮。

答案选【D】。

【解析】《老三废·固废卷》P249，腐熟方面的知识点教材和《新三废·固废卷》涉及较少，可以补充《老三废·固废卷》和《固体废物处置与资源化》（蒋建国）这两本资料的相关内容。

2. 在堆肥进行21天以后，技术人员对堆肥产品进行检测，下列哪种情况说明堆肥产品尚未达到腐熟？【2009－3－53】

（A）堆肥产品中含硝酸盐和很少的氨氮　　（B）雪里蕻种子发芽指数>50%

（C）耗氧速率为0.2$Lmin^{-1}$　　（D）耗氧速率趋于0

解：

选项A：完全腐熟的堆肥含有硝酸氮和少量氨氮，未腐熟的堆肥只含有氨氮而不含硝酸氮，说明达到腐熟；

选项B：种子的发芽指数大于50%可以说明基本达到腐熟；

选项C：达到腐熟阶段的堆肥产品耗氧速率应该小或者趋于0；

选项D：好氧速率趋于0说明堆肥基本完成，说明已经腐熟。

答案选【C】。

【解析】《老三废·固废卷》P249。《固体废物处置与资源化》（蒋建国）P199，"Garcia等通过进行城市有机废物的实验，根据堆肥的腐熟程度将堆肥过程分为三个阶段：a. 抑制发芽阶段，一般在堆肥开始的1～13d，此时种子发芽几乎被完全抑制；b. GI指数迅速上升阶段，一般发生在堆肥26～65d，种子发芽指数GI＝30%～50%；c. GI指数徐缓上升至稳定阶段，当继续堆肥超过65d，GI指数可以上升至90%"，发芽指数大于50%说明已经超过65d，已经处于第三阶段，堆肥基本已经稳定。《固体废物堆肥原理与技术》（柴晓利，张华，赵由才）P107，表6－3认为发芽指数应在80%～85%；这个数据应该是指最终的、腐熟过程全部完成的数据。

3. 城市污泥资源化利用途径之一是采用高温好氧法再土地利用，在堆肥逐渐腐熟过程中污泥性质会发生一系列变化，下列哪种关于变化趋势的描述是错误的？【2010－3－60】

（A）有机质和挥发性固体含量下降，总氮浓度升高

（B）C/N 比下降，氨态氮下降，硝态氮升高

（C）发芽指数逐渐升高

（D）有机质和挥发性固体含量下降，C/N 比升高

解：

选项 A：堆肥将部分有机质分解为二氧化碳和水，所以含碳量降低，总氮的浓度升高；

选项 B：完全腐熟的堆肥含有硝酸氮和少量氨氮，未腐熟的堆肥只含有氨氮而不含硝酸氮；

选项 C：随着堆肥过程的进行，抑制植物发芽的物质减少，发芽指数逐渐升高；

选项 D：在发酵后，C/N 的浓度一般会减少 10% ~20%，甚至更多，D 错。

答案选【D】。

【解析】 选项 A：堆肥将部分有机质分解为二氧化碳和水，所以含碳量降低。注意 A 项是总氮的浓度，而不是质量，因此正确；

选项 B：《老三废·固废卷》P249，“完全腐熟的堆肥含有硝酸氮和少量氨氮，未腐熟的堆肥只含有氨氮而不含硝酸氮”。B 正确。

选项 C：见上题【2009 -3 -53】的解析。

选项 D：《新三废·固废卷》P283，最后一段，“在发酵后，C/N 的浓度一般会减少 10% ~20%，甚至更多”，D 错。

14.4 厌氧发酵——影响因素、工艺、反应器

※知识点总结

1. 厌氧发酵的影响因素（注：对于参数范围或最佳范围，教材和固废卷略有出入）：

（1）养分：C/N：（20 ~30）：1，C/P：100:1；

（2）发酵温度：要求稳定，一天变化在 ±2℃范围内；常温发酵、中温发酵（30℃ ~35℃）和高温发酵（55℃ ~65℃）；

（3）pH 和酸碱度：厌氧发酵菌：pH5 ~10，最适 pH 为 7 ~8；产甲烷菌：最佳 pH 为 6.8 ~7.5；碱度控制在 2500 ~5000mg - $CaCO_3$/L 时，可以获得较好的缓冲能力；

（4）搅拌：可以采用气体搅拌、机械搅拌、泵循环进行搅拌；

（5）停留时间；

（6）水分含量：固体发酵（含固量 <25% ~50%）、液体发酵（含固量 <10%）；

（7）有益物质及毒性物质；

（8）接种物：高温发酵时用高温发酵接种液接种，低温发酵用低温接种液，对应不可混。

2. 工艺：

（1）水压式沼气池、两相发酵、红泥塑料沼气池、浮罩发酵产沼装置：《新三废·固废卷》P309 ~P323；

（2）低固体厌氧消化工艺、高固体厌氧消化工艺及其两者对比：《教材（第二册）》P129 ~P134；

（3）其他类型的厌氧反应器：《环境工程手册·固体废物污染防治卷》P339～P342。

3．其他相关资料：

《农村家用沼气池的运行和管理》。

※真　题

1．若要使畜禽粪便污水中温厌氧消化池正常产气，下列哪个控制条件是正确的？【2012－4－53】

（A）消化池必须严格厌氧，发酵料液的氧化还原电位要保持在300mV以下

（B）消化池发酵料液的温度控制在45℃～60℃

（C）消化池发酵料液的pH值必须在6以下

（D）消化池内料液需搅拌以利产气，可采用机械搅拌、沼气搅拌和发酵液回流搅拌

解：

选项A：产甲烷菌最适的氧化还原电位为－150～－400mV，在培养产甲烷菌初期，氧化还原电位不能高于－300mV，A错；

选项B：中温发酵应为30℃～35℃，B错；

选项C：厌氧发酵菌在pH值5～10范围内均可发酵，C错误；

选项D：对于流体状态或半流体状态的污泥可以采用气体搅拌、机械搅拌、泵循环等方法，D正确。

答案选【D】。

【解析】 选项A，《教材（第一册）》P192；选项BC，《新三废·固废卷》P307；选项D，《新三废·固废卷》P307最后一段，《教材（第二册）》P137第一段。

2．关于有机物厌氧产沼的工艺描述，下面哪项是正确的？【2013－4－52】

（A）中温厌氧发酵产沼必须保证严格的厌氧环境，要求氧化还原电位至少在0mV以下

（B）产甲烷菌对温度的急剧变化比较敏感，中温厌氧发酵通常需要将温度维持在45℃～60℃，温度变化幅度一般不超过2℃/h～3℃/h

（C）产甲烷菌对发酵介质的pH值有特殊要求，最适宜的pH值为6.8～7.8

（D）产甲烷菌能适应高达40m水柱以上的压力，实际沼气生产中，发酵罐必须采用高压容器

解：

选项A：产甲烷菌最适的氧化还原电位为－150～－400mV，在培养产甲烷菌初期，氧化还原电位不能高于－300mV；

选项B：中温发酵应为30℃～35℃，温度变化范围应为小于±2℃/d；

选项C：产甲烷菌对发酵介质要求：最适宜的pH值为6.8～7.8，正确；

选项D：发酵罐必须使用高压容器说法不正确，D错。

答案选【C】。

【解析】 选项A，《教材（第一册）》P192；B、C项，《新三废·固废卷》P307，选项D，例如：水压式沼气池的设计气压为80cm水柱为宜，不需要40m以上的水柱压力，

见《环境工程手册·固体废物污染防治卷》P344。

3. 在厌氧消化过程中，影响产气量的因素很多，下列哪项描述是错误的？【2014－3－59】

（A）甲烷菌对温度的急剧变化比较敏感，温度上升过快或出现很大的温差时对产气量产生不良影响

（B）固体废物的无机盐铵、钠对厌氧微生物有毒性或抑制作用

（C）添加少量的有益微量元素有利于提高产气量

（D）中温厌氧消化正常运行时，氧化还原电位应维持在300mV左右

解：

产甲烷菌最适的氧化还原电位为－150～－400mV，在培养产甲烷菌初期，氧化还原电位不能高于－300mV。

答案选【D】。

【解析】《教材（第一册）》P192。高频考点，关于氧化还原电位的问题考了多次。

4. 高固体厌氧消化是一种相对较新的厌氧消化技术，下列关于高固体厌氧消化工艺的描述错误的是哪一项？【2013－4－62】

（A）高固体厌氧消化工艺的总固体浓度一般在20%～35%之间

（B）高固体厌氧消化工艺的主要优点是反应器单位体积需水量低，产气量高，但是目前该工艺大规模运行的经验十分有限

（C）与低固体厌氧消化工艺比较，处理相同体积的有机废物，高固体厌氧消化工艺所需反应器的体积较小

（D）与低固体厌氧消化工艺比较，高固体厌氧消化工艺由于具有较高的固体含量，对外界环境和微生物数量的变化的抗受能力较强，不会出现盐及重金属的中毒现象，也不会出现氨的中毒问题

解：

高固体厌氧消化工艺，由于盐和重金属物质的浓度高，这类毒性比较常见，C/N比较低（低于10～15）时，氨毒性是一个主要问题。D说法错误。

答案选【D】。

【解析】 选项A：《教材（第二册）》P131，表4－6－15，正确；

选项B：《教材（第二册）》P131，第一段的最后两句话，正确；

选项C：《教材（第二册）》P132，表4－6－16，“处理相同体积的与有机废物，需要较小的反应器体积”；

选项D：《教材（第二册）》P132，表4－6－16，D说法错误。

5. 农村户用沼气发酵池的发酵原料以含纤维素多的有机质如麦秆、稻秆和人畜粪便等废弃物为主，下列哪项做法不利于沼气池的正常发酵？【2011－4－54】

（A）麦秆、稻秆等原料的表皮都有一层蜡质，很难腐烂，下池后容易浮在表面，下池前最好先堆肥以提高其产气量

（B）定期向沼气池中通压缩空气搅拌料液，以破坏浮渣层，促使沼气的产出

（C）为了促进纤维素的分解、提高产气量和甲烷的含量，在发酵液中添加一定数量的纤维素酶

（D）为了减小温度对产气的影响，将池建于地面以下以利于保温

解：

选项A：根据《农村家用沼气的运行管理》，原料堆沤中说明了堆沤的作用之一为“堆沤腐烂的纤维素原料含水量较大，入池后很快沉底，不易浮面结壳”；

选项B：通压缩空气搅拌料液破坏了厌氧条件，不利于沼气池的正常发酵；

选项C：添加纤维素酶有利于其分解；

选项D：地面下有利于保温，有利于稳定产气。

答案选【B】。

【解析】 关于原料堆沤和简易沤肥的相关内容可以参考《农村家用沼气的运行管理》和《生活垃圾处理与资源化技术手册》。

6. 有一个农户用水压式沼气池，其原料主要为秸秆和猪粪，利用间歇投料方式投料，该池进行一周正常工作，但最近突然发现沼气池中不产生气、渣，分析可能下列哪种操作不当导致沼气不产生？【2010－3－56】

（A）在秸秆进入沼气池前进行了池外堆沤，待原料堆沤温度达60℃时，将原料从进口入池，同时在出料上排出大致相同体积的废料

（B）为观察料液是否正常发酵，打开主池顶部盖板，发现发酵料液表面有一个浮渣层，于是采用人工方法，搅拌以破坏浮渣层，利于产气

（C）不定期地将部分发酵液从沼气池的去料间抽取又通过料管打进沼气池，易产生一定强度的液体回流

（D）适逢禽流感污染，猪圈内进行了消毒和防疫，为了不使这些药水随猪粪进入沼气池而影响发酵，操作人员阻断了这一时刻的猪粪入池

解：

选项D会造成产气量减少，但是不会“突然不产生气、渣”；

AC选项不会造成不产生气、渣；

选项B打开主池顶部盖板，人工破坏浮渣层可能导致厌氧条件被破坏，从而不产气。

答案选【B】。

【解析】 根据《农村家用沼气池的运行和管理》“（二）要经常搅拌。这是提高产气率的一项重要措施。如不经常搅拌，就会使池内浮渣层形成很厚的结壳，阻止下层产生的沼气进入气箱，降低产气量。农村家用池一般没有安装搅拌装置，可用下面两种方法：①从进出口搅拌；②从出料间掏出数桶发酵液，再从进料口将此发酵液冲到池内，也起到搅拌池内发酵原料的作用。”提高产气量，不能直接打开主反应池盖板采用人工搅拌的方法进行。

7. 水压式厌氧发酵装置建成以后，为了使发酵装置产气量稳定，下列哪项措施不正确？【2009－3－56】

（A）池内每天应至少搅拌三四次，保证物料混合均匀

（B）当池内温度低于15℃时，应采取保温和加热措施

（C）定期取样分析发酵池中溶液的pH值，若其值偏低，可适当调整

（D）对新建成的发酵池而言，在其投产的最初若干天内，如果产出的沼气不易燃烧，则表明发酵失败，需重新发酵

解：

反应初期，沼气中甲烷的含量有一个上升和稳定的过程，初期产出的沼气不易燃烧，不代表发酵失败。

答案选【D】。

【解析】《新三废·固废卷》P309，“封池2～3d，在炉具上点火试气，如能够点燃，即可使用，如果不能点燃，则放掉池内气体，次日再点火试气，直至点燃使用为止。”

8. 农村小型沼气池成功地将农村有机废弃物实现了无害化与资源化利用，按贮气方式可将其划分为水压式沼气池、浮罩式沼气池和红泥塑料袋式沼气池，下列关于不同类型农村小型沼气池描述正确的是哪一项？【2011－4－56】

（A）水压式沼气池的工作原理是通过自动调节出料间和发酵间液面高度来达到内外气压的平衡，发酵间压力不因产气和用气而出现较大波动，从而保证了池内微生物的正常活动

（B）水压式沼气池具有“圆、小、浅”的特点，其中“圆”是指地形呈球形或圆柱形，而“浅”仅指池体本身深度浅

（C）红泥塑料用作沼气建池材料是因为具有良好的吸光性能，是一种简单的光热转化器，有助于沼气池增温，由于池温与地温相差小，常将池体置于较深的土层中

（D）浮罩式沼气池以浮罩代替气室，气体贮藏于浮罩内，沼气池内的压力通过浮罩的上升和下降来调节。该沼气池对材料要求较高，采用混凝土构筑的池壁在浸水后其气密性大为降低

解：

选项B：浅有两层含义，一个是指池体本身浅，另一个是指池体所处的位置浅，B错误；

选项C：由于池体建于地表面0.8m深的浅土地层，池温与地温相差较小，C错误；

选项D浮罩式沼气池，混凝土构筑的池壁在浸水后其气密性大为提高，D错误；

选项A正确。

答案选【A】。

【解析】《新三废·固废卷》P319～P320。

9. 下列关于厌氧发酵装置的叙述中错误的是哪一项？【2013－4－55】

（A）水压式沼气池一般建于地下，有利于保温和自然发酵

（B）厌氧流化床反应器中底物的去除率与载体颗粒大小密切相关，载体颗粒越大微生物的浓度越高，相应的底物的去除速度就越高

（C）厌氧接触消化工艺的主要问题是沼气易于附着在污泥上，易造成沉淀池沉淀性能差，固液分离困难

（D）厌氧折流式反应器是继生物反应器后发展的装置，其优点是有很大的界面分离细菌和气体，活性物质要经过多次转折后才可流出，因而滞留污泥量大

解：

颗粒过大时则床体难以伸展，会使颗粒的有效表面积和相应的微生物浓度下降，因此B错。

答案选【B】。

【解析】 选项A：《新三废·固废卷》P319，“池建于地下，有利于保温”，正确；

选项B：《环境工程手册·固体废物污染防治卷》P341倒数第二段：“此外，这种反应器（厌氧流化床反应器）的底物去除率与载体的颗粒大小和密度有关；……过大时则床体难以伸展，也会使颗粒的有效表面积和相应的微生物浓度下降”，错误；

选项C：《环境工程手册·固体废物污染防治卷》P340倒数第二段：“本（厌氧接触消化）工艺的主要困难在于污泥上附有沼气，致使沉淀性能降低，固液不易分离”，正确；

选项D：《环境工程手册·固体废物污染防治卷》P342：“它的主要优点是在消化器内部具有很大的能分离微生物细菌等和气流的折流板，其中的活性物质需要经过多次转折流动后方可循出料口流出”，正确。

10. 在厌氧发酵中，为保持高温发酵效率和产气质量，需要在实际操作中对厌氧发酵装置进行加热，下图所示的加热方式属于哪一种？【2009－3－57】

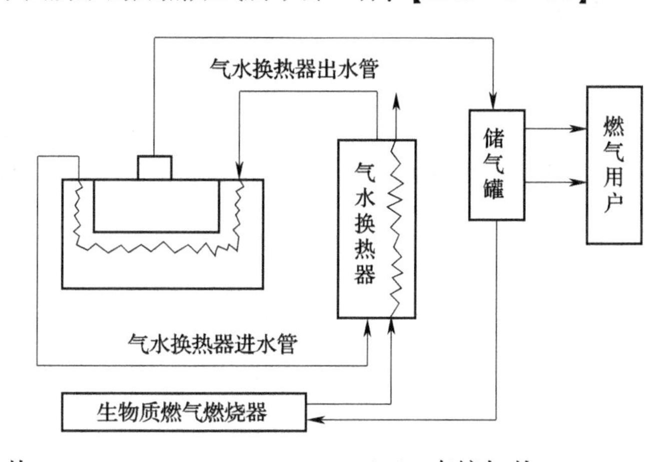

（A）间接加热　　　　（B）直接加热

（C）蒸汽吹入式　　　（D）热辐式

解：

部分沼气燃烧产生的热量，加温水体，热水没有与发酵装置中的液体直接接触。

答案选【A】。

14.5 生物处理计算

※知识点总结

1. 基本计算：

（1）有机负荷的含义是单位体积单位时间需要处理的有机物的量；

（2）有效容积＝体积流量×停留时间＝质量流量÷密度×停留时间；

（3）投配率指的是每天原料的投配体积占整个池子的百分比；

（4）圆柱体积为 $=\pi R^2H$；削球体积 $V=\pi h^2\ (R-h/3)$。

2. 好氧堆肥物料调节与控制：

（1）调节物料类的题目往往用设置未知数 x，y 的方法来解答，更容易理解和列式；

（2）结合堆肥中最佳的C/N，含水率等影响因素。

3. 堆肥产物、堆肥通风量计算：

（1）好氧堆肥反应方程式：

$$C_aH_bO_cN_d+0.5(ny+2s+r-c)O_2\rightarrow nC_wH_xO_yN_z+sCO_2+rH_2O+(d-nz)NH_3,$$

其中 $r=0.5\ [b-nx-3(d-nz)]$，$s=a-nw$；

（2）厌氧发酵反应方程式：

$$C_aH_bO_cN_d\rightarrow nC_wH_xO_yN_z+mCH_4+sCO_2+rH_2O+(d-nz)NH_3;$$

如果有机物被完全分解，没有任何残留物，则化学反应式为：

$$C_aH_bO_cN_d+(a-0.25b-0.5c+0.75d)H_2O\rightarrow$$
$$(0.5a+0.125b-0.25c-0.375d)CH_4+(0.5a-0.125b+0.25c+0.375d)CO_2+dNH_3;$$

CH_4 和 CO_2 前面的系数加起来就是a。

4. 厌氧发酵产甲烷量、产沼气量、发热量计算

注意：

（1）有一些题目会给出“每公斤COD的理论产甲烷的量”，“每立方米甲烷的发热量”这类的条件，根据这些条件关键就是求出有多少质量的COD转化成了甲烷，产生了多少立方米的甲烷；

（2）沼气不是甲烷，注意区别产沼量和产甲烷量。

※真　　题

1. 请从下面两相厌氧消化工艺的连续运行结果中，推算物料在甲烷槽中的停留时间。【2014－3－57】

系统有机负荷	槽体积（m^3）			COD浓度（mg/L）	
[kgCOD/(m^3·d)]	酸化槽	甲烷化槽	槽总体积	酸化槽进料	甲烷化槽进料
10.5	30	100	130	33500	29500

（A）67h　　（B）18h

（C）77h　　（D）59h

解：

进入系统的COD浓度为33500mg/L = 33.5kg/m³；

则在系统中的停留时间应为：33.5 ÷ 10.5 × 24 = 76.6h；

物料在酸化槽和甲烷槽中的停留时间比值即为其体积的比值，因此在甲烷槽中的停留时间为：76.6 × 100 ÷ 130 = 58.9h。

答案选【D】。

【解析】 本题关键：

（1）系统有机负荷的含义是单位体积单位时间需要处理的有机物的量；

（2）两相发酵工艺，《新三废·固废卷》P311 ~ P312，物料顺序进入酸化槽和甲烷槽，两槽进来的物料流量是相等的，因此两槽的停留时间比值即为其体积的比值。

2. 某堆肥厂一次堆肥发酵滚筒的进料量为90t/d，垃圾在滚筒内滞留时间为2.5d，垃圾经预处理后单位体积的重量为0.6t/m³，试选择下列哪种卧式发酵滚筒才能满足要求？（设卧式发酵滚筒的物料填充率为75%）【2007 - 3 - 57】

（A）滚筒直径4m，长度35m　　（B）滚筒直径4m，长度60m

（C）滚筒直径3m，长度45m　　（D）滚筒直径4m，长度40m

解：

进料体积为90 × 2.5 ÷ 0.6 = 375m³，筒体体积应为：375 ÷ 0.75 = 500m³，计算A、B、C、D各项对应筒的体积分别是439.6m³、753.6m³、317.9m³、502.4m³。

答案选【D】。

【解析】 有效容积 = 体积流量 × 停留时间。

3. 发酵滚筒是一种常见的有机固体废物好氧堆肥设备，在该设备内进行主发酵，该发酵滚筒直径2.5m，长/直径比为12，物料从进料口进入后，滚筒旋转一周，物料向出料端方向移动2cm，如果物料在滚筒内发酵时间控制在3d，问该滚筒的转速应控制在多少？【2010 - 3 - 59】

（A）1.3r/min　　（B）0.69r/min

（C）0.42r/min　　（D）0.35r/min

解：

滚筒长度为：2.5 × 12 = 30m；

滚筒旋转一周，物料向出料端方向移动2cm，则应该旋转的次数是30 × 100 ÷ 2 = 1500次；

3d内转1500周，则转速为500r/d = 0.35r/min。

答案选【D】。

【解析】（1）长度 = 每旋转一圈前进的距离 × 总圈数；

（2）转速 = 总圈数/停留时间。

【注】 本题与【2012 - 4 - 65】题目相似。

4. DANO式发酵滚筒是一种常见的固体废物好氧堆肥设备，在该设备内进行主发酵，该发酵滚筒直径2.5m，长/直径为12，物料从料口进入后，滚筒旋转一周物料向出料嘴

方向移动2cm，如果该滚筒的转速控制在0.35r/min，问该堆肥工艺的主发酵时间为几天？【2012－4－65】

（A）3　　（B）5

（C）7　　（D）11

解：

滚筒长度为：$2.5\times12=30m$，滚筒旋转一周，物料向出料端方向移动2cm，则应该旋转的次数是$30\times100\div2=1500$次，每转一周需要1/0.35min；则转1500次需要$1500\div0.35min=2.97d$。

答案选【A】。

【解析】（1）长度＝每旋转一圈前进的距离×总圈数；

（2）转速＝总圈数/停留时间。

【注】本题与【2010－3－59】题目相似。

5．某污水处理厂采用堆肥法处理脱水污泥生产有机肥，年运行300d，产有机肥6000t，堆肥原料转化有机肥的转化率约为50%，污泥添加比例为60%，污泥容重为800kg/m^3，堆高为40cm，周转时间为8d，为保证正常生产，所需的最小污泥贮存槽底面面积为【2008－3－54】

（A）150m^2　　（B）750m^2

（C）75m^2　　（D）600m^2

解：

每天产生的有机肥的量：$6000\div300=20t/d$；

则进料量为$20\div0.5=40t/d$，需要污泥的量为$40\times0.6=24t/d$；

其体积为$24\div0.8=30m^3/d$；

8d需要的污泥为：$30\times8=240m^3$；

污泥贮存槽底面面积为$240\div0.4=600m^2$。

答案选【D】。

【解析】有效容积＝体积流量×停留时间；容积＝底面积×高。

6．消化器是大中型沼气工程的核心技术装置，已知厌氧消化器的进料量为25t/d，原料中干物料的质量含量为13%（TS），消化器中消化液的水力停留时间为15d，消化液浓度为9%（TS），消化液密度为1.22t/m^3，消化器中储气容积按储液容积10%考虑，则消化器的总容积为哪一项？【2009－3－52】

（A）444m^3　　（B）488m^3

（C）542m^3　　（D）590m^3

解：

15d内进入消化器的干物质的量为$25\times0.13\times15=48.75t$；

对应的消化液的质量为：$48.75\div0.09=541.67t$，其体积为$541.67\div1.22=444m^3$；

考虑储气容积，总容积为：$444\times1.1=488m^3$。

答案选【B】。

【解析】 有效容积 = 体积流量 × 停留时间 = 质量流量/密度 × 停留时间。

7. 某奶牛养殖场拟建一厌氧沼气工程，采取中温 37℃厌氧发酵，并配备相应的发电机组，产电供给奶牛场照明使用。已知该牛奶场每天产生的牛粪为 10t，含水率为 88%，密度为 $1t/m^3$。拟将牛粪调配至含水率为 92% 后进料，原料的投配率为 5%/d，试计算需要多少立方米的消化池才能满足牛奶场的需求？（工程上消化池的体积定为实际需求的 1.1 倍）【2013－3－63】

（A）300　　（B）330

（C）200　　（D）220

解：

原料的投配率为 5%/d，则 $1 \div 0.05 = 20d$ 为一个周期；

每天进料量为 $10 \times 0.12 \div 0.08 = 15t$，$15 \div 1 = 15m^3$；

则每个周期的进料量是 $15 \times 20 = 300m^3$；考虑 1.1 的系数，$300 \times 1.1 = 330m^3$。

答案选【B】。

【解析】 投配率指的是每天原料的投配体积占整个池子的百分比。

8. 某城市垃圾处理厂采用筒仓式半动态发酵仓进行堆肥一次发酵，共有 6 个发酵仓，10d 为一个发酵周期，已知发酵仓有效高度 5m，直径 6m，每天出料层厚 30cm，发酵后物料减量 1/3，那么该垃圾处理厂一个发酵周期大约可处理多少垃圾？【2008－3－57】

（A）$848m^3$　　（B）$127m^3$

（C）$509m^3$　　（D）$762m^3$

解：

每个发酵仓每天可以出料：$\frac{\pi \times 6^2}{4} \times 0.3 = 8.478m^3$；

由于发酵后物料减三分之一，则相当于进料 $8.478 \div \frac{2}{3} = 12.717m^3$；

一周期为 10d，共 6 个发酵仓，则为 $12.717 \times 60 = 763m^3$。

答案选【D】。

【解析】 有效容积 = 体积流量 × 停留时间。

9. 某一有机固体废物在两相厌氧消化生产性运行时的效果如表所示，求甲烷段 COD 减少量占进水 COD 的百分率。【2007－3－58】

有机负荷/[kgCOD/(m^3d)]	COD 浓度/(mg/L)		
	进水	酸化段出水	甲烷段出水
6.34	23760	20134	4933

（A）63.98%　　（B）79.24%

（C）15.26%　　（D）75.50%

解：

$$\frac{20134-4933}{23760}\times 100\% = 63.98\%$$

答案选【A】。

【解析】 先经过酸化段，再进入甲烷段。

10．水压式沼气池是农村常用的小型沼气池，假如设计其他容量为 $9m^3$，主池直径为 2.8m，问在构建沼气池时下列哪个尺寸最合理？（f_1 为池盖净空高度，f_2 为池底净空高度，H 为池身高度，R 为主池半径）【2010－3－58】

（A）$H=1m$，$f_1=1.25m$，$f_2=0.50m$　　（B）$H=1m$，$f_1=0.56m$，$f_2=0.35m$

（C）$H=0.5m$，$f_1=0.90m$，$f_2=0.30m$　　（D）$H=1m$，$f_1=0.65m$，$f_2=0.45m$

解：

沼气池的体积由三部分组成：中间的圆柱体积和上下两个削球体积。圆柱体积为 $=\pi R^2 H=6.15m^3$；

削球体积 $V=\pi h^2\ (R-h/3)$，其中 h 为削球的高度，R 为球体的半径。如下图：

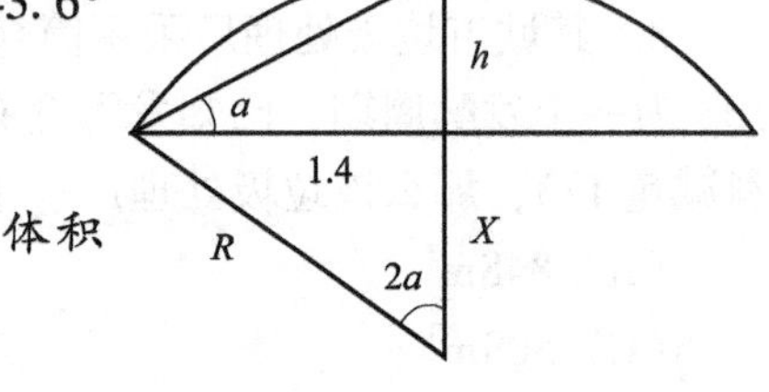

以 B 选项为例，上部削球的 $h=0.56m$，现在要求 R。

$\tan a=0.56/1.4$，则 $a=21.8°$；$2a=43.6°$；$\tan 43.6°=1.4/x$，则 $x=1.47m$；则 $R=x+h=2.03m$；

代入削球公式，则上部削球的体积为 $1.81m^3$；

类似的，可以求出下部削球对应的 $R=2.975m$，体积为 $1.099m^3$。

总体积为 $1.099+1.81+6.15=9.059m^3$。

其他选项可以类似进行计算。

答案选【B】。

【解析】（1）将消化池分解为三个部分进行计算；

（2）掌握圆柱和削球的体积公式；

（3）如果在考试中遇到这种题目，首先查阅参考资料有无数据相同或相近的题目，如果没有先做其他题目，这类题目计算步骤较为烦琐，耗时较长。

11．某种脱水污泥滤饼的固体含量 S_c 为 30%，以此为堆肥原料，且采用固体含量 S_r 为 65% 的回流堆肥起干化物料的作用，其湿基回流率 R_w 为 0.4，求堆肥原料与回流堆肥混合物中固体含量 S_m。【2007－3－54】

（A）35%　　（B）40%

（C）60%　　（D）55%

解：

$R_w=\frac{S_m-S_c}{S_r-S_m}=\frac{S_m-0.3}{0.65-S_m}=0.4$，得 $S_m=0.4=40\%$。

答案选【B】。

【解析】 参见《新三废·固废卷》P281 公式 4－3－19。

12. 某城市拟建一个规模200t/d的垃圾堆肥厂，其垃圾成分及干重、含碳量、含氮量等如下表所示。若经过预处理，原生垃圾中的金属、玻璃及砖瓦基本已去除，25%的塑料、布料及纸张也已被回收，则一次发酵仓进料的C/N比为多少？【2008-3-55】

垃圾成分	湿重（%）	200t物料各成分（干重）	200t物料含碳量（干重，t）	200t物料含氮量（干重，t）
草类	1.429	1.1432	0.5464	0.0389
厨余	52.21	31.3260	15.0365	0.8145
塑料	7.99	15.6604	9.3962	0
布类	0.862	1.5516	0.8534	0.0714
纸张	4.154	7.8095	3.3971	0.0234
灰土	27.07	49.8088	13.0997	0.2490

（A）35.3　　（B）24.2

（C）33.3　　（D）25.1

解：

$$C/N=\frac{0.5464+15.0365+13.0997+(9.3962+0.8534+3.3971)\times(1-0.25)}{0.0389+0.8145+0.2490+(0+0.0714+0.0234)\times(1-0.25)}$$

$$=\frac{38.91}{1.17}=33.25。$$

答案选【C】。

【解析】 本题应注意：（1）用干重；（2）去掉回收部分的质量。

13. 某堆肥厂对1t鸡粪进行堆肥试验，为获得良好的堆肥效果需要用一定量的锯末进行调节。已知鸡粪含水率为65%，C/N为10:1，氮含量为6%，锯末含水率为30%，C/N为500:1，氮含量为0.1%。若要求混合后物料C/N比为最佳值25:1，应添加多少锯末，并判断是否需要适当补充水分以满足含水率要求？【2008-3-59】

（A）4105kg，不需要补充水分　　（B）947kg，不需补充水分

（C）4105kg，需适当补充水分　　（D）947kg，需适当补充水分

解：

鸡粪中的C：$0.35\times0.06\times10=0.21$t，N：$0.35\times0.06=0.021$t；

假设应添加锯末量为x，则C：$0.7x\times0.001\times500=0.35x$，N：$0.7x\times0.001=0.0007x$；

要得到C/N比为25:1，则$\frac{0.21+0.35x}{0.021+0.0007x}=25$，解得$x=0.947\text{t}=947\text{kg}$；

则含水率：$(1\times0.65+0.947\times0.3)/1.947=0.479$，最佳含水率为55%，因此需要补充水分。

答案选【D】。

【解析】 最佳含水率：《教材（第二册）》P118，表4-6-7。

14. 一个$6m^3$的沼气池按80%的池容填料，要求TS = 8%、C/N = 25:1，接种物量为原料总量的25%（接种物的TS = 10%），该混合的料液容重为1，以猪粪、麦草做原料，需使用接种物和水分别为多少？已知：（1）猪粪中：碳占原料比例是7.8%，氮占原料比例是0.6%，TS = 18%；（2）麦草中：碳占原料比例是46%，氮占原料比例是0.53%，TS = 82%。【2009 - 3 - 58】

（A）375kg，4126kg　　（B）216kg，983kg

（C）300kg，3301kg　　（D）216kg，2183kg

解：

	质量	TS
接种物	0.25 $(x+y)$	0.1
原料	猪粪 x	0.18
	麦草 y	0.82
水	z	0

按照题意列式：

（1）C/N为25：$\dfrac{7.8x+46y}{0.6x+0.53y}=25$；

（2）TS = 8%：$\dfrac{0.1\times0.25(x+y)+0.18x+0.82y}{1.25(x+y)+z}=0.08$；

（3）$6m^3$的沼气池按80%的池容填料，该混合的料液容重为：$1.25(x+y)+z=6\times0.8\times1$；

解得：$z=3.3t$；$x=0.98t$；$y=0.216t$；$0.25(x+y)=0.30t$。

答案选【C】。

【解析】 调节物料类的题目往往用设置未知数的方法来解答，更容易理解和列式。本题没有考虑接种物的C、N量。

15. 某城市污水处理厂日产生含水率为97%的浓缩污泥1000t，这些浓缩污泥全部采用机械脱水到含水率85%（假设此脱水过程污泥干物质质量不发生变化），这些污泥采用高温堆肥技术作堆肥处理，由于此脱水污泥水分含量仍太高不适合堆肥，堆肥厂需要用含水量15%的破碎后秸秆调节水分，混合后堆肥材料的目标水分含量为65%，若每天产生的这些脱水污泥全部用来堆肥，问每天至少需要多少重量的秸秆来调节水分？【2010 - 3 - 55】

（A）48t　　（B）60t

（C）80t　　（D）82.4t

解：

污泥干物质的质量：$1000\times0.03=30t$，则脱水后污泥的质量为$30/0.15=200t$；

设需要调节用的秸秆的质量为x，则有：$\dfrac{200\times0.85+0.15x}{200+x}=0.65$，解得$x=80t$。

答案选【C】。

【解析】 调节物料类的题目往往用设置未知数的方法来解答，更容易理解和列式。

16. 某堆肥场拟对分选后的易腐有机生活垃圾进行高温好氧堆肥试验。采用平均含水率为60%的易腐有机生活垃圾5000kg作为堆肥原料，经元素分析仪测定，该垃圾化学组成为$C_{35}H_{70}NO_{31}$。经过高温堆肥后，获得含水率为35%的堆肥产物，其化学组成为$C_{18}H_{21}NO_9$，已知完成该原料高温堆肥理论需氧量为1375kg，试计算含水率35%的堆肥产物的质量。（反应式为：$C_aH_bN_cO_d + 0.5(nz + 2s + r - d)O_2 \rightarrow nC_wH_xN_yO_z + rH_2O + sCO_2 + (C - ny)NH_3$ + 能量，其中产 $r = 0.5[b - nx - 3(c - ny)]$，$s = a - nw$）【2012-4-54】

（A）997kg　　（B）454kg

（C）648kg　　（D）1851kg

解：

$a = 35$，$b = 70$，$c = 1$，$d = 31$，$w = 18$，$x = 21$，$y = 1$，$z = 9$；

则：$r = 0.5[b - nx - 3(c - ny)] = 33.5 - 9n; s = a - nw = 35 - 18n$；

$0.5(nz + 2s + r - d) = 0.5(9n + 70 - 36n + 33.5 - 9n - 31) = 36.25 - 18n$；

$C_{35}H_{70}NO_{31} + (36.25 - 18n)O_2 \rightarrow nC_wH_xN_yO_z + rH_2O + sCO_2 + (c - ny)NH_3$ + 能量，

1000　　$32 \times (36.25 - 18n)$

2000kg　　1375kg

$\frac{1000}{2000} = \frac{32 \times (36.25 - 18n)}{1375}$；解得 $n = 0.82$；$C_{18}H_{21}NO_9$摩尔质量为395kg/kmol；

则得到堆肥产物的干质量应为：$2000 \div 1000 \times 0.82 \times 395 = 647.8$kg；

其含水率为0.35，则堆肥产物的质量应为 $647.8 \div 0.65 = 996.6$kg。

答案选【A】。

【解析】 参见《新三废·固废卷》P278～P279 公式 4-3-14。

17. 在进行好氧堆肥设计前，取1000kg有机废物进行实验室规模的好氧堆肥试验，经测定其初始堆肥的成分为$C_{30}H_{50}NO_{26}$，堆肥产品成分为$C_{10}H_{14}NO_4$，若已知堆肥产品与初始原料的摩尔数之比（即摩尔转化率）n为0.79，求堆肥产品为多少？【2007-3-56】

（A）790kg　　（B）53kg

（C）199kg　　（D）210kg

解：

$$\frac{1000}{12 \times 30 + 50 + 14 + 16 \times 26} \times 0.79 \times (12 \times 10 + 14 + 14 + 16 \times 4) = 199\text{kg}$$

答案选【C】。

【解析】 按照题目意思“若已知堆肥产品与初始原料的摩尔数之比（即摩尔转化率）n为0.79”，不需要采用好氧堆肥化学方程式进行计算，直接计算即可。

18. 以1t鸡粪和0.4t秸秆为原料进行7d的好氧堆肥处理，假设其中可降解部分被完全好氧分解，没有任何残留物，且7d中的每天需氧量占总需氧量的5%、15%、30%、20%、15%、10%、5%，则应选择下列哪个通风装置比较合适？（其中鸡粪的化学组成$C_{10}H_{19}O_3N$，含水率为80%，其干基中可降解部分占50%；秸秆的化学组成式是$C_6H_{20}O_5$含水率为35%，其干基中可降解部分占20%；通风装置的安全系数为2，空气中的氧气的质量百分比为23%，空气密度为$1.29kg/m^3$。鸡粪降解反应式为：$C_{10}H_{19}O_3N+12.5O_2 \rightarrow 10CO_2+8H_2O+NH_3$；秸秆的降解反应式：$C_6H_{20}O_5+6O_2 \rightarrow 6CO_2+5H_2O$）【2012－4－66】

（A）$10m^3/h$　　（B）$15m^3/h$

（C）$20m^3/h$　　（D）$25m^3/h$

解：

7d中需要的最大通风量是第三天为30%。

第3天鸡粪需要的氧气质量为$\frac{1000\times(1-0.8)\times0.5}{10\times12+19+16\times3+14}\times12.5\times32\times0.3\times2=$ 119.4kg/d；

第3天秸秆需要的氧气质量为$\frac{400\times(1-0.35)\times0.2}{6\times12+20+16\times5}\times6\times32\times0.3\times2=34.8kg/d$；

则需要空气$\frac{119.4+34.8}{0.23\times1.29}=519.7m^3/d=21.65m^3/h$。

答案选【D】。

【解析】 注意按照最大通风量（第三天）进行计算即可。

19. 用好氧静态堆肥工艺处理生活垃圾，已知满足每立方米垃圾堆肥的最大理论需氧风量为$0.02m^3/min$，冷却和干燥所需风量为需氧风量的6倍，一次性进料体积为$600m^3$，则下列哪种额定风量的风机可保证好氧堆肥顺利进行？（设通风装置的通风系数为2）【2008－3－58】

（A）$168m^3/h$　　（B）$5040m^3/h$

（C）$12000m^3/h$　　（D）$10080m^3/h$

解：

总风量为需氧风量加上冷却和干燥所需风量。

风量：$600\times0.02\times(6+1)\times2=168m^3/min=10080m^3/h$。

答案选【D】。

【解析】 本题中注意“冷却和干燥所需风量为需氧风量的6倍”，加上堆肥处理自身需要的，共7倍。

20. 某垃圾堆肥厂采用静态好氧堆肥工艺，每堆垃圾300t，堆体密度$0.5t/m^3$，配置鼓风机，强制通风量为$0.20m^3/(m^3\cdot min)$，设鼓风机的风量为计算风量的1.2倍，则选择的鼓风机风量不应小于下列哪一数值？【2009－3－54】

（A）$7200m^3/h$　　（B）$8640m^3/h$

（C）$6900m^3/h$　　（D）$7250m^3/h$

解：

$(300\div0.5)\times0.2\times60\times1.2=8640m^3/h$。

答案选【B】。

【解析】 注意单位“$0.20m^3/(m^3\cdot min)$”，表示单位体积垃圾单位时间需要的通风量。

21. 以100t污泥作为堆肥原料，选择40t木屑作为调理剂。其中，污泥的化学组成为$C_{10}H_{19}O_3N$，含水率80%，堆肥过程中可降解有机物为50%；木屑的化学组成式为$C_6H_{10}O_5$，含水率为35%，堆肥过程可降解有机物为20%。假设其中可降解有机物被完全好氧分解，则其理论需氧量是多少？【2014-3-58】

(A) 19900kg　　(B) 26060kg

(C) 6160kg　　(D) 82910kg

解：

污泥和木屑的摩尔质量分别为201kg/kmol、162kg/kmol。

污泥可降解的有机物的摩尔量为：$100\times0.2\times0.5\times10^3\div201=49.75\text{kmol}$；

木屑可降解的有机物的摩尔量为：$40\times0.65\times0.2\times10^3\div162=32.10\text{kmol}$；

$$C_{10}H_{19}O_3N+12.5O_2\rightarrow10CO_2+NH_3+8H_2O$$

$$C_6H_{10}O_5+6O_2\rightarrow6CO_2+5H_2O$$

则需氧量为：$(49.75\times12.5+32.10\times6)\times32=26063.2\text{kg}$。

答案选【B】。

【解析】 (1) 细心计算可降解有机物的摩尔量；

(2) 写出有机物被完全好氧分解的化学方程式。

22. 某工厂每天排出的有机废物的COD重量为4000kg，所产沼气中甲烷含量为60%，已知在标准状态下，每公斤COD的理论产甲烷的量为0.35m^3，每立方米甲烷的发热量为35822kJ，则每天的理论沼气产量及每天沼气发热量分别为多少？【2007-3-55】

(A) 2333m^3，$2.15\times10^4\text{kJ}$　　(B) 2333m^3，$8.36\times10^4\text{kJ}$

(C) 2333m^3，$5.02\times10^7\text{kJ}$　　(D) 1400m^3，$5.02\times10^7\text{kJ}$

解：

每天的沼气产量：$V=\dfrac{4000\times0.35}{60\%}=2333\text{m}^3$；

沼气发热量：$4000\times0.35\times35822=5.02\times10^7\text{kJ}$。

答案选【C】。

【解析】 计算厌氧发酵产沼量、发热量，有一些题目会给出“每公斤COD的理论产甲烷的量”，“每立方米甲烷的发热量”这类条件，根据这些条件关键就是求出有多少质量的COD转化成了甲烷，产生了多少立方米的甲烷。

23. 两相厌氧消化工艺处理某有机废物的生产性运行结果如下表所示，所产沼气中的甲烷含量为60%，请计算产甲烷阶段每天所产沼气的发热量为多少？(已知在标准状态下，每公斤COD的理论产甲烷量为0.35m^3，每立方米的发热量为35822kJ)【2008-3-56】

有机负荷 ($\text{kgCOD/m}^3\text{d}$)	停留时间 (d)			COD总量 (kg/d)		
	产酸阶段	产甲烷阶段	系统	进水	酸化液	出水
6.34	0.86	2.88	3.74	824	698	171

（A）6.61×10^6kJ （B）1.10×10^7kJ

（C）1.90×10^7kJ （D）8.19×10^6kJ

解：

产甲烷菌是利用酸化液中的COD进行产沼气的，所以可以利用的COD是 $698-171=527$kg/d。

发热量为 $527 \times 0.35 \times 35822 = 6.61 \times 10^6$kJ。

答案选【A】。

【解析】 关键就是求出有多少质量的COD转化成了甲烷，利用关键条件，简化运算。

24. 某工厂每天排出有机废物的COD总量为6000kg，将这些有机废物投加到厌氧发酵设备中。假设厌氧发酵设备每天排出的或余物中COD量为1800kg，所产沼气中的甲烷含量为65%，标准状态下，理论产甲烷量为0.35m³/kgCOD，则每天的理论产沼气量是多少？（忽略厌氧发酵中每日合成细胞的量）【2009－3－51】

（A）1470m³ （B）3231m³

（C）2262m³ （D）2100m³

解：

$(6000-1800) \times 0.35 \div 0.65 = 2261.5$m³。

答案选【C】。

【解析】 关键就是求出有多少质量的COD转化成了甲烷。

注意本题求的是沼气，甲烷只是沼气的一部分。

25. 某糖厂每天产生$C_{30}H_{60}O_{25}$含量为50000mg/L的废液200m³，拟进行厌氧发酵处理，不考虑细菌生长所需的有机物质及CH_4、CO_2在发酵液中的溶解，甲烷含量为60%，试计算废液的甲烷产量是多少？【2011－4－55】

（A）3512kg （B）4318kg

（C）5303kg （D）6432kg

解：

$C_{30}H_{60}O_{25}$的摩尔质量为820kg/kmol；每天产生的有机物的量为：$50000 \times 200 \div 1000 = 10000$kg；

则每天的C的摩尔量为 $10000 \div 820 \times 30 = 365.85$kmol；

甲烷的产量为：$365.85 \times 0.6 \times 16 = 3512.16$kg。

答案选【A】。

【解析】 题目中"不考虑细菌生长所需的有机物质及CH_4、CO_2在发酵液中的溶解"即该有机物中的C完全转化为CH_4和CO_2，且甲烷含量为60%。

26. 某食品厂每天排放废水210m³，经测定发现该废水COD为45000mg/L。假定标准状态下，每千克COD的理论产甲烷量为0.35m³，产生沼气中的甲烷含量为65%，试计算该厂每天产生的沼气量。【2013－4－53】

（A）330.8m³ （B）508.8m³

(C) $5088m^3$　　(D) $3307.5m^3$

解:

$\frac{210\times10^3\times45000\times10^{-6}\times0.35}{0.65}=5088.46m^3$。

答案选【C】。

【解析】 注意本题求的是沼气，不是甲烷。

27. 餐厨垃圾中含有蛋白质、脂肪和碳水化合物，设其中的蛋白质组成为 $C_8H_{14}O_5N_2$，厌氧氧消化反应式为 $C_8H_{14}O_5N_2+3.5H_2O\rightarrow3.75CH_4+4.25CO_2+2NH_3$。试计算1公斤蛋白质被完全分解为 CH_4 和 CO_2 时，在标准状态下（0℃，1个大气压），理论上将产生多少沼气（只计算 CH_4 和 CO_2 的体积之和）。【2013-4-54】

(A) $0.823m^3$　　(B) $0.385m^3$

(C) $0.437m^3$　　(D) $0.179m^3$

解:

1mol 的蛋白质产生 8mol 的（CH_4 和 CO_2），每 mol 的（CH_4 和 CO_2）标准状态下的体积是 22.4L。$\frac{1000}{8\times12+14+16\times5+14\times2}\times8\times22.4=822L$。

答案选【A】。

【解析】 本题也可以按照方程式分别对 CH_4 和 CO_2 进行计算再求和。

28. （2007-3-61、2007-3-62、2007-3-63 题共此题干）已知生污泥原温度（T_0）为20℃，每日投入厌氧反应器的生污泥量（Q）为 50000kg，进料总固体（T_S）浓度为8%，T_S 有机负荷率为 $4kg/(m^3\cdot d)$。欲将生污泥全日连续加热到 T_1 为37℃进行中温厌氧消化，设该生污泥的比热溶 C_P（每 kg 污泥温度升高 1K 所需要的热量）为 $4.1868kJ/(kg\cdot K)$，则每小时耗热量 C 的计算公式为?【2007-3-61】

(A) $Q(T_1-T_0)C_P$　　(B) $(T_1-T_0)C$

(C) QC_P　　(D) $(Q/24)(T_1-T_0)C_P$

解:

每小时耗热量 C 的计算公式应该为：$[Q(T_1-T_0)C_P]/24$。

答案选【D】。

【解析】 注意题目问的是每小时的耗热量，Q 是每日投入的污泥量。

29. 若采用该厌氧反应器产生的沼气来提供 200000kJ/h 的热量用于加热污泥，理论上每小时需要多少立方米的沼气才能满足要求（沼气中甲烷含量为60%，甲烷发热量为 $35822kJ/m^3$）。【2007-3-62】

(A) $5.59m^3/h$　　(B) $13.95m^3/h$

(C) $9.3m^3/h$　　(D) $11.16m^3/h$

解:

假设需要 x 立方米，则 $35822\times0.6\times x=2\times10^5$，得 $9.3m^3/h$。

答案选【C】。

【解析】 沼气中甲烷含量为60%，沼气中的有效发热部分只有甲烷。

30. 上题中该厌氧反应器的容积为多少？【2007－3－63】

(A) $4000m^3$　　(B) $12500m^3$

(C) $1000m^3$　　(D) $10000m^3$

解：

$$V=\frac{QS}{L_S}=\frac{50000\times 8\%}{4}=1000m^3。$$

答案选【C】。

【解析】 T_S有机负荷率＝进料总固体/反应器体积。

31. 某农户家庭有3口人，常年保持生猪存栏为3头，年可利用秸秆100kg，拟用人畜粪便和秸秆产沼。总固体含量（T_S）及产气率如下表所示，试计算平均每天的沼气产量。【2014－3－55】

发酵原料	平均排粪量［kg/(个·d)］	总固体含量（%）	产气率估计值（m^3/kgT_S）
人粪	0.5	20	0.35
猪粪	5	18	0.35
秸秆	—	90	0.3

(A) $0.42m^3$　　(B) $1.12m^3$

(C) $5.86m^3$　　(D) $28.05m^3$

解：

人粪每天产沼气：$0.5\times3\times0.2\times0.35=0.105m^3$；

猪粪每天产沼气：$5\times3\times0.18\times0.35=0.945m^3$；

秸秆每天产沼气：$100\div365\times0.9\times0.3=0.074m^3$；

总每天产沼气：$0.105+0.945+0.074=1.124m^3$。

答案选【B】。

32. 某沼气池有效容积为$1000m^3$，测得进料有机物的化学组成式为$C_{50}H_{84}O_{28}N$，有机物负荷率为$4kg/(m^3\cdot d)$。已知甲烷的密度为$0.7155kg/m^3$，二氧化碳密度为$1.9725kg/m^3$。有机物反应式为$C_{50}H_{84}O_{28}N+15.75H_2O\rightarrow28.125CH_4+21.875CO_2+NH_3$，若忽略氨气的产量，则该沼气池每天的理论产沼量为多少？【2014－3－56】

(A) $4975m^3$　　(B) $1117m^3$

(C) $2196m^3$　　(D) $3898m^3$

解：

$C_{50}H_{84}O_{28}N$的摩尔质量为1146g/mol。

每天入池的有机物摩尔量为 $4 \times 1000 \div 1146 = 3.49$kmol；

按照化学方程式则产生甲烷：$3.49 \times 28.125 \times 16 \div 0.7155 = 2195$m^3；

按照化学方程式则产生二氧化碳：$3.49 \times 21.875 \times 44 \div 1.9725 = 1703$m^3；

每天的产沼量为 $2194.97 + 1702.98 = 3898$m^3。

答案选【D】。

【解析】 产沼量包括二氧化碳和甲烷两部分。

33. 厌氧消化过程的产酸阶段，假设有机废物只转化为新细胞物质和挥发性有机酸（VFA），此时细胞产率设为 Y_a；在产甲烷阶段，VFA 只转化为新细胞物质和沼气，且 VFA 转化为新细胞物质的产率设为 Y_m。试列出由有机废物经 VFA 转化为沼气的产率计算公式。【2014－3－52】

（A）$(1-Y_a) \times (1-Y_m)$　　（B）$(1-Y_a) + (1-Y_m)$

（C）$(1-Y_a)/(1-Y_m)$　　（D）$(1-Y_m)$

解：

产酸阶段由于细胞产率是 Y_a，则转化成 VFA 的产率为 $(1-Y_a)$；

类似的，产甲烷阶段，甲烷的产率为 $(1-Y_m)$；

则针对整个过程来说，有机废物经 VFA 转化为沼气的产率计算公式为 $(1-Y_a) \times (1-Y_m)$。

答案选【A】。

【解析】 细胞产率系数指的是有机物转化成细胞的量占原有机物的质量比。

34. 某高固体有机物厌氧发酵反应近似为一级反应，即 $dC/dt = -K_dC$，已知初始有机物浓度 C_0 为 64.2g/L，有机物发酵分解反应速率常数 K_d 为 0.196d^{-1}，求发酵 3 天时有机物浓度 C_1 为多少？【2007－3－60】

（A）16.6g/L　　（B）115.6g/L

（C）248.6g/L　　（D）35.7g/L

解：

一级反应有：$C = C_0e^{(-k_dt)}$，$C_0 = 64.2$g，K_d 为 0.196d^{-1}，代入得 $C = 35.65$g/L。

答案选【D】。

【解析】 参见《新三废·固废卷》P305 公式 4－4－1 和 4－4－2。

15　固体废物热处理技术

15.1　焚烧相关标准、规范

※知识点总结

1. 往年案例真题涉及的相关标准、规范与政策：

《生活垃圾焚烧污染控制标准》（GB 18485—2014）

《危险废物焚烧污染控制标准》（GB 18484—2001，该标准已经出新的征求意见稿，关注近期是否会更新）

《生活垃圾焚烧处理工程技术规范》（CJJ 90—2009）

《危险废物集中焚烧处置工程建设技术规范》（HJ/T 176—2005）

《医疗废物集中焚烧处置工程建设技术规范》（HJ/T 177—2005）

《医疗废物高温蒸汽集中处理工程技术规范（试行）》（HJ/T 276—2006）

《垃圾焚烧袋式除尘工程技术规范》（HJ 2012—2012）

《城市生活垃圾处理及污染防治技术政策》

《危险废物污染防治技术政策》

2. 其他与热处理相关的标准、规范与政策（不限于此）：

《生活垃圾焚烧处理工程项目建设标准》（建标 142—2010）

《生活垃圾焚烧厂运行维护与安全技术规程》（CJJ 131—2009）

《危险废物集中焚烧处置设施运行监督管理技术规范（试行）》（HJ 515—2009）

《危险废物集中焚烧处置工程建设技术规范》（HJ/T 176—2005）修改单

《医疗废物焚烧炉技术要求（试行）》（GB 19218—2003）

《医疗废物微波消毒集中处理工程技术规范》（HJ/T 229—2005）

《医疗废物集中焚烧处置设施运行监督管理技术规范（试行）》（HJ 516—2009）

《含多氯联苯废物焚烧处置工程技术规范》（HJ 2037—2013）

《危险废物（含医疗废物）焚烧处置设施性能测试技术规范》（HJ 561—2010）

※真　　题

1. 某城市拟建设一座日处理能力 10t 的危险废物处理厂，在该厂焚烧炉排气筒周围半径 200m 范围内有建筑物，最高的建筑物为 35m，试问焚烧炉排气筒高度不得低于多少？【2007－4－51】

（A）35m　　　　（B）40m

（C）45m　　　　（D）50m

解：

根据《危险废物焚烧污染控制标准》（GB 18484—2001）4.3.2 条："新建集中式危险废物焚烧厂焚烧炉排气筒周围半径 200m 内有建筑物时，排气筒高度必须高出最高建筑物 5m 以上”。因此是 40m。

答案选【B】。

【解析】《教材（第三册）》P354，《危险废物焚烧污染控制标准》（GB 18484—2001）。

【注】 新的《危险废物焚烧污染控制标准》可能近期会发布，按照其征求意见稿，“新建危险废物焚烧处置设施自 2015 年 7 月 1 日、现有危险废物焚烧处置设施自 2016 年 7 月 1 日起执行本标准，《危险废物焚烧污染控制标准》（GB 18484—2001）自 2016 年 7 月 1 日废止”，如正式稿发布，请根据最新大纲要求考虑是否参考新标准。

2. 一座日处理 1000t 的垃圾焚烧厂，在进行厂区总体设计时，按照如下方案对厂内道路进行初步设计，哪一条设计是不合理的？【2007 - 4 - 72】

（A）为了减少道路占地，设计垃圾运输车道路和人行道路在厂区内共用一条道路

（B）焚烧厂区垃圾运输车行车路面宽 6m

（C）通向垃圾卸料平台的坡道宽度 8m，保证垃圾运输车双向通行；当单向通行时，宽度不小于 4m

（D）厂内消防道路宽 3.5m

解：

根据《生活垃圾焚烧处理工程技术规范》（CJJ 90—2009）4.3.2 条，垃圾焚烧厂人流、物流应分开，并分别做到通畅。选项 BC 符合 4.5.2 条和 4.5.3 条的要求。

按照 4.5.2 条：垃圾焚烧厂房周围应设宽度不小于 4m 的环形消防车道，选项 D 说法不对。

答案选【AD】，在当时（2007 年），使用的还是该标准的 2002 版本，D 项是正确的，按照该标准 2009 版本，则 D 项是错误的。

【解析】《教材（第三册）》P1378。

3. 某市根据城市总体发展规划和城市环境卫生规划进行生活垃圾焚烧厂厂址选择，筛选出下列 A、B、C、D 四个厂址，厂址主要对比条件列入下表，已知该市气象条件：夏秋风向以东南风为主，冬、春风向以东北风为主，各厂址的工程地质条件和水文地质条件均能满足工程建设要求，请比选出合适厂址。【2012 - 3 - 51】

厂址条件列表：

序号	厂 址 条 件	A	B	C	D
1	所在城市的区域位置	西南	西北	西南	西北
2	与市中心距离（km）	40	16	14	16
3	与变电站距离（km）	12	2	6	3
4	厂区 1km 范围内敏感目标	无	水库	机场	无
5	与市政主干道距离（km）	8	2	4	3
6	厂区 100m 范围内居民数量（户数）	4	2	3	4

（A）A厂址　　（B）B厂址

（C）C厂址　　（D）D厂址

解：

选项D：厂址在夏季主导风向的下风向，与市中心、变电站、市政主干道距离适中，厂区1km内没有敏感目标，厂区100m范围内居民数量不多；

选项B、C：厂址由于厂区1km范围内有水库和机场，因此不适合；

选项A：厂址距离市中心距离太远，且不在夏季主导风向的下风向。

答案选【D】。

【解析】 根据生活垃圾焚烧厂的相关标准和规定，综合题目的具体条件，进行选址。

4. 根据有关标准和规范，对危险废物集中焚烧处置中心排放的焚烧烟气污染物及相关工艺指标必须进行在线监测，请指出下列哪一组目前尚无法完全实现在线监测？【2011－3－73】

（A）SO_2、NO_2、HCl、烟尘

（B）CO、CO_2、O_2、一燃室和二燃室温度

（C）HF、Hg、PCDDs/PCDFs、黑度

（D）SO_2、NO_2、HCl、CO、CO_2、O_2、烟尘

解：

按照《危险废物集中焚烧处置工程建设技术规范》（HJ/T 176—2005）第6.7.11条，焚烧烟气中的烟尘、硫氧化物、氮氧化物、氯化氢等污染因子，以及氧、一氧化碳、二氧化碳、一燃室和二燃室温度等工艺指标实现在线监测。烟气黑度、氟化氢、重金属及其化合物应每季度至少采样监测一次。二噁英采样检测频次不小于1次/年。

答案选【C】。

【解析】 本题与2010－3－73都是考查在线监测的。

5. 根据有关标准和规范，对危险废物集中焚烧处置中心排放的焚烧烟气污染物要进行在线监测，请指出下列哪一项可以实现在线监测？【2010－3－73】

（A）SO_x、NO_x、HCl、Hg、O_2、烟尘温度

（B）SO_x、NO_x、HCl、PCDDs/PCDFs、CO_2、CO、烟尘温度

（C）SO_x、NO_x、HCl、Hg、PCDDs/PCDFs、烟尘温度

（D）SO_x、NO_x、HCl、CO、O_2、CO_2、烟尘温度

解：

按照《危险废物集中焚烧处置工程建设技术规范》（HJ/T 176—2005）6.7.11条，“应该对焚烧烟气中的烟尘、硫氧化物、氮氧化物、氯化氢等污染因子，以及氧、一氧化碳、二氧化碳、一燃室和二燃室温度等工艺指标实现在线监测”。

选项D指标全部可以实现在线监测。

PCDDs/PCDFs、Hg无法实现在线监测。

答案选【D】。

【解析】《危险废物集中焚烧处置工程建设技术规范》（HJ/T 176—2005）。

15.2 焚烧厂规划

※知识点总结

焚烧厂规划要注意的几个问题：

(1) 满足相关标准、规划的基本要求，例如焚烧厂址的选择；

(2) 考虑城市发展和社会经济效益；

(3) 考虑题干中特别提出的其他要求。

后两个要求要进行综合的判断和考虑，一般来说题目灵活性比较大，难以找到出处。

※真　　题

某城市人口为400万，长条布局，总长为25km，计划逐步采用焚烧方式取代填埋方式处理生活垃圾。目前，城东、城西各有一个规模为1000t/d的大型卫生填埋场，城东填埋场剩余填埋期10年，城西填埋场剩余填埋期5年，城中还有两处规模为300t/d的小型填埋场，准备封场，综合考虑经济社会效益及城市未来发展，试分析下述方案哪个较为合理？【2008－3－70】

(A) 规划三个垃圾焚烧厂，城东、城中、城西各一座，每座设计规模1000t/d，优先建设城中和城西的焚烧厂，3年内建成投用，城东的焚烧厂最后建设，5年内建成投用

(B) 规划四座垃圾焚烧厂，城中两座、城西一座，每座设计规模800t/d，3年内建成投用，城东一座，设计规模1000t/d最后建设，5年内建成投用

(C) 规划两个垃圾焚烧厂，城西焚烧厂设计规模1500t/d，3年内建成投用，城东焚烧厂设计规模2000t/d，分二期建设，一期1000t/d，5年内建成投用

(D) 规划一座垃圾焚烧厂，城西建设，设计规模3000t/d，分二期，每期1500t/d，一期3年建成投用，二期5年内建成投用

解：

目前该城市的填埋垃圾量总共为2600t/d，考虑城市发展，焚烧厂的总处理垃圾量应该大于该数据，因此B排除（并且B的焚烧厂数量过多，不经济）；

题目说明“某城市长条布局，总长为25km”，因此如果仅建一座垃圾焚烧厂，每日垃圾运输量较大，选项D排除；

比较选项A和选项C：

(1) 选项C，建设两个焚烧厂，与A比较单位处理量的建设成本和运行成本都较低；

(2) 在3年内，选项A建成焚烧厂的总处理为2000t/d，选项C为1500t/d；而在3年内，该城市需要解决的首要问题就是两个即将封场的小型填埋厂垃圾处理的问题，因此1500t/d完全足够周转；

(3) 选项A，5年内建成的焚烧厂的焚烧总量是3000t/d，而选项C，5年内建成的焚烧厂的焚烧总量是2500t/d，此时城东填埋厂仍然可以同步运行，因此2500t/d已经足够运行，并且节约焚烧运行费用。

答案选【C】。

【解析】 本题的关键字眼是“综合考虑经济社会效益及城市未来发展”，未来发展意味着人口增多垃圾量增加；而“经济社会效益”则需要考虑焚烧厂的规模与建设成本、运行成本的关系，另外还需要考虑如何合理使用未填完的填埋场。

15.3 垃圾热值计算

※知识点总结

1. Dulong 公式：

$$LHV = 81C + 342.5\left(H - \frac{O}{8}\right) + 22.5S - 5.85\ (9H + W)$$

注意细节：

(1) 元素代入的是质量百分数的具体数值，不包括百分号。例如，垃圾中 C 的质量百分数是 30%，则 C 代入的是 30 进行计算；

(2) 算出来的单位是 kcal/kg，kcal 与 kJ 之间的换算是：1kcal = 4.186kJ。

2. Wilson 公式：

$$HHV = 7831m_{C_1} + 35932\left(m_H - \frac{m_O}{9} - \frac{m_{Cl}}{35.5}\right) + 2212m_S - 3546m_{C_2} + 1187m_O - 587m_N - 620m_{Cl}$$

$$LHV = HHV - 583 \times \left[m_{H_2O} + 9\left(m_H - \frac{m_{Cl}}{35.5}\right)\right]$$

注意细节：

(1) 元素代入的是质量百分数的百分数值，包括百分号。例如，垃圾中 C_1 的质量百分数是 30%，则 C_1 代入的是 0.30 进行计算；

(2) 算出来的单位是 kcal/kg，kcal 与 kJ 之间的换算是：1kcal = 4.186kJ。

3. Dulong 与 Wilson 公式的选用：

一般来说，如果题目中说明了有机碳、无机碳的质量百分比，用 Wilson 进行计算。

※真　　题

1. 某城市生活垃圾焚烧发电厂处理的生活垃圾质量分析成分如下：

元素成分	C	H	O	N	S	Cl	灰分	水分	合计
质量比（%）	20.4	2.5	8.6	1.1	0.15	0.3	16.7	50.25	100

设定碳成分中无机碳含量占碳的 2.0%，其余为有机碳，请用 Wilson 公式估算进厂生活垃圾的低位热值。【2011－3－60】

(A) 7412.3kJ/kg　　(B) 1733.6kJ/kg

(C) 7258.2kJ/kg　　(D) 6256.6kJ/kg

解：

$$HHV = 7831m_{C_1} + 35932\left(m_H - \frac{m_O}{8} - \frac{m_{Cl}}{35.5}\right) + 2212m_S - 3546m_{C_2} + 1187m_O - 587m_N - 620m_{Cl}$$

$$=7831\times0.204\times0.98+35932\left(0.025-\frac{0.086}{8}-\frac{0.003}{35.5}\right)+2212\times0.0015-3546\times0.204\times0.02+1187\times0.086-587\times0.011-620\times0.003$$

$$=2157.186\text{kcal/kg};$$

$$LHV=HHV-583\times\left[m_{H_2O}+9\left(m_H-\frac{m_{Cl}}{35.5}\right)\right]=2157.186-583\times\left[0.5025+9\left(0.025-\frac{0.003}{35.5}\right)\right]$$

$$=1733.5\text{kcal/kg}=7246\text{kJ/kg}。$$

答案选【C】。

【解析】 本题关键（1）Wilson 公式，《教材（第二册）》P17 公式 4－2－4、4－2－5；（2）cal 与 J 的换算，1cal＝4.186 或者 4.2J。

2．经分选后城市生活垃圾质量成分如下表。设定碳成分中无机碳含量占碳的 0.8%，其余为有机碳。试用 Wilson 公式估算该生活垃圾低位热值约为多少？【2012－3－57】

成分	C	H	O	N	S	Cl	灰分	水分	合计
质量分数（%）	24.55	3.01	2.16	3.63	0.09	0.43	25.48	40.65	100.00

（A）6900kJ/kg （B）2500kJ/kg

（C）10425kJ/kg （D）11000kJ/kg

解：

$$HHV=7831m_{C_1}+35932\left(m_H-\frac{m_O}{8}-\frac{m_{Cl}}{35.5}\right)+2212m_S-3546m_{C_2}+1187m_O-587m_N-620m_{Cl}$$

$$=7831\times0.2455\times0.992+35932\left(0.0301-\frac{0.0216}{8}-\frac{0.0043}{35.5}\right)+2212\times0.0009-3546\times0.2455\times0.008+1187\times0.0216-587\times0.0363-620\times0.0043$$

$$=2884.00\text{kcal/kg};$$

$$LHV=HHV-583\times\left[m_{H_2O}+9\left(m_H-\frac{m_{Cl}}{35.5}\right)\right]=2884-583\times\left[0.4065+9\left(0.0301-\frac{0.0043}{35.5}\right)\right]$$

$$=2489.71\text{kcal/kg}=10422\text{kJ/kg}。$$

答案选【C】。

【解析】 本题关键（1）Wilson 公式，《教材（第二册）》P17 公式 4－2－4，4－2－5；（2）cal 与 J 的换算，1cal＝4.186 或者 4.2J。

3．某城市生活垃圾焚烧处理厂进厂生活垃圾成分分析如下：

成分	C	H	O	N	S	Cl	灰分	水分	合计
质量（%）	22.00	3.20	2.40	3.50	0.12	0.33	21.00	47.45	100.00

设定碳成分中无机碳含量占碳的 0.8%，其余为有机碳。进厂垃圾在垃圾储存坑内停留 4 天后，垃圾含水率降至 44%，请用 Wilson 公式估算入炉生活垃圾低位热值。【2013－4－59】

（A）9656kJ/kg　　（B）10450kJ/kg
（C）10496kJ/kg　　（D）10922kJ/kg

解：

水分降为44%，则各类元素的质量分数发生变化。1kg的垃圾干重为0.5255kg，则含水率下降后总质量变为：0.5255 ÷ 0.56 = 0.9384kg。水分的质量应该为：0.9384 × 0.44 = 0.4129kg。则C的质量分数变为：0.22 ÷ 0.9384 = 0.2344，其他元素类似计算可以得到下表：

成分	C	H	O	N	S	Cl	灰分	水分	合计
质量（%）	23.44	3.41	2.56	3.73	0.13	0.35	22.38	44	100.00

$$HHV = 7831m_{C_1} + 35932\left(m_H - \frac{m_O}{8} - \frac{m_{Cl}}{35.5}\right) + 2212m_S - 3546m_{C_2} + 1187m_O - 587m_N - 620m_{Cl}$$

$$= 2930.55\text{kcal/kg};$$

$$LHV = HHV - 583 \times \left[m_{H_2O} + 9\left(m_H - \frac{m_{Cl}}{35.5}\right)\right] = 2930.55 - 583 \times \left[0.44 + 9\left(0.0341 - \frac{0.0035}{35.5}\right)\right]$$

$$= 2495.6\text{kcal/kg} = 10446.6\text{kJ/kg}。$$

答案选【B】。

【解析】 本题关键（1）含水率变化后各元素质量分数的换算；（2）Wilson公式，《教材（第二册）》P17公式4－2－4、4－2－5；（3）cal与J的换算，1cal = 4.186或者4.2J。

4. 某固体废物的C、H、O、S、N、灰分以及水分的质量分析结果见下表，试计算该废物的高位热值在下列哪一范围内？【2014－4－69】

垃圾成分	C	H	O	N	S	灰分	水分	合计
质量百分比（%）	16	3	12	1	1	15	52	100

（A）5000～7000kJ/kg　　（B）7000～9000kJ/kg
（C）9000～10500kJ/kg　　（D）10500～12000kJ/kg

解：

本题采用Dulong公式近似计算：

$$HHV = 81C + 342.5\left(H - \frac{O}{8}\right) + 22.5S = 81 \times 16 + 342.5 \times (3 - 1.5) + 22.5 \times 1$$

$$= 1832.25\text{kcal/kg} = 7669.8\text{kJ/kg}。$$

答案选【B】。

【解析】（1）《教材（第二册）》P17给的Dulong公式是求低位热值的公式，在对比Wilson的高低温热值公式以及《固废卷》P50高低位热值公式2－1－13及2－1－14可以发现：Dulong公式中的$-5.85\ (9H + W)$就是高低位热值的差值；

（2）本题也可以按照Wilson公式计算，假定全部是有机碳进行计算，计算结果约为8154kJ/kg，也在B项范围内；

（3）若采用固废卷 P50 高位热值公式，计算出来在 C 选项范围内。一般来说，用的比较多的是教材中的 Dulong 和 Wilson 公式，如果其他教材有不一致的内容，建议最好还是以《教材（第二册）》的 Wilson 以及 Dulong 公式为准。

15.4　焚烧效果的评价指标

※知识点总结

1. 燃烧效率：$CE=\frac{[CO_2]}{[CO_2]+[CO]}\times 100\%$

2. 减量比：$MRC=\frac{m_b-m_a}{m_b-m_c}$

3. 热灼减率：$P=\frac{A-B}{A}\times 100\%$

4. 焚毁去除率：$DRE=\frac{W_i-W_o}{W_i}\times 100\%$

※真　　题

1. 某工业固体废物焚烧厂采用回转窑焚烧炉，实测二燃室出口烟气成分为：二氧化碳 19.40%、二氧化硫 0.10%、氯化氢 0.03%、一氧化碳 0.01%、氧气 5.20%、水分 13.76%。试计算回转窑的燃烧效率。【2008－3－69】

（A）99.92%　　　　（B）99.93%

（C）99.94%　　　　（D）99.95%

解：

$$CE=\frac{[CO_2]}{[CO_2]+[CO]}\times 100\%=\frac{19.40}{19.40+0.01}\times 100\%=99.95\%$$。

答案选【D】。

【解析】 本题关键是关于燃烧效率的定义，见《危险废物焚烧污染控制标准》3.9，燃烧效率是指“烟道排出气体中二氧化碳浓度与二氧化碳与一氧化碳浓度之和的百分比”。《教材（第二册）》P147 也有相关公式。

2. 某生活垃圾焚烧炉出口烟气中 CO_2 含量为 5.6%。（体积百分比），CO 浓度为 $80mg/m^3$，则该焚烧炉燃烧效率为多少？【2013－4－57】

（A）99.89%　　　　（B）46.67%

（C）96.90%　　　　（D）99.99%

解：

CO 含量为（摩尔分数＝体积分数）：$\frac{80/28mol}{1000/22.4mol}\times 100\%=6.4\%$；

$$CE=\frac{[CO_2]}{[CO_2]+[CO]}\times 100\%=\frac{5.6}{5.6+6.4}\times 100\%=46.67\%$$。

答案选【B】。

【解析】 本题的关键是将质量浓度转化成体积分数。

3. 某生活垃圾焚烧厂处理规模1200t/d，采用3炉2机配置方案，进厂垃圾含水率为52%，垃圾入炉焚烧获得焚烧残渣200t/d，渣含水率6%，干渣残留可燃物4%，求垃圾中可燃物焚烧后的减量比是多少？【2009－4－61】

（A）99.0%　　（B）98.1%

（C）99.2%　　（D）91.6%

解：

$$MRC=\frac{m_b-m_a}{m_b-m_c};$$

其中：$m_a=200\times0.94=188$t；$m_b=1200\times0.48=576$t；$m_c=200\times0.94\times0.96=180.48$t。得：$MRC=98.1\%$。

答案选【B】。

【解析】 减量比公式见《新三废·固废卷》P360公式4－6－1。

4. 某生活垃圾焚烧厂采用机械炉排炉处理城市生活垃圾，单台机械炉排炉处理规模为500t/d，焚烧渣经水冷出渣机冷却后排出，炉渣含水10%，为检查该厂焚烧炉渣热灼减率，按生活垃圾焚烧污染物控制标准规定，从出渣机排渣口处取渣样，经干燥、灼热、冷却至室温后的质量比原渣样减重13%，计算焚烧渣热灼减率是？【2011－3－58】

（A）3.0%　　（B）13.4%

（C）13.0%　　（D）3.33%

解：

$1-0.1=0.9$，$1-0.13=0.87$；

热灼减率$=(0.9-087)\div0.9=3.33\%$。

答案选【D】。

【解析】《新三废·固废卷》P360公式4－6－2。

5. 采用焚烧法处理含多氯联苯（PCBs）的危险废物，当含60% PCBs废物进行焚烧时，焚烧渣（含尘，灰量及净化固体物等）产出率设定为废物量的15%，焚烧渣含PCBs为3mg/kg；假设焚烧排放烟气产出率为$8Nm^3/kg$，其中有害物质PCBs含量为$0.0005mg/Nm^3$，求焚烧过程中有害物质PCBs的焚毁去除率。【2012－3－55】

（A）75.0000%　　（B）95.0000%

（C）97.5000%　　（D）99.9999%

解：

根据题意："当含60% PCBs废物进行焚烧时"，则1kg的垃圾中含有0.6kg（600000mg）的PCBs；焚烧渣为0.15kg：则焚烧渣中的PCBs为0.15×3mg$=0.45$mg；

焚烧烟气中含有的PCBs为8×0.0005mg$=0.004$mg；

则焚烧过程中PCBs的焚毁去除率为（$600000-0.45-0.004)\div600000=99.9999\%$。

答案选【D】。

15.5　焚烧的控制参数

※知识点总结

焚烧的四大控制参数为焚烧温度、搅拌混合程度、气体停留时间以及过剩空气率。

1. 不同物质的适宜焚烧温度范围：

《新三废·固废卷》P370；

2. 垃圾焚烧、有机废液焚烧、恶臭气体焚烧的温度范围及停留时间：

《新三废·固废卷》P370；

3. 混合强度：

（1）扰动方式：空气流扰动、机械炉排扰动、流态化扰动及旋转扰动，其中流态化扰动方式最好；

（2）中小型焚烧炉多数属于固定炉床式，扰动多由空气流动产生，包括炉床下送风和炉床上送风。炉床下送风：形成粒状污染物，废物与空气接触机会大，废物燃烧较完全，残渣热灼减量较小；炉床上送风：优点是形成的粒状污染物较少，缺点是热灼减量较高。

（3）二燃室气体速度一般为3～7m/s。

4. 不同焚烧炉的过剩系数：

参见《新三废·固废卷》P372表4-6-5。

5. 四个控制参数的互动关系：

参见《新三废·固废卷》P372表4-6-6。

6. 注意区别焚烧运行参数与评价指标。

※真　　题

垃圾焚烧控制的目的是根据入炉垃圾特性，确保稳定的焚烧量和蒸汽量，保证焚烧炉渣热灼减率在规定的范围内和满足环保要求及焚烧炉运行的稳定性，下列选项中，哪一项为焚烧炉必须控制的运行参数？【2009-4-68】

（A）焚烧炉供料速度，炉排推进速度，助燃空气量，炉膛温度

（B）垃圾抓斗抓料速度，炉排推进速度，助燃空气量，辅助燃油量

（C）焚烧炉供料速度，助燃空气量，炉膛温度，炉渣热灼减率

（D）垃圾抓斗抓料速度，炉膛温度，烟气含氧量，炉渣热灼减率

解：

在焚烧系统中：焚烧温度、搅拌混合程度、气体停留时间和过剩空气率是四个重要的设计和操作参数。焚烧炉供料速度会影响炉膛的温度，炉排推进速度会影响焚烧的效果以及混合的效果，助燃空气量会影响温度、停留时间和混合程度。因此A正确。

炉渣灼减率不是运行参数，而是焚烧处理的指标。辅助燃油量也不是必须控制的运行参数。

答案选【A】。

【解析】 参见《新三废·固废卷》P369～P372，另外注意区别焚烧运行参数与指标。

15.6 需空气量、烟气量、过剩系数、烟气比焓的计算

※知识点总结

1. 理论需氧量（不考虑辅助燃料）：

以体积表示（m^3/kg）：$V_o = 22.4\left(\frac{C}{12}+\frac{H}{4}+\frac{S}{32}-\frac{O}{32}\right)$

以质量表示（kg/kg）：$V_o = 32\left(\frac{C}{12}+\frac{H}{4}+\frac{S}{32}-\frac{O}{32}\right)$

注意细节：

元素代入的是质量百分数的百分数值，包括百分号。例如，垃圾中 C 的质量百分数是30%，则 C 代入的是0.30 进行计算。

2. 理论需空气量（不考虑辅助燃料）：

以体积表示（m^3/kg）：$V_a = \frac{1}{0.21}\left[1.867C + 5.6\left(H-\frac{O}{8}\right)+0.7S\right] = \frac{V_o}{0.21}$

以质量表示（kg/kg）：$V_a = \frac{1}{0.23}(2.67C + 8H - O + S) = \frac{V_o}{0.23}$

注意细节：

元素代入的是质量百分数的百分数值，包括百分号。例如，垃圾中 C 的质量百分数是30%，则 C 带入的是0.30 进行计算。

3. 实际需空气量：$V_a' = mV_a$

4. 总烟气量（m^3/kg）（不考虑辅助燃料）$V=(m-0.21)V_a + \frac{22.4}{12}\left(C + 6H + \frac{2}{3}H_2O + \frac{3}{8}S + \frac{3}{7}N\right)$

注意细节：

1）元素代入的是质量百分数的百分数值，包括百分号。例如，垃圾中 C 的质量百分数是30%，则 C 代入的是0.30 进行计算。

2）烟气中每种组分的含量公式见《教材（第二册）》P150；

3）烟气在不同温度压力下的体积或体积流量的换算：

$V(t, P) = V_{标况}\left(\frac{273+t}{273}\right)\left(\frac{101.325}{P}\right)$，其中 t 的单位是℃，P 的单位是 Pa。

5. 过剩系数：

（1）$m = \frac{V_a'}{V_a}$；

（2）$m = \frac{0.21}{0.21-(O_2)}$。

注意细节：

1）该公式应用的条件是（CO）≈0；（N_2）≈0.79；

2）（O_2）是基于干基的体积分数。

6. 烟气比焓：

实际烟气的比焓 = Σ（实际烟气体积比 × 各成分标态比焓）

※真　　题

1. 城市生活垃圾焚烧处理项目工程设计中，生活垃圾焚烧时助燃空气供给量的计算是重要的工作内容，为此需要收集计算的基本参数，请判断下述哪项提供的数据，可以满足生活垃圾焚烧理论空气量（m^3/h）计算的参数要求？【2011-3-61】

（A）垃圾中的C、H、O、N、S组分分析数据；含水率

（B）垃圾中的C、H、O、N、S组分分析数据；处理量t/d

（C）垃圾中的C、H、O、N、S组分分析数据；过剩空气系数

（D）垃圾中的C、H、O、N、S组分分析数据；灰分

解：

$V_a = \frac{1}{0.21}\left[1.867C + 5.6\left(H - \frac{O}{8}\right) + 0.7S\right]$，该公式为单位kg的质量需要的理论空气量，因此还需要处理量参数才能算出垃圾焚烧理论空气量（m^3/h）。

答案选【B】。

【解析】《教材（第二册）》P149，公式4-7-9a。

2. 已知在1kg某固体废物中碳元素占30%，氢元素占20%，氧元素占30%，硫元素占10%，水分占1%，氮元素占0.5%，灰分占8.5%。以体积基准计算其焚烧需要的理论空气量为多少？【2007-4-62】

（A）$7.0m^3/kg$　　（B）$7.3m^3/kg$

（C）$8.3m^3/kg$　　（D）$4.0m^3/kg$

解：

$$V_a = \frac{1}{0.21}\left[1.867C + 5.6\left(H - \frac{O}{8}\right) + 0.7S\right]$$

$$= \frac{1}{0.21}\left[1.867 \times 0.3 + 5.6\left(0.2 - \frac{0.3}{8}\right) + 0.7 \times 0.1\right]$$

$= 7.33m^3/kg$。

答案选【B】。

【解析】 本题是高频考点，另外实际空气量、烟气量的公式要掌握，《教材（第二册）》P149～P152有相关公式。

3. 某流化床垃圾焚烧厂入炉垃圾量为400t/d，入炉煤量为100t/d，其中生活垃圾组成（质量百分比）为水分47.0%，灰分20.0%，碳17.16%，氢2.37%，氮0.62%，硫0.16%，氧12.6%，低位热值5024kJ/kg；煤的成分（质量百分比）为水分6.98%，灰分32.96%，碳48.57%，氢3.22%，氮0.93%，硫0.65%，氧6.69%，低位热值19325kJ/kg，计算燃烧需要的理论空气量。【2009-4-53】

（A）$29000m^3/h$　　（B）$39783m^3/h$

（C）$49779m^3/h$　　　　（D）$11935m^3/h$

解：

煤燃烧需空气量：$V_a=\frac{1}{0.21}\left[1.867C+5.6\left(H-\frac{O}{8}\right)+0.7S\right]=4.975m^3/kg$；

垃圾燃烧需空气量同样按照上述公式可得 $1.743m^3/kg$。

则理论需空气量：$1.743\times400\times10^3\div24+4.975\times100\times10^3\div24=49779m^3/h$。

答案选【D】。

【解析】 解答本题关键理论需空气量的公式要掌握，《教材（第二册）》P149 公式 4－7－9。

4. 某大型垃圾焚烧厂日进生活垃圾 1500t，垃圾质量成分见下表。垃圾进入储坑，储坑平均日产垃圾渗滤液 120t，试计算入炉垃圾焚烧所需要的理论空气量。【2014－4－67】

垃圾成分	C	H	O	N	S	灰分	水分	合计
质量百分比（%）	18.96	2.65	9.80	0.89	0.15	19.55	48.00	100

（A）$2.25m^3/kg$　　　　（B）$2.07m^3/kg$

（C）$1.86m^3/kg$　　　　（D）$1.69m^3/kg$

解：

（1）1500t 的垃圾产生 120t 的渗滤液（渗滤液假定成分仅为水，不含有其他成分），则 1kg 的垃圾在产生渗滤液后变成 $1-120\div1500=0.92kg$。以 C 为例，则其质量百分比为：$0.1896\div0.92=0.206$；H、O、N、S 的质量百分比分别为：2.88、10.65、0.97、0.16。

（2）未产生渗滤液的垃圾理论空气量为：

$V_a=\frac{1}{0.21}\left[1.867C+5.6\left(H-\frac{O}{8}\right)+0.7S\right]=\frac{1}{0.21}$［$1.867\times0.206+5.6$（$0.0288-0.1065$）$+0.7\times0.0016$］$=2.25m^3/kg$。

答案选【B】。

【解析】 本题与 2013－4－59 相似。

5. 某生活垃圾焚烧厂采用机械炉排焚烧炉，单炉处理能力 600t/d，生活垃圾质量分析成分见下表：【2011－3－62】

元素成分	C	H	O	N	S	Cl	水分	灰分	合计
质量比（%）	20.4	2.5	8.6	1.1	0.15	0.5	16.7	50.05	100

当空气含氧量为 21%（体积比）时，焚烧炉焚烧垃圾需要的理论空气量是多少？

（A）$55000m^3/h$　　　　（B）$54500m^3/h$

(C) $54750m^3/h$ (D) $55500m^3/h$

解：

$$V_a = \frac{1}{0.21}\left[1.867C + 5.6\left(H - \frac{O}{8}\right) + 0.7S\right]$$

$$= \frac{1}{0.21}\left[1.867 \times 0.204 + 5.6\left(0.025 - \frac{0.086}{8}\right) + 0.7 \times 0.0015\right]$$

$$= 2.1986m^3/kg \approx 2.2m^3/kg;$$

则理论空气量为 $600 \times 10^3 \div 24 \times 2.2 = 55000m^3/h$。

答案选【A】。

【解析】 参见《教材（第二册）》P149 公式 4-7-9a。

6. 某垃圾焚烧处理厂处理生活垃圾量为300t/d，需要添加辅助燃料轻柴油12t/d，生活垃圾和轻柴油质量分析如下表所示：

生活垃圾和轻柴油质量分析成分表

成分	C	H	O	N	S	Cl	灰分	水分
生活垃圾（%）	18.47	2.74	10.77	1.20	0.16	0.33	16.76	49.57
轻柴油（%）	86.22	12.75	0.21	0.27	0.52	0	0.01	0.02

试计算焚烧废物需要的理论空气量。【2010-3-64】

(A) $30745.4m^3/h$ (B) $30776.6m^3/h$

(C) $25207.5m^3/h$ (D) $26215.8m^3/h$

解：

垃圾燃烧需空气量：

$$V_a = \frac{1}{0.21}\left[1.867C + 5.6\left(H - \frac{O}{8}\right) + 0.7S\right]$$

$$= \frac{1}{0.21}\left[1.867 \times 0.1847 + 5.6\left(0.0274 - \frac{0.1077}{8}\right) + 0.7 \times 0.0016\right]$$

$$= 2.019m^3/kg;$$

轻柴油燃烧需空气量：

$$V_a = \frac{1}{0.21}\left[1.867C + 5.6\left(H - \frac{O}{8}\right) + 0.7S\right]$$

$$= \frac{1}{0.21}\left[1.867 \times 0.8622 + 5.6\left(0.1275 - \frac{0.0021}{8}\right) + 0.7 \times 0.0052\right]$$

$$= 11.0757m^3/kg;$$

则总的理论需空气量：

$$\frac{2.019 \times 300 \times 1000}{24} + \frac{11.0757 \times 12 \times 1000}{24} = 30775m^3/h。$$

答案选【B】。

【解析】 解答本题关键理论需空气量的公式要掌握，《教材（第二册）》P149 公式

4-7-9，高频考点。

7. 城市生活垃圾焚烧助燃空气供给量的计算是工程设计的重要内容之一，当焚烧炉单台出力能力为500t/d时，请按下表提供的垃圾质量成分计算垃圾焚烧需要的理论空气量。【2012-3-58】

组成	C	H	O	N	S	灰分	水分	合计
质量分数（%）	19.00	2.20	4.39	2.30	0.07	20.00	52.04	100.00

（A）$44375m^3/h$　　（B）$35208m^3/h$

（C）$52292m^3/h$　　（D）$47500m^3/h$

解：

$$V_a=\frac{1}{0.21}\left[1.867C+5.6\left(H-\frac{O}{8}\right)+0.7S\right]$$

$$=\frac{1}{0.21}\left[1.867\times 0.19+5.6\left(0.022-\frac{0.0439}{8}\right)+0.7\times 0.0007\right]=2.13m^3/kg$$

500t/d垃圾焚烧需要的理论空气量为$2.132\times 500\times 10^3\div 24=44375m^3/h$。

答案选【A】。

【解析】 本题是高频考点，另外实际空气量、烟气量的公式要掌握，《教材（第二册）》P149～P152有相关公式。

8. 某城市生活垃圾的化学成分的质量百分比如下表所示，请计算空气过剩系数为1.7时，每公斤垃圾焚烧实际需要的空气量。【2008-3-73】

元素分析（%）						灰分（%）	水分（%）
C	H	N	O	Cl	S		
15.0	8.0	2.5	9.0	0.3	0.2	20.0	45.0

（A）$5.19m^3/kg$　　（B）$5.29m^3/kg$

（C）$5.39m^3/kg$　　（D）$5.49m^3/kg$

解：

$$V_a=\frac{1}{0.21}\left[1.867C+5.6\left(H-\frac{O}{8}\right)+0.7S\right]$$

$$=\frac{1}{0.21}\left[1.867\times 0.15+5.6\left(0.08-\frac{0.09}{8}\right)+0.7\times 0.2\times 0.01\right]$$

$$=3.17m^3/kg;$$

实际需要的空气量$=mV_a=5.39m^3/kg$。

答案选【C】。

【解析】 本题是高频考点，《教材（第二册）》P149～P150有相关公式。

9. 某生活垃圾焚烧厂采用机械炉排焚烧炉，单炉处理能力600t/d，焚烧单位质量垃圾需理论空气 $V_a=2.4m^3/kg$，垃圾焚烧的过剩空气系数 $m=1.6$，求垃圾焚烧所需实际空气量。【2011－3－63】

(A) $60000m^3/h$　　(B) $2304m^3/h$

(C) $96000m^3/h$　　(D) $36000m^3/h$

解：

垃圾焚烧所需实际空气量 $=2.4\times1.6\times600\times10^3\div24=96000m^3/h$。

答案选【C】。

【解析】 实际空气量＝理论空气量×空气过剩系数。

10. 生活垃圾机械炉排焚烧炉，垃圾日处理量为528t，垃圾质量分析成分见下表，当垃圾焚烧过剩空气系数为1.8时，计算焚烧炉出口烟气量。【2013－4－67】

元素成分	C	H	O	N	S	Cl	水分	灰分	合计
质量比（%）	22.40	3.20	4.06	3.60	0.04	0.26	46.04	20.40	100.00

(A) $128260m^3/h$　　(B) $123376m^3/h$

(C) $12338m^3/h$　　(D) $95044m^3/h$

解：

理论需空气量，以体积计：

$$V_a=\frac{1}{0.21}\left[1.867C+5.6\left(H-\frac{O}{8}\right)+0.7S\right]=2.71m^3/kg;$$

总烟气量：

$$V=(m-0.21)V_a+\frac{22.4}{12}\left(C+6H+\frac{2}{3}H_2O+\frac{3}{8}S+\frac{3}{7}N\right)=5.689m^3/kg;$$

则焚烧炉出口烟气量 $5.689\times528\times1000\div24=125158m^3/h$。

较为接近的是答案【B】。

【解析】 本题高频考点，烟气产生量公式：《教材（第二册）》P150 公式4－7－13。

11. 某生活垃圾焚烧厂采用机械炉排炉，单炉处理能力 $Q=500t/d$，生活垃圾质量分析成分见下表，理论空气量 $A=2.9055m^3/kg$、过剩空气系数 $m=1.6$ 时，试计算垃圾焚烧的实际湿烟气量。【2012－3－68】

元素成分	C	H	O	N	S	Cl	灰分	水分	合计
质量比（%）	24.55	3.01	2.16	2.65	0.09	1.43	25.48	40.63	100

(A) $172321m^3/h$　　(B) $136002m^3/h$

(C) $120754m^3/h$　　(D) $111790m^3/h$

解：

焚烧1kg垃圾产生的烟气量：

$$V=(m-0.21)V_a+\frac{22.4}{12}\left(C+6H+\frac{2}{3}H_2O+\frac{3}{8}S+\frac{3}{7}N\right)$$

$$=(1.6-0.21)\times 2.9055+\frac{22.4}{12}\left(0.2455+6\times 0.0301+\frac{2}{3}\times 0.4063+\frac{3}{8}\times 0.0009+\frac{3}{7}\times 0.0265\right)=5.362m^3/kg;$$

总烟气量：$Q=\frac{5.362\times 500\times 1000}{24}=111708m^3/kg$。

答案选【D】。

【解析】 本题考查烟气量产生的公式，《教材（第二册）》P150 公式 4－7－13。

12. 生活垃圾采用机械炉排焚烧处理，垃圾低位热值 6700kJ/kg，垃圾成分（质量百分比）：碳 20.5%、氢 3.2%、氧 1.5%、硫 0.03%、氮 0.5%、灰分 25.0%、水分 49.3%，空气过剩系数 1.7，烟气平均定压热容 1.40kJ/(m³·℃)，大气温度 20℃，已知垃圾焚烧炉损失为垃圾低位热值的 0.08 倍，求焚烧炉实际燃烧温度为多少？【2008－4－75】

(A) 928℃　　(B) 900℃

(C) 880℃　　(D) 855℃

解：

理论需空气量，以体积计：

$$V_a=\frac{1}{0.21}\left[1.867C+5.6\left(H-\frac{O}{8}\right)+0.7S\right]=2.627m^3/kg;$$

总烟气量：$V=(m-0.21)\ V_a+\frac{22.4}{12}\left(C+6H+\frac{2}{3}H_2O+\frac{3}{8}S+\frac{3}{7}N\right)=5.273m^3/kg;$

则，焚烧温度：$t=\frac{H_t\times(1-0.08)}{VC_{pg}}+20=\frac{0.92\times 6700}{5.273\times 1.4}+20=855℃$。

答案选【D】。

【解析】 解答本题关键：

(1) 弄清热量平衡，本题垃圾燃烧释放的热量有两个去处，一方面是垃圾炉损失，另一方面是烟气温度上升；

(2) 烟气吸收的热量的公式应该掌握参见《教材（第二册）》P152 公式 4－7－18a；

(3) 烟气产生量的计算要掌握参见《教材（第二册）》P150 公式 4－7－13。

13. 某固体废物质量分析成分如下表：废物焚烧时，假设 C 均氧化成 CO_2，S 均氧化成 SO_2，Cl 均变为 HCl，则单位质量废物焚烧时的理论、实际烟气量及烟气成分计算如下表：

成　分	C	H	O	N	S	Cl	灰分	水
质量百分比（%）	30.01	4.09	2.86	1.21	0.09	1.09	19.71	39.93

成　　分	CO_2	H_2O	SO_2	N_2	O_2	HCl	合计
理论烟气量 [(m^3/kg)（标态）]	0.5789	1.0111	0.0006	2.9689	0	0.0069	4.5665
实际烟气量 [(m^3/kg)（标态）]	0.5789	1.0531	0.0006	5.0403	0.5506	0.0069	7.2306

试推算单位质量废物焚烧的过剩空气质量系数。【2009－4－58】

(A) 1.5834　　(B) 1.6377

(C) 1.7000　　(D) 2.3527

解：

$$V_a = \frac{1}{0.21}\left[1.867C + 5.6\left(H - \frac{O}{8}\right) + 0.7S\right] = 3.667m^3/kg;$$

根据公式：$V = (m - 0.21)\ V_a + \frac{22.4}{12}\left(C + 6H + \frac{2}{3}H_2O + \frac{3}{8}S + \frac{3}{7}N\right)$;

将 $C = 0.3001$，$H = 0.0409$，$H_2O = 0.3993$，$S = 0.0009$，$N = 0.0121$，$V = 7.2306$，$V_a = 3.667$ 代入，解得 $m = 1.77$。

答案选【C】。

【解析】《教材（第二册）》P149～P150，关于需空气量和烟气量的公式。

14. 废物焚烧工艺中，过剩空气系数是焚烧过程四大控制参数之一，过剩空气系数通常对焚烧炉出口含氧量进行控制，当自控仪表显示焚烧炉出口烟气含氧量为9%时，请判断废物焚烧过剩空气系数是多少？【2010－3－71】

(A) 1.75　　(B) 1.65

(C) 1.55　　(D) 1.45

解：

过剩空气比＝21%/(21%－过剩氧体积分数)＝21÷(21－9)＝1.75。

答案选【A】。

【解析】 过剩空气系数与过剩氧的体积分数的关系参见《新三废·固废卷》P371 公式4－6－16。

15. 废物焚烧主要控制参数有：焚烧温度、搅拌混合强度、气体停留时间及过剩气体系数，现有一生活垃圾焚烧厂焚烧炉排出的烟气成分（体积比）见下表。

成　　分	CO_2	SO_2	HCl	O_2	N_2	H_2O	合计
体积百分比（%）	7.73	0.02	0.05	7.23	63.04	21.93	100

假设空气中含氧量为21%（体积比），则废物焚烧过剩空气系数估算值是多少？【2011－3－59】

(A) 1.52　　(B) 1.79

(C) 1.04　　(D) 1.00

解：

干烟气量氧含量 =7.23 ÷ (100 - 21.93) =9.26%；

再代入计算空气过量系数 m =21 ÷ (21 - 9.26) =1.788。

答案选【B】。

【解析】 参见《新三废·固废卷》P371 过剩空气比的公式。

16. 生活垃圾焚烧时要求提供比理论空气量更大的助燃空气量，下列适用于生活垃圾焚烧的空气过剩系数是哪一项？【2012 - 3 - 59】

(A) 1.5 ~1.9　　(B) 2.4 ~2.8

(C) 1.2 ~1.4　　(D) 1.05 ~1.15

解：

垃圾焚烧的过剩空气系数一般为 1.5 ~1.9。

答案选【A】。

【解析】 《新三废·固废卷》P371，焚烧固体废物时则要选择较高的数值，通常占理论需氧量的 50% ~90%，过剩系数为 1.5 ~1.9。

17. 生活垃圾焚烧处理中，垃圾焚烧温度、垃圾在焚烧炉内的搅拌混合程度、气体在炉内的停留时间和垃圾焚烧需要的过剩空气系数是四个重要的设计及操作参数，请问下列哪项决定生活垃圾焚烧过剩空气系数？【2011 - 3 - 75】

(A) 燃烧室几何形状　　(B) 助燃空气入炉位置

(C) 焚烧炉型　　(D) 助燃空气供应速率

解：

过剩空气率由进料速率及助燃空气供应速率即可决定。

答案选【D】。

【解析】 参见《新三废·固废卷》P371 最后一段。

18. 某垃圾焚烧炉出口烟气成分见下表，设垃圾焚烧助燃空气含氧量为 21%、炉膛二次风吹入量为垃圾焚烧理论空气量的 28%、吹扫风和冷却风及漏风等占垃圾焚烧理论空气量的 7%，估算焚烧炉一次风与焚烧炉理论空气量的比值。【2014 - 4 - 68】

成　分	CO_2	CO	O_2	N_2	SO_2	HCl	H_2O	合计
体积百分比（%）	7.71	0.00	7.24	63.07	0.02	0.05	21.91	100

(A) 1.18　　(B) 1.44

(C) 1.53　　(D) 1.79

解：

O_2在干基中的百分比 7.24% ÷ (1 - 0.2191) =9.27%；

N_2在干基中的百分比 63.07% ÷ (1 - 0.2191) =80.77%。

$$m=\frac{1}{1-\frac{3.77\left[(O_2)-0.5(CO)\right]}{(N_2)}}=\frac{1}{1-\frac{3.77\times 9.27\%}{80.77\%}}=1.76$$

实际烟气量的组成包括焚烧炉一次风、炉膛二次风、吹扫风和冷却风及漏风，则焚烧炉一次风为理论烟气量的（1.76－0.28－0.07）＝1.41。

答案选【B】。

【解析】《教材（第二册）》P152有相关公式，可以利用公式4－7－17进行计算，因为本题中（CO）＝0，$(O_2)=0.8077\approx0.79$，如果用公式4－7－17进行近似计算的话，可得到结果1.44。

19. 某固体废物焚烧炉出口烟气温度为1067℃，已知出口烟气组成（已包括过剩空气量）列于表，表中同时给出1100℃、1000℃下烟气各组分的标准比焓，1100℃时实测烟气比焓为2481.5kJ/m³（标态），1000℃时实测烟气比焓为2254.6kJ/m³（标态），用差值法估算1067℃时实测烟气比焓。【2009－4－67】

烟气组分名称	实测体积比（%，湿基）	1100℃烟气比焓（kJ/m³，标态）	1000℃烟气比焓（kJ/m³，标态）
CO_2	4.79	3438	3132
SO_2	0.01	3537	3216
N_2	57.79	2322	2111
O_2	9.09	2183	1999
HCl	0.01	2017	1244
H_2O	29.31	2741	2481

（A）2401.1kJ/m³（标态）　　（B）2406.6kJ/m³（标态）

（C）2405.7kJ/m³（标态）　　（D）2409.3kJ/m³（标态）

解：

采用插值法计算：$2254.6+\frac{2481.5-2254.6}{1100-1000}\times(1067-1000)=2406.6$。

答案选【B】。

【解析】 本题也可以采用每个组分进行插值计算，然后按照每个组分所占的比例进行求和。

20. 已知某危险废物的焚烧实际烟气成分和烟气中各成分的实际比焓如下表所示。在不考虑烟气含尘的情况下，计算实际烟气的比焓（表中的实际烟气成分已包括过剩空气量）。【2008－4－71】

烟气成分	CO_2	SO_2	N_2	O_2	HCl	H_2O	合计
实际烟气体积比（100%，湿基）	4.79	0.01	57.79	9.09	0.01	28.31	100.0
各成分标态比焓[(kJ/m³（标态)]	3438	3537	2322	2183	2017	2741	

（A）2653kJ/m³（标态）　　（B）2884kJ/m³（标态）

（C）2290kJ/m³（标态）　　（D）2482kJ/m³（标态）

解：

实际烟气的比焓 = Σ（实际烟气体积比 × 各成分标态比焓）

$= 4.79\% \times 3438 + 0.01\% \times 3537 + 57.79\% \times 2322 + 9.09\% \times 2183 + 0.01\% \times 2017 + 28.31\% \times 2741$

$= 2481.5 kJ/m^3$。

答案选【D】。

【解析】 实际烟气是有各个烟气成分组成的，因此应按各个烟气成分的比例计算实际烟气的比焓。

21. 某废物焚烧炉出口烟气成分（25℃、1atm）见下表：

烟气组分	CO_2	SO_2	N_2	O_2	HCl	H_2O	合计
烟气组分体积分数（%）	5.82	0.01	58.29	6.69	0.4	28.79	100

烟气中各组分的摩尔定压热容 C_{Pi} 值见下表：

烟气组分	CO_2	SO_2	N_2	O_2	HCl	H_2O
1000K	52.3	53.5	32.1	34.0	31.2	40.7
1100K	53.4	54.6	32.6	34.4	31.7	41.8
1200K	54.4	55.8	33.0	34.9	32.1	42.9
1300K	55.4	56.9	33.4	35.3	32.6	43.9

利用内插法求出口烟气温度为1000℃时的混合烟气摩尔定压热容 C_{Pm}。【2012－3－67】

（A）35.88kJ/(kmol·K)　　（B）37.22kJ/(kmol·K)

（C）37.67kJ/(kmol·K)　　（D）37.83kJ/(kmol·K)

解：

1000℃ = 1273K，采用插值法进行计算，例如 CO_2 在 1273K 的摩尔定压比热容为 $54.4 + (55.4 - 54.4) \times 73/100 = 55.13 kJ/(kmol \cdot K)$，类似的：各组分在 1273K 的定压比热容为：

烟气组分	CO_2	SO_2	N_2	O_2	HCl	H_2O
1273K	55.13	56.603	33.292	35.192	32.465	43.63

则混合烟气的比热容为：

$55.13\times0.0582+56.603\times0.0001+33.292\times0.0669+35.192\times0.004+43.63\times0.2879=37.67$kJ/(kmol·K)。

答案选【C】。

【解析】 本题关键是运用插值法进行计算。

15.7　热量衡算、质量守恒

※知识点总结

1. 热量衡算和质量衡算的步骤是：

(1) 选定研究对象；

(2) 搞清楚能量或质量输入有哪些；

(3) 搞清楚能量或质量输出有哪些；

(4) 列出能量守恒和质量守恒的方程式。

2. 常见考题有以下几类：

(1) 焚烧炉的能量或质量衡算；

(2) 锅炉的热量衡算。

3. 一些基本概念：

(1) 比热（比热容）：单位质量（或体积）的物质上升（或下降）1℃吸收（释放）的热量，例如：烟气平均比热1.45kJ/(m^3·℃) 表示1m^3烟气上升1℃需要吸收的热量是1.45kJ，或者1m^3烟气下降1℃能够放出的热量是1.45kJ。

(2) 汽化潜热：温度不变时，单位质量的某种液体物质变成气体物质过程中所吸收的热量。

(3) 热值：单位质量的垃圾（或者燃料）燃烧时能够释放的热量。

(4) 焓值：同一个物质在不同状态下的焓值的变化，即为该物质单位质量吸收或者放出的热量。例如给水焓值 A kJ/kg，余热锅炉利用余热后变为蒸汽，其焓值为 B kJ/kg，那么（B－A）kJ 就为单位质量的水变成蒸汽需要吸收的热量。

※真　　题

1. 某医疗垃圾焚烧工程产生烟气量3000m^3/h，烟气温度900℃，为避免烟气中二噁英的二次形成，需将烟气送入骤冷塔进行快速降温至160℃，请计算骤冷塔用水量。[假设160℃～900℃时，烟气平均比热1.45kJ/(m^3·℃)，冷却水温以30℃计、水的汽化潜热2254kJ/kg，水的比热均为4.21kJ/(kg·℃)，不考虑漏风和160℃水汽的热量。]【2007－4－58】

(A) 1428kg/h　　　　(B) 1263kg/h

（C）871kg/h　　　　　　　　　　　　（D）1385kg/h

解：

冷却烟气每小时吸收的热量：$(900-160)\times1.45\times3000=3.219\times10^6$kJ/h；

设所需水的量为 $3.219\times10^6\div[2254+4.2\times(100-30)]=1263$kg/h。

其中 $4.2\times(100-30)$ 为单位质量的水从30℃上升到100℃需要的热量，2254为单位质量的100℃的水变为100℃的水蒸气需要的热量。由于题目中写道“不考虑160℃水汽的热量”，因此“100℃的水汽上升到160℃水汽的热量并没有计算在内”。

答案选【B】。

【解析】 解该题的重点是：

（1）如何计算释放或获得的热量；

（2）汽化潜热、比热的基本概念需要掌握。

2.（2007-4-63、2007-4-64题共此题干）某流化床焚烧炉单台处理量为250t/d，垃圾低位热值5179kJ/kg，垃圾焚烧允许掺煤20%（煤与入炉混合料的质量比），煤的低位热值为24283kJ/kg，设锅炉总效率为83%，蒸汽焓值3395.5kJ/kg（5.3MPa，485℃），给水焓值636.6kJ/kg（7.6MPa，150℃），计算锅炉总吸热量（单位 10^6 kJ/h）。【2007-4-63】

（A）86.8　　　　　　　　　　　　（B）97.3

（C）2082.4　　　　　　　　　　　（D）2334.3

解：

煤的掺入量为：$\dfrac{250}{(1-20\%)}\times0.2=62.5$t/d；

锅炉总吸热量：$(250\times10^3\times5179+62.5\times10^3\times24283)\times0.83=2.334\times10^9$kJ/d $=97.3\times10^6$kJ/h。

答案选【B】。

【解析】 本题中流化床焚烧炉单台处理量指的是垃圾量，不含煤量。

3. 计算锅炉蒸发量（单位kg/h）。【2007-4-64】

（A）31462　　　　　　　　　　　（B）754794

（C）846098　　　　　　　　　　　（D）35268

解：

蒸发量：$\dfrac{97.3\times10^6}{(3395.5-636.6)}=35268$kg/h。

答案选【D】。

【解析】 锅炉吸收的热量是用来将水转变为蒸汽，因此应该除以两者焓值之差。

4. 某固体废物焚烧厂处理规模为50t/d，回转窑燃烧温度为1100℃，固体废物燃烧效率94%。已知燃烧单位质量固体废物的理论空气（干）量为3.57m^3/kg，大气温度20℃，空气平均定压热容1.32kJ/(m^3·℃)；燃烧产生的理论烟气量为4.42m^3/kg，烟气平均定压热容1.63kJ/(m^3·℃)；固体废物燃烧过剩空气系数1.70。固体废物初始温度为15℃，固体废物平均热容0.8kJ/(kg·℃)。若焚烧废物时，各项热损失占废物燃烧总有效热量的15%，在助燃空气不预热的前提下，要求焚烧废物时不添加辅助燃料。试问该固体废物至少具有多高的低位热值?【2009-4-60】

(A) 13014.41kJ/kg　　(B) 12311.06kJ/kg

(C) 11076.54kJ/kg　　(D) 15311.07kJ/kg

解:

(1) 对该焚烧系统进行热量平衡分析(以0℃为基准):

输入的热量有(1)垃圾燃烧产生的热量;(2)空气显热;(3)垃圾显热;

输出的热量有(1)烟气带走的热量;(2)热损失。

(2) 先计算输入部分，假定固废的低位热值为x,

则垃圾燃烧产生的热量: $0.94x$ (kJ/kg)

空气显热(以0℃为基准): $3.57\times1.32\times20=94.248$kJ/kg;

固废显热(以0℃为基准): $0.8\times1\times15=12$kJ/kg;

(3) 再计算输出的部分:

热损失: $0.94x\times0.15=0.141x$ (kJ/kg);

烟气带走的热量(以0℃为基准): $[4.42+(1.7-1)\times3.57]\times1.63\times1100=12405.767$kJ/kg。

(4) 列出输入=输出的平衡式:

$0.94x+12+94.248=0.141x+12405.767$

解得: $x=15393.6$kJ/kg。

答案选【D】。

【解析】 本题是热量衡算题目，大多数热量衡算题目的解题步骤为上述解答的(1)~(4)。本题未给出灰渣的比热容，出题者的意思应该是灰渣的热量算在了热损失里面。

本题需要注意产生的实际烟气量与理论烟气量之间的换算，公式在《新三废·固废卷》P373。

另外，本题对于"烟气平均定压热容1.63kJ/(m^3·℃)"的理解也有不同的看法，第一种看法即为本题的解法，即1.63为所有烟气(含生成烟气和过剩部分的空气)的平均定压热容；第二种看法为1.63为生成的烟气的平均定压热容，过剩部分的空气的热量应该采用1.32进行计算，即烟气带走的热量: $4.42\times1.63\times1100+(1.7-1)\times3.57\times1.32\times1100=11553.6$kJ/kg。

5. 某生活垃圾焚烧炉，额定处理能力为500t/d，设定炉膛燃烧温度为850℃，垃圾燃烧效率为99%，垃圾燃烧需理论空气(干)量2.0m^3/kg，鼓入空气温度20℃，空气平均定压热容为1.32kJ/(m^3·℃)。燃烧产生的理论烟气量为3.2m^3/kg，烟气平均定压热容为1.63kJ/(m^3·℃)，垃圾燃烧过剩空气系数为1.70，生活垃圾初始温度15℃，垃圾平均热容0.80kJ/(kg·℃)。焚烧炉各项热损失约为垃圾燃烧总有效热量的8%，助燃空气预热温度为200℃，求垃圾在炉内达到自燃焚烧时，其低位热值应是多

少？【2013－4－66】

（A）6960.4kJ/kg　　（B）6012.0kJ/kg

（C）5938.8kJ/kg　　（D）5998.8kJ/kg

解：

（1）对该焚烧系统进行热量平衡分析（以0℃为基准）：

输入的热量有（1）垃圾燃烧产生的热量；（2）空气显热；（3）垃圾显热；

输出的热量有（1）烟气带走的热量；（2）热损失。

（2）先计算输入部分，假定固废的低位热值为 x，

则垃圾燃烧产生的热量：$0.99x$（kJ/kg）

空气显热（以0℃为基准）：$(1.7\times2.0)\times1.32\times200=897.6$kJ/kg；

固废显热（以0℃为基准）：$0.8\times1\times15=12$kJ/kg；

（3）再计算输出的部分：

热损失：$0.99x\times0.08=0.0792x$（kJ/kg）；

烟气带走的热量（以0℃为基准）：$[3.2+(1.7-1)\times2.0]\times1.63\times850=6373.3$kJ/kg。

（4）列出输入＝输出的平衡式：

$0.99x+12+897.6=0.0792x+6373.3$

解得：$x=5998.8$kJ/kg；

答案选【D】。

【解析】 本题是热量衡算题目，大多数热量衡算题目的解题步骤为上述解答的（1）～（4）。本题需要注意产生的实际烟气量与理论烟气量之间的换算，公式在《新三废·固废卷》P373。本题与【2009－4－60】相似。

6. 某生活垃圾焚烧发电厂采用机械炉排炉焚烧方式，单台焚烧炉产生烟气量为65000m^3/h，采用余热锅炉利用烟气余热，余热锅炉进口烟气温度900℃、出口烟气温度为230℃，烟气平均定压比热容1.4867kJ/(m^3·℃)。假定单台锅炉运行参数为：压力5.3MPa，温度485℃。蒸气焓值为3395.5kJ/kg（5.3MPa，485℃），给水焓值636.6kJ/kg（7.6MPa，150℃），设余热锅炉热效率为81%，求单台锅炉的蒸发量。【2014－4－70】

（A）28973kg/h　　（B）25535kg/h

（C）19009kg/h　　（D）15445kg/h

解：

烟气放出的热量为：$(900-230)\times1.4867\times65000=64745785$kJ/h；

能够被利用的为：$0.81\times64745785=52444085.85$kJ/h；

锅炉的蒸发量为 $52444085.85/(3395.5-636.6)=19009$kg/h。

答案选【C】。

【解析】 关键热量衡算，弄清热量从哪里来到哪里去。

7. 生活垃圾焚烧炉额定处理规模为600t/d，进厂垃圾低位热值为7200kJ/kg，余热锅

炉热效率82%，锅炉出口蒸汽参数：压力4MPa、温度400℃、蒸汽焓值3214.5kJ/kg，汽包蒸汽参数：压力4.73MPa、温度260℃、饱和水焓值1137.6kJ/kg，锅炉给水参数：温度130℃、焓值546.3kJ/kg，锅炉排污系数设定为蒸汽产出量的2%。试计算锅炉额定蒸汽产生量是多少？【2013-4-72】

(A) 67.46t/h　　(B) 55.32t/h
(C) 71.07t/h　　(D) 86.67t/h

解：

余热锅炉能够利用的热能为 $7200 \times 0.82 = 5904$kJ/kg；

则蒸汽的产生量为：$5904 \div (3214.5 - 546.3) = 2.213$kg/kg；

则每小时产生的蒸汽产生量为：$2.213 \times 600 \times 10^3 \div 24 = 55325$kg/h $= 55.325$t/d。

答案选【B】。

【解析】 关键热量衡算，弄清热量从哪里来到哪里去。

8. 某垃圾焚烧厂入炉垃圾经干燥、气化、引燃、燃烬，最后成渣落入冷却设备排出。燃烧反应生成的CO_2、水蒸气、气态污染物、飞灰组成烟气经锅炉回收余热后进入烟气净化系统，烟气中的污染物与进入系统的化学物质反应后生成飞灰被除去，净化烟气达标排放，焚烧系统用水主要有设备冷却水、烟气净化系统用水等，最终以水蒸气和废水形式排出系统外，将焚烧系统物料平衡分为输入和输出两大部分，问哪一项的划分是正确的？【2007-4-70】

(A) 输入：空气、垃圾、水蒸气、水、废水；输出：干烟气、化学物质、炉渣、飞灰

(B) 输入：空气、垃圾、水、废水；输出：干烟气、化学物质、炉渣、飞灰、水蒸气

(C) 输入：空气、垃圾、水、化学物质；输出：干烟气、水蒸气、废水、飞灰、炉渣

(D) 输入：空气、垃圾、水、废水、化学物质；输出：干烟气、水蒸气、炉渣、飞灰

解：

"入炉垃圾经干燥、气化、引燃、燃烬，最后成渣落入冷却设备排出"说明输入有垃圾、空气，输出有炉渣；

"燃烧反应生成的CO_2、水蒸气、气态污染物、飞灰组成烟气经锅炉回收余热后进入烟气净化系统，烟气中的污染物与进入系统的化学物质反应后生成飞灰被除去，净化烟气达标排放"，系统的输入有化学物质，输出有干烟气（气态污染物、CO_2）、水蒸气、飞灰；

"焚烧系统用水主要有设备冷却水、烟气净化系统用水等，最终以水蒸气和废水形式排出系统外"这句话说明输入有水，输出有水蒸气和废水。

因此总结起来：输入有：垃圾、空气、水、化学物质。输出有：炉渣、干烟气、水蒸气、飞灰、废水。

答案选【C】。

【解析】 本题关键在于：

（1）了解焚烧的基本原理；

（2）认真读题，从题干中抓取信息。

9. 某危险废物焚烧厂采用回转窑加二燃室处理工业危险废物，处理规模15t/d，二燃室燃烧温度1100℃，二燃室辅助燃油消耗量为151.03kg/h，已知燃烧单位质量废物理论空气（干）量为3.22m^3/kg（4.15kg/kg），废物燃烧过剩空气系数为1.70，燃烧产生的实际烟气量为6.33m^3/kg（7.76kg/kg），废物含灰分19.23%。燃烧单位质量废物辅助燃油理论空气（干）量为11.07m^3/kg（14.26kg/kg），辅助燃油过剩空气系数为1.20，燃烧产生的实际烟气量为15.35m^3/kg（19.00kg/kg），辅助燃油含灰分0.01%，废物燃烧时假定75%灰分进入焚烧渣，25%进入烟气，辅助燃油所含灰分全部进入烟气，空气含湿量10g/kg，当回转窑二燃室燃烧体系达到物料平衡时，该体系进入物料或输出物料量为多少？【2009－4－59】

（A）7839.77kg/h　　（B）7769.83kg/h

（C）7989.75kg/h　　（D）2883.19kg/h

解：

输入包括垃圾、辅助燃料、垃圾燃烧需要的（干）空气、辅助燃料燃烧需要的（干）空气、空气中的水。

垃圾的量为：$15t/d = 15\times10^3 \div 24 = 625kg/h$；

辅助燃料151.03kg/h；

垃圾燃烧需要的（干）空气量：$4.15\times625\times1.7 = 4409.375kg/h$；

辅助燃油需要的（干）空气量：$14.26\times151.03\times1.2 = 2584.425kg/h$；

空气中的水量为 $(4409.375 + 2584.425)\times10\times10^{-3} = 69.938kg/h$；

则总的输入物料量为：$625 + 151.03 + 4409.375 + 2584.425 + 69.938 = 7839.768kg/h$。

输出的包括废渣（灰分）、垃圾焚烧产生的烟气量、辅助燃油焚烧产生的烟气量。

废渣（灰分）：$625\times0.1923 + 151.03\times0.0001 = 120.2026kg/h$；

垃圾焚烧产生的烟气量：$7.76\times625 = 4850kg/h$；

辅助燃油焚烧产生的烟气量：$19.00\times151.03 = 2869.57kg/h$；

则总的输出物料量为：$120.2026 + 4850 + 2869.57 = 7839.77kg/h$。

答案选【A】。

【解析】 本题关键：

（1）搞清楚输入或输出各有哪些组成部分；

（2）每部分细心计算。

10. 某生活垃圾焚烧炉入炉垃圾量为20t/h，不投加辅助燃料时，需要供给燃烧空气量为80000m^3/h（假设空气平均密度1.0kg/m^3），可收集炉渣及飞灰量为4t/h，烟气净化系统需要投药量为1t/h，忽略焚烧及烟气净化系统漏气量，计算该焚烧炉烟囱排出的烟气量为多少？【2013－4－56】

（A）96t/h　　（B）97t/h

（C）100t/h （D）105t/h

解：

输入的物料有：垃圾20t/h，空气80t/h，投药量为1t/h。

输出的物料有：集炉渣及飞灰量为4t/h，烟气。

根据质量守恒方程：20+80+1=烟气量+4；因此：烟囱排出的烟气量为97t/h。

答案选【B】。

【解析】 根据质量守恒定律，分析输入输出，列出等式。

15.8 垃圾的接收、储存与输送

※知识点总结

本考点往年的真题内容不多，相关内容的资料有：

1.《新三废·固废卷》P472～P481；

2.《生活垃圾焚烧技术》（张益，赵由才）P61～P69，P162，P186～P191，P277；

3.《教材（第二册）》P158；

4.《生活垃圾焚烧处理工程技术规范》（CJJ 90—2009）中的第5点。

※真　　题

1. 通常城市垃圾焚烧厂垃圾仓中收集到的垃圾渗滤液BOD_5、COD浓度的范围是下述哪一项？【2007－4－67】

（A）BOD_5：10～50mg/L；COD：20～50mg/L

（B）BOD_5：100～500mg/L；COD：200～500mg/L

（C）BOD_5：1000～5000mg/L；COD：2000～5000mg/L

（D）BOD_5：10000～50000mg/L；COD：20000～80000mg/L

解：

垃圾渗沥水性质：垃圾渗沥水的特点是强臭味，有机污染物浓度高，氨氮含量高，高浓度的垃圾渗沥水主要在酸性发酵阶段产生，其水质情况如下：pH为4～8；BOD_5为10000～50000mg/L；COD为20000～80000mg/L；SS为500～10000mg/L；此外还含有较多的重金属，如Fe、Mn、Zn等。

答案选【D】。

【解析】《生活垃圾焚烧技术》（张益，赵由才），第四篇第二章第一节的相关内容。

2. 为了保证焚烧厂的安全运行，试分析在工程设计中焚烧厂的哪项设施应重点考虑报警及自动喷洒灭火系统。【2008－3－75】

（A）空压机站 （B）垃圾储坑

（C）中央控制室 （D）主厂房锅炉加药间

解：

垃圾储坑会因发酵产生气体，如甲烷等，易发生火灾等危险，因此需在垃圾储坑重点考虑报警及自动喷洒灭火系统。

答案选【B】。

【解析】 本题需要对各个设施的主要作用有基本了解。

3. 某垃圾焚烧厂，垃圾处理量为1000t/d，垃圾容量为0.35t/m³。若全部焚烧炉都在满负荷运行，并由一只抓斗供料，抓斗内垃圾压缩比为2:1，1台垃圾抓斗桥式起重机每小时用于供料的工作时间设定为1200s，抓斗起重机供料运行周期为140s，抓斗容积系数取0.9。试选择最合适的抓斗容积（圆整为抓斗的标准尺寸）。【2008－3－72】

(A) 5.0m³　　(B) 6.3m³

(C) 8.0m³　　(D) 10.0m³

解：

抓斗内垃圾压缩比为2∶1，因此抓斗需要抓取的垃圾体积是$\frac{1000}{24\times0.35}\times0.5=59.52\text{m}^3/\text{h}$；

每小时抓斗可以工作的次数为$1200\div140=8.57$次，考虑抓斗的容积系数，则抓斗的容积应该为：$\frac{59.52}{8.57\times0.9}=7.72\text{m}^3$。

答案选【C】。

【解析】 本题细心计算即可，基本计算题。

15.9　焚烧炉——基本计算

※知识点总结

1. 不同温度压力下的体积或体积流量的换算：

$$V\ (t,\ P)=V_{标况}\left(\frac{273+t}{273}\right)\left(\frac{101.325}{P}\right)$$

其中t的单位是℃，P的单位是Pa。

2. 停留时间＝有效容积/体积流量。

※真　　题

1. 某城市生活垃圾焚烧发电厂采用机械炉排焚烧炉焚烧生活垃圾，炉膛内烟气温度控制在850℃，烟气量为52000m³/h（标态）。已知当地大气压力为86kPa、夏季月平均气温为26℃，若烟气流速为5m/s，在炉膛内停留时间是2s，试计算机械炉排焚烧炉炉膛体积。【2014－4－61】

(A) 128m³　　(B) 140m³

(C) 119m³　　(D) 108m³

解：

标态体积流量换算成实际体积流量：$\frac{52000}{3600}\times\frac{273+850}{273}\times\frac{101.325}{86}=70\text{m}^3/\text{s}$；

停留时间为2s，因此体积为 $70 \times 2 = 140\text{m}^3$。

答案选【B】。

【解析】 本题注意：

(1) 标态的体积流量与实际体积流量的换算；

(2) 停留时间×体积流量=容积。

2. 某危险废物焚烧厂采用回转窑焚烧工艺，处置规模为15t/d，每千克废物完全焚烧进入二燃室的湿烟气量为 11.94m^3（标态），二燃室烟气温度维持1100℃，二燃室有效容积是 30m^3，漏风率1.5%，当地大气压力80.3kPa。试计算烟气在二燃室的停留时间。【2014-4-62】

(A) 2.25s　　(B) 2.30s

(C) 2.35s　　(D) 2.40s

解：

标态体积流量换算成实际体积流量：

$$\frac{15 \times 1000}{24 \times 3600} \times 11.94 \times \frac{273 + 1100}{273} \times \frac{101.325}{80.3} = 13.15\text{m}^3/\text{s};$$

考虑漏风量，则为：$13.15 \times 1.015 = 13.35\text{m}^3/\text{s}$；

则停留时间为：$30 \div 13.35 = 2.25\text{s}$。

答案选【A】。

【解析】 本题主要掌握：

(1) 标态体积流量与实际体积流量的换算；

(2) 停留时间×体积流量=容积。

3. 焚烧温度、搅拌混合程度、气体停留时间及空气过剩系数为焚烧四大控制参数，对焚烧炉二燃室而言，为保证二燃室内空气与可燃气的混合程度，请指出二燃室内气体流进的最合适速率。【2010-3-63】

(A) 2m/s　　(B) 5m/s

(C) 9m/s　　(D) 11m/s

解：

二次燃烧室气体速度在3~7m/s，即可满足要求。

答案选【B】。

【解析】《新三废·固废卷》P371第一行，如果气体流速过大，混合度虽大，但气体在二次燃烧室的停留时间会降低，反应反而不易完全。

4. 某地特种废物焚烧厂采用回转窑加二燃室焚烧工艺，设计处置规模为200t/d，废物在窑内完全焚烧产生的烟气量为 $4\text{m}^3/\text{kg}$（标态），当地大气压力90.0kPa，当地空气温度为20℃。二燃室设计条件：温度1100℃；辅助燃油60.0kg/h；燃油燃烧烟气量为 $16\text{m}^3/\text{kg}$（标态），二次鼓风量为垃圾及辅助燃油烟气量的20%；烟气停留时间3.6s；二燃室有效容积率设计为85%；在不计二燃室热负荷及漏风的前提下，计算二燃室设计容

积（m^3）。【2013－3－64】

（A）274.0　　（B）219.4

（C）194.8　　（D）165.6

解：

废物在窑内完全焚烧产生的烟气量为：

$$4\times\frac{273+1100}{273}\times\frac{101.325}{90}\times\frac{200\times1000}{24}=188738.6m^3/h;$$

辅助燃油燃烧的烟气量为：$16\times60\times1373\div273\times101.325\div90=5435.67m^3/h$；

二次鼓风量：$(5435.67+188738.6)\times0.2=38834.85m^3/h$；

烟气停留时间3.6s且二燃室有效容积率设计为85%；则二燃室设计容积为：

$(188738.6+5435.67+38834.85)\times3.6\div(3600\times0.85)=274.1m^3$。

答案选【A】。

【**解析**】 本题注意标态与其他状态下体积流量的转换。

5. 某危险废物处置中心，采用回转窑、二燃室处置工艺，根据二燃室设计资料，进入烟气量 Q 为 $4580m^3/h$（标态）。二燃室正常作业温度为1150℃，压力98.5kPa，二燃室设计容积 $21.5m^3$，二燃室的有效容积（指烟气进口至出口段）与二燃室设计容积之比为80%，试计算烟气在二燃室内停留时间是多少？（标态：273.16K，101.325kPa）【2011－3－74】

（A）3.15s　　（B）2.67s

（C）2.59s　　（D）2.52s

解：

$$Q\ (1423K,\ 98.5kPa)=\frac{4580\times101.325\times1423}{98.5\times273}=24557.7m^3/h=6.82m^3/s$$

$$t=\frac{21.5\times0.8}{6.82}=2.52s$$

答案选【D】。

【**解析**】 解本题关键：

（1）标态与实际温度和压力下体积流量的换算；

（2）有效容积＝停留时间×体积流量。

15.10　焚烧炉型——回转窑、流化床、炉排炉

※知识点总结

1. 回转窑焚烧炉、流化床焚烧炉、炉排炉的基本原理、特点：

《教材（第二册）》P157表4－7－5，P162～P167；《新三废·固废卷》P401～P405，P386。

2. 回转窑：

（1）焚烧炉停留时间：$t=0.19(L/D)\ \frac{1}{NS}$。

（2）回转窑焚烧炉的适用范围和优点：关键词：适用范围广，危险废物。

1）进料弹性大，可接受气、液、固三项废物，接纳固、液两相混合废物，或整桶装的废物；危险废物处理厂较常采用旋转窑焚烧炉；

2）可在熔融状态下焚烧废物；

3）旋转要配合超量空气的运用，搅拌效果好；

4）连续出灰不影响焚烧进行；

5）窑内无零件运动；

6）可以通过调控旋转窑的转速调节垃圾停留时间；

7）二燃室温度可调控，能确保摧毁残余的毒性物质。

3. 炉排炉：

（1）干燥炉排、燃烧及后燃烧段炉排应该具备的功能：《新三废·固废卷》P387，表4-6-9；

（2）助燃空气：一般情况下，一次空气的供给量大于二次空气的供给量。

一次空气由炉排下方吹入：

1）其作用是提供废物燃烧需要的氧气；

2）由于废物含水量大，城市垃圾的含水率通常在40%～60%，采用经过预热的助燃空气可以为废物干燥提供部分热量，有助于炉膛温度的提高；

3）干燥垃圾的着火点是200℃左右，向经干燥段干燥的垃圾层中通入200℃的助燃空气，干燥垃圾即可自燃着火；

4）防止炉排过热，通常助燃空气的预热温度控制在250℃以下。

二次空气由炉排上方吹入：

1）使炉膛内气体产生扰动，造成良好的混合效果；

2）为烟气中未燃尽的可燃组分氧化分解提供所需的氧气。

（3）炉膛温度：700℃～1000℃，最好850℃～950℃：

1）炉膛温度上限的确定主要考虑设备的腐蚀和灰渣的结焦（焚烧灰的熔融温度在1100℃～1200℃），同时还可以减少烟气中NO_x的形成；

2）炉膛温度下限设置主要考虑两个原因：a. 恶臭物质的氧化分解一般认为700℃以上时进行得比较完全；b. 低温燃烧时容易产生剧毒物质二噁英，当温度高于850℃时，二噁英及其前驱物转向分解。

（4）燃烧室：

1）气流模式：

模　式	流动状态	适用范围	垃圾低位发热量
逆流式（对流式）	一次风进入炉排后与垃圾物流的运动方向相反	焚烧低热值及高含水量的垃圾	2000～4000kJ/kg
顺流式（并流式）	垃圾移送方向与助燃空气流相同	焚烧高热值及低含水量的垃圾	5000kJ/kg 以上

续表

模式	流动状态	适用范围	垃圾低位发热量
交流式（错流式）	是逆流式与顺流式的过渡形态，垃圾移动方向与燃烧气体流向相交	中等发热量	1000～6300kJ/kg
复流式（二次回流式）	燃烧室中间有辐射天井隔开，使燃烧室成为两个烟道，未燃气体及混合不均的气体由副烟道进入气体混合室，燃烧气体与未燃气体在气体混合室内可再燃烧，使燃烧作用趋近于完全	热值随四季变化大	随四季变化大

2）第一燃烧室与第二燃烧室：《教材（第二册）》P159 最后一段。

※真　题

1. 某化学合成工厂产生废活性炭、低熔点硫酸盐、反应罐底泥、污水厂浓缩污泥、含氯有机反应残余物、含苯酚废液、蒸馏釜废液等废物，下列哪一种焚烧炉适合处理上述所有废物？【2007－4－57】

（A）固定床焚烧炉　　（B）回转窑焚烧炉

（C）多层床焚烧炉　　（D）流化床焚烧炉

解：

旋转窑式焚烧炉的优点：进料弹性大，可接受气、液、固三项废物，接纳固、液两相混合废物，或整桶装的废物，旋转窑焚烧炉可以处理各种类型的废物。危险废物处理厂较常采用旋转窑焚烧炉。

答案选【B】。

【解析】 参见《新三废·固废卷》P403 表 4－6－12、P490 表 4－6－48。各种焚烧炉的适用范围总结在《新三废·固废卷》P490 表 4－6－48 中。

2. 某城市拟建一处工业危险废物集中焚烧处置中心，处置能力为 100t/d，其中含各种桶装高热值废物及其他危险废物，根据处置物料特性，从下列选项中选择合适的焚烧处置设备。【2009－4－66】

（A）机械炉床混烧式焚烧炉　　（B）熔渣式回转窑焚烧炉

（C）流化床焚烧炉　　（D）模组式固定床焚烧炉

解：

熔渣式回转窑焚烧炉在 1203℃～1430℃之间操作，适于处理桶装危险废物。旋转窑式焚烧炉的优点：进料弹性大，可接受气、液、固三项废物，接纳固、液两相混合废物，或整桶装的废物，旋转窑焚烧炉可以处理各种类型的废物。危险废物处理厂较常采用旋转窑焚烧炉。

答案选【B】。

【解析】 参见《新三废·固废卷》P402～P403 表 4－6－12。本题与 2007－4－57 考点类似。

3. 某危险固体废物焚烧处理厂采用旋转窑处置技术，处置规模 30t/d，窑长 9.0m，窑内径 2.2m，窑转速 0.72r/min，窑倾斜度 1.7%，估算固体废物在窑内的停留时间。【2008－4－72】

（A）38.5min （B）63.5min

（C）80.5min （D）115.5min

解：

$t=0.19\ (L/D)\ \frac{1}{NS}=0.19\times\frac{9.0}{2.2}\times\frac{1}{0.72\times0.017}=63.5\text{min}$；

式中：L 为窑体长度（m）；D 为窑内直径（m）；N 为转速（r/min）；S 为窑的倾斜度。

答案选【B】。

【解析】 参见《新三废·固废卷》P416 公式 4－6－42。

4. 旋转窑是国内外废物燃烧广泛应用的炉型之一，当固体废物选用旋转窑做废物焚烧设备时，为保证固体废物在窑内的停留时间大于 100min，设定窑的转速为 3r/min、窑的倾斜度为 0.003m/m 时，下列哪个长径比满足该旋转窑选型要求。【2012－3－66】

（A）4.4 （B）4.8

（C）4.0 （D）4.6

解：

$t=0.19(L/D)\frac{1}{NS}$；$100<0.19\times(L/D)/(3\times0.003)$，解得 $L/D>4.74$。

式中：L 为窑体长度（m）；D 为窑内直径（m）；N 为转速（r/min）；S 为窑的倾斜度。

答案选【B】。

【解析】 本题主要考查回砖窑停留时间的公式。

5. 利用回转窑焚烧炉处理危险废物，其处理能力为 30t/d，物料的堆积密度为 1130kg/m³。回转窑的外径为 3.2m，内径为 2.5m，长度为 10m，倾斜度为 1.5°，转速为 0.8rpm。试计算物料在回转窑内的停留时间。【2014－4－63】

（A）28.3min （B）0.6min

（C）36.3min （D）44.4min

解：

$$t=0.19\ (L/D)\ \frac{1}{NS}$$

式中：L 为窑体长度（m）；D 为窑内直径（m）；N 为转速（r/min）；S 为窑的倾斜度。

将 $L/D=10/2.5$；$N=0.8$；$S=\tan1.5°=0.0262$ 代入，得到 $t=36.25\text{min}$。

答案选【C】。

【解析】 本题主要掌握：①回转窑停留时间的公式；②rpm（round per minute）= r/min；③窑的倾斜度代入的是倾斜角度的 tan 值。

6. 回转窑是国内外废物焚烧中应用广泛的主要炉型，在回转窑选型设计时，为了延长固体废物在窑内的停留时间，应调整下列哪一项中的设计参数？【2011－3－71】

（A）长径比、窑的转速、废物进料量

（B）长径比、燃烧温度、窑安装的倾斜度

（C）过剩空气系数、窑的转速、窑安装的倾斜度

（D）窑安装的倾斜度、长径比、窑的转速

解：

$$t = 0.19(L/D)\frac{1}{NS}$$

式中：L 为窑体长度（m）；D 为窑内直径（m）；N 为转速（r/min）；S 为窑的倾斜度。

答案选【D】。

【解析】 参见《新三废·固废卷》P416 公式 4－6－42。

7. 某循环流化床垃圾焚烧炉，流化床的堆积密度为 $1022kg/m^3$，真实密度 $2238kg/m^3$，启动前的静止床料高度为 330mm，运行后的料层高度为 690mm，压降减少系数为 0.78，其料层压差为多少？【2009－4－65】

（A）2734Pa （B）3505Pa

（C）5390Pa （D）5987Pa

解：

$\Delta P = \rho g H = 1022 \times 9.8 \times 0.35 = 3505Pa$；考虑系数：$0.78 \times 3505 = 2734Pa$。

答案选【A】。

【解析】 本题考查压降公式：$\Delta P = \rho g H$。

8. 维持相对稳定的床层高度是循环流化床焚烧炉稳定运行的重要参数，下列哪一项措施对调节床层高度无影响？【2012－3－71】

（A）调整二次风量配比 （B）改变进料量

（C）调节循环灰量 （D）调节底渣排放量

解：

一次风通过布风板送入流化层，二次风由流化层上部送入，与流化床高度无关。进料量、循环灰量和低渣排放量对床层高度均有影响。

答案选【A】。

【解析】 《生活垃圾焚烧技术》（张益、赵由才）P78 图 2－3－8，《新三废·固废卷》P403～P404。

9. 某生活垃圾焚烧厂采用机械式炉排焚烧炉，按垃圾与烟气运动方向的不同，燃烧

室可分为下述选项中的四类，当垃圾设计热值为8000kJ/kg时，哪种燃烧室形式更为适用？【2010－3－70】

（A）顺流式　　（B）逆流式
（C）混流式　　（D）其他形式

解：

在顺流式炉排与燃烧室搭配形态中，因一次风与炉排上垃圾物流的接触效果较低，故常用于焚烧高热值及低含水量的垃圾；垃圾移送方向与助燃空气流向相同，因此燃烧气体对垃圾干燥效果较低，适用于焚烧高热值垃圾，即低位发热量在5000kJ/kg以上的垃圾。逆流式适合于低位发热量在2000～4000kJ/kg的垃圾；混流式（复流式），适合垃圾热值随季节变化大的；交流式适合于1000～6300kJ/kg的垃圾。

答案选【A】。

【解析】《新三废·固废卷》P392～P394，各类气流模式的适用范围。

10．决定机械炉排焚烧炉炉膛设计温度上限的主要因素是什么？【2013－4－68】

（A）垃圾低位热值
（B）垃圾焚烧产生恶臭物质的氧化分解
（C）设备防腐和灰渣结焦
（D）垃圾焚烧产生的二噁英及其前驱物的分解

解：

决定机械炉排焚烧炉炉膛设计温度上限的主要因素是设备防腐和灰渣结焦。

答案选【C】。

【解析】《教材（第二册）》P159，"炉膛温度上限的确定主要考虑设备的腐蚀和灰渣的结焦"。另外注意炉膛温度下限设置主要考虑两个方面："a. 恶臭物质的氧化分解一般认为700℃以上时进行得比较完全；b. 低温燃烧时容易产生剧毒物质二噁英，当温度高于850℃时，二噁英及其前驱物转向分解"。

11．机械炉排焚烧炉助燃空气采用一次预热空气和二次预热空气供给，请指出下述有关一次预热空气作用的描述哪一项正确？【2009－4－54】

（A）提供废物燃烧所需的氧气
（B）为废物干燥提供部分热量，提供烟气中未燃烧成分继续燃烧，防止炉排过热
（C）提供废物燃烧所需的氧气，为废物干燥提供部分能量，促进烟气中未燃烧成分继续燃烧
（D）提供废物燃烧所需的氧气，促进烟气中未燃成分继续燃烧，防止炉排过热

解：

一次空气的作用是提供废物燃烧所需的氧气。另外一次预热空气不仅可以为废物干燥提供部分热量，而且有利于炉膛温度的提高；一次空气的另一个作用就是防止炉排过热。二次预热空气主要作用为使炉膛内气体产生扰动，造成良好的混合效果，同时为烟气中未燃可燃组分氧化分解提供所需的空气。

答案选【A】。

【解析】《教材（第二册）》P158，最后一段有一次空气和二次空气主要作用的说明。

12. 生活垃圾焚烧采用炉排炉时，其干燥段所需热量由焚烧段和燃烧空气提供。当生活垃圾低位热值在5000～8000kJ/kg时，选择一次空气预热温度经验值。【2012－3－56】

（A）60℃～100℃　　（B）160℃～200℃

（C）240℃～300℃　　（D）大于300℃

解：

垃圾低位热值在1000～2000kcal/kg（4000～8000kJ/kg）时，空气预热温度为150℃～200℃。

答案选【B】。

【解析】《生活垃圾焚烧技术》（张益，赵由才），P94“预热空气温度可以按照以下条件确定较为合适：①垃圾低位热值在1000kcal/kg以下时，助燃空气温度为200℃～250℃；②垃圾低位热值在1000～2000kcal/kg时，助燃空气温度为150℃～200℃；③垃圾低位热值在2000kcal/kg以下时，助燃空气温度为20℃～100℃”。

13. 垃圾在机械炉排炉内完成有效和合理的燃烧，不仅需要控制垃圾厚度和移动速度，而且需要与合理的配风相结合，请判断下列哪一项的配风原则不合理？【2009－4－69】

（A）沿垃圾床层的长度方向按需配给燃烧空气

（B）垃圾床层干燥段配给空气量按该段挥发物析出量，燃烧需要的空气量配给

（C）燃烧空气配给量最大的区域是挥发物剧烈析出过程对应的局部区域

（D）沿垃圾床层的横向均匀配给燃烧空气

解：

干燥段配给的空气量按干燥所需的空气量供给，而不是按挥发物析出和燃烧需要空气量供给。干燥段需要用一定量预热的空气来加热垃圾，促进水分的蒸发。

答案选【B】。

【解析】燃烧空气配给量最大的区域是燃烧段，参见《新三废·固废卷》P414。

15.11　焚烧炉——热负荷和机械负荷

※知识点总结

1. 给出热负荷和机械负荷，设计燃烧室尺寸、炉排面积、处理量：

注意：

1）热负荷和机械负荷的单位，有时候是kJ/(m^3·h)，有时候是kJ/(m^2·h)；

2）通过给出的热负荷和机械负荷计算完了之后，选择炉排面积、处理量是大数值还是小数值的原则是：通过计算出来的结果反算热负荷和机械负荷时，这两个负荷都不应超过题目规定的负荷值。（一般来说计算出的炉排面积和燃烧室尺寸取大值，处理量取小值）

2. 不同焚烧炉不同物质焚烧的热负荷值、机械负荷的范围：

《新三废·固废卷》P410，《教材（第二册）》P161～P162。

3. 燃烧室容积的定义：

燃烧室的容积指的是保温材料所包围的空间，以空炉时炉排上方的容积计，但对于二燃室设置水冷壁的焚烧炉型，则只考虑水冷壁以下的第一燃烧室的容积。

4. 热负荷值设计过大过小会带来的问题：

（1）燃烧室设计负荷过大时，燃烧室体积变小，炉膛温度升高，易加速炉壁的损伤以及在炉壁上结焦，同时，烟气在燃烧室内停留时间缩短，烟气中可燃组分燃烧不完全，甚至在后续烟道中再次燃烧造成事故。

（2）当燃烧室设计负荷过小时，燃烧室容积增大，炉壁的散热损失造成炉膛温度的降低，特别是当废物热值较低时，燃烧不稳定，造成灰渣热灼减率增加。

※真　　题

1. 某生活垃圾焚烧厂处理规模为400t/d，采用两炉一机设计方案，焚烧炉有效炉排宽4m，炉排机械负荷为220kg/(m^2·h)，燃烧室容积热负荷为4.5×10^5kJ/(m^3·h)。当垃圾热值为6000kJ/kg时，试判断下列哪一项燃烧室理论设计尺寸（长×宽×高）合适？【2008-4-67】

（A）19.0m×4.0m×2.9m　　（B）28.0m×4.0m×2.9m

（C）9.5m×4.0m×3.6m　　（D）9.5m×4.0m×2.9m

解：

焚烧厂采用两炉一机设计方案，则每个焚烧炉的处理规模为：$\frac{400\times1000}{24\times2}=$ 8333.35kg/h；

炉排机械负荷为220kg/(m^2·h)，则炉排面积最小为：$\frac{8333.35}{220}=37.88\text{m}^2$；

炉排宽为4m，则长至少为37.88÷4=9.47m。

燃烧室容积热负荷为4.5×10^5kJ/(m^3·h)，则其容积最小为：$\frac{8333.35\times6000}{4.5\times10^5}=$ 111.11m^3；

则高为111.11÷(9.5×4)=2.9m。

答案选【D】。

【解析】 根据容积热负荷、机械负荷、机械热负荷的计算是高频考点。需要理解各种负荷的含义并进行计算。

2. 某城市拟建设处理规模1000t/d的生活垃圾焚烧厂，生活垃圾低位热值5500kJ/kg，含水率50%。若炉排面积热负荷为2.5×10^6kJ/(m^2·h)，机械负荷为320kg/(m^2·h)，则炉排面积应选用下列哪项？【2008-4-69】

（A）92m^2　　（B）2200m^2

（C）130m^2　　（D）3125m^2

解：

按炉排热负荷计算单台焚烧炉炉排面积：$\frac{1000\times1000\times5500}{24\times2.5\times10^6}=91.67\text{m}^2$；

按机械负荷计算单台焚烧炉炉排面积：$\frac{1000\times1000}{24\times320}=130m^2$；

选面积大的，$130m^2$。

答案选【C】。

【解析】 本题按照不同的负荷计算炉排面积，取大值。与2011－2－33进行对比，按照不同的负荷计算处理量，取小值。

3. 某城市规划建设一座生活垃圾焚烧发电厂，经分选后用于焚烧的生活垃圾为1200t/d，其低位热值为8220kJ/kg，采用3台炉排式焚烧炉，该型焚烧炉最低年工作时限为8000h，炉排的设计平均机械负荷为152kg/(m^2·h)，平均热负荷为1.50×10^6kJ/(m^2·h)，计算每台焚烧炉的炉排面积为多少？【2010－3－66】

(A) $100m^2$　　(B) $110m^2$

(C) $120m^2$　　(D) $130m^2$

解：

焚烧的生活垃圾为1200t/d，采用3台炉排式焚烧炉，每台焚烧炉的处理量是400t/d。

按照机械负荷计算，炉排面积为：$\frac{400\times365\times1000}{8000\times152}=120m^2$；

按照热负荷计算，炉排面积为：$\frac{400\times365\times1000\times8220}{8000\times1.5\times10^6}=100m^2$。

两者应该取大值，因此选C。

答案选【C】。

【解析】 高频考点，分别按照机械负荷和热负荷计算，算出的炉排面积取大值。本题与【2008－4－69】相似。

4. 某市拟建设生活垃圾焚烧厂，处理规模为1500t/d，采用3台流化床焚烧炉，已知垃圾低位热值设计值为7000kJ/kg，焚烧炉设计参数取燃烧室热负荷为50×10^4kJ/(m^3·h)，流化床单位截面积燃烧率500kg/(m^2·h)，设炉膛高度9m、流化床焚烧炉截面积为长方形，其长宽比为2:1，求流化床焚烧炉截面积尺寸（长×宽）。【2012－3－65】

(A) 9.2m×4.6m　　(B) 8.6m×4.3m

(C) 8m×4m　　(D) 7.4m×3.7m

解：

每台焚烧炉的处理量：1500/3＝500t/d；

按炉排热负荷计算单台焚烧炉炉排面积：$\frac{500\times1000\times7000}{24\times50\times10^4\times9}=32.41m^2$；

按机械负荷计算单台焚烧炉炉排面积：$\frac{500\times1000}{24\times500}=41.7m^2$；

选面积大的，$41.7m^2$。

长宽比为2:1，则宽为$\sqrt{\frac{41.7}{2}}=4.57m\approx4.6m$，长为$4.6\times2=9.2m$。

答案选【A】。

【解析】 本题为高频考点。按照不同的负荷计算炉排面积，取大值。

5．某生活垃圾焚烧炉处理规模为600t/d，采取连续式、水平顺推机械炉排焚烧炉。垃圾低位热值设计值为6500kJ/kg，炉排机械负荷为230kg/(m²·h)，炉排热负荷为1.4×10^6kJ/(m²·h)，当炉排宽度为7020mm时，计算焚烧炉炉排长度。【2014－4－60】

（A）15.48m　　（B）16.53m

（C）30.97m　　（D）33.07m

解：

按炉排热负荷计算焚烧炉炉排面积：$\dfrac{600\times1000\times6500}{24\times1.4\times10^6}=116.07\text{m}^2$；

按机械负荷计算焚烧炉炉排面积：$\dfrac{600\times1000}{24\times230}=108.7\text{m}^2$；

选面积大的，116.07m²，则长度为：$116.07\div7.02=16.53$m。

答案选【B】。

【解析】 本题为高频考点，考查按照不同负荷计算炉排面积，多年多次考到，务必熟练掌握。

6．某市拟筹建生活垃圾焚烧发电厂，处理规模为$Q=1500$t/d，采用机械炉排焚烧炉，按3炉2机设置，该市垃圾低位热值设计值为$H=7500$kJ/kg，炉排机械负荷$G=220$kg/(m²·h)，炉排热负荷为1.75×10^6kJ/(m²·h)，求单台焚烧炉炉排面积。【2011－3－64】

（A）89.29m²　　（B）94.69m²

（C）284.1m²　　（D）6818.2m²

解：

每台焚烧炉的处理量：1500/3＝500t/d；

按炉排热负荷计算单台焚烧炉炉排面积：$\dfrac{500\times1000\times7500}{24\times1.75\times10^6}=89.28\text{m}^2$；

按机械负荷计算单台焚烧炉炉排面积：$\dfrac{500\times1000}{24\times220}=94.69\text{m}^2$；

选面积大的，94.69m²。

答案选【B】。

【解析】 本题按照不同的负荷计算炉排面积，取大值。

7．某生活垃圾焚烧炉炉排热负荷为10^6kJ/(m²·h)，入炉垃圾热值为5000kJ/kg，机械负荷率为240kg/(m²·h)，若焚烧炉设计处理能力为360t/d，试计算焚烧炉炉排面积是多少平方米？【2012－3－64】

（A）62.5　　（B）75.0

（C）200　　（D）240

解：

按炉排热负荷计算单台焚烧炉炉排面积：$\dfrac{360\times1000\times5000}{24\times10^6}=75\text{m}^2$；

按机械负荷计算单台焚烧炉炉排面积：$\frac{360 \times 1000}{24 \times 240} = 62.5\text{m}^2$；

选面积大的，75m^2。

答案选【B】。

【解析】 本题为高频考点，按照不同的负荷计算炉排面积，取大值。

8. 拟选用旋转窑作为固体废物焚烧设备，设备选型条件为额定处理量96t/d、废物低位热值16000kJ/kg、固体废物在窑内停留时间90min、窑转速为3r/min、窑的倾斜度为0.003m/m、窑额定热负荷为$90 \times 10^4\text{kJ/(m}^3 \cdot \text{h)}$、窑额定质量负荷为$55\text{kg/(m}^3 \cdot \text{h)}$，下列哪款旋转窑最符合选型要求？【2013－4－65】

（A）窑长12m、窑内径2.4m　　（B）窑长14m、窑内径2.6m

（C）窑长16m、窑内径3.0m　　（D）窑长18m、窑内径2.2m

解：

（1）$t = 0.19(L/D)\frac{1}{NS}$，停留时间为90min，则$90 \geqslant 0.19(L/D)/(3 \times 0.003)$，解得：$L/D \geqslant 4.26$。

（2）按照热负荷计算窑体积：$\frac{96 \times 1000 \times 16000}{24 \times 90 \times 10^4} = 71.1\text{m}^3$；

按照机械负荷计算窑体积：$\frac{96 \times 1000}{24 \times 55} = 72.73\text{m}^3$。

因此窑体积应大于72.73m^3。

四个选项中的L/D和窑体积分别为：

	A	B	C	D
体积（m^3）	54.26	74.29	113.04	68.39
L/D	5.0	5.38	5.33	8.18

选项D的体积不够，且L/D过大，选项A体积不够，选项C体积过大。选项B合适。

答案选【B】。

【解析】 参见《新三废·固废卷》P416公式4－6－42。

9. 某生活垃圾焚烧厂拟采用连续式、水平顺推机械炉排焚烧炉作为焚烧设备，该炉排宽度3600mm、长度11300mm，炉排机械负荷$250\text{kg/(m}^2 \cdot \text{h)}$，焚烧炉燃烧室热负荷$50 \times 10^4\text{kJ/(m}^3 \cdot \text{h)}$。当进厂垃圾低位热值为6600kJ时，求焚烧炉燃烧室的设计容积？【2010－3－69】

（A）5.6m^3　　（B）134.2m^3

（C）3221.9m^3　　（D）5593.5m^3

解：

燃烧室的高度应为：$\frac{250 \times 6600}{50 \times 10^4} = 3.3\text{m}$；因此容积应为：$3.3 \times 3.6 \times 11.3 = 134.2\text{m}^3$。

答案选【B】。

【解析】 注意所给的负荷单位。

10. 已知某型号机械炉排垃圾焚烧炉的主要技术参数为：设计炉排面积为 $100m^2$，炉排热负荷为 $2.4\times4.18\times10^5 kJ/(m^2\cdot h)$，炉排机械负荷为 $200kg/(m^2\cdot h)$，入炉垃圾平均热值为 $1600\times4.18kJ/kg$。试计算该型机械炉排垃圾焚烧炉的设计单台处理能力是多少？【2013－4－58】

(A) 200t/d　　(B) 240t/d

(C) 360t/d　　(D) 480t/d

解：

按炉排热负荷计算处理能力：$\frac{2.4\times4.18\times10^5\times100}{1600\times4.18}=15000kg/h$；

按机械负荷计算处理能力：$200\times100=20000kg/h$；

选处理量小的，15000kg/h = 360t/d。

答案选【C】。

【解析】 本题按照不同的负荷计算处理量，类似这种题目已经考到了多次，按照热负荷和机械负荷计算炉排面积、处理量等。

11. 某市建设一座生活垃圾焚烧厂，拟采用机械炉排焚烧炉，在设计过程中，应选用下列哪一个炉排机械燃烧强度参考值？【2009－4－64】

(A) $100kg/(m^2\cdot h)$　　(B) $1500kg/(m^2\cdot h)$

(C) $600kg/(m^2\cdot h)$　　(D) $200kg/(m^2\cdot h)$

解：

对于间歇式焚烧炉通常取为 $120\sim160kg/(m^2\cdot h)$，连续式焚烧炉通常取为 $200kg/(m^2\cdot h)$，炉排炉为连续式。

答案选【D】。

【解析】 《教材（第二册）》P162。

12. 某城市生活垃圾采用机械炉排炉焚烧处理，单炉处理能力500t/d，垃圾低位热值6000kJ/kg，垃圾燃烧助燃空气量 $2.85m^3/kg$ 垃圾，助燃空气预热温度250℃，空气平均定压热容按 $1.297kJ/(m^3\cdot ℃)$ 计，环境空气温度20℃，炉膛烟气温度控制≥850℃，炉排炉燃烧室有效容积 $234m^3$。设垃圾全部自热燃烧，试计算燃烧室容积热负荷是多少 $kJ/(m^3\cdot h)$？【2014－4－66】

(A) 8.8×10^5　　(B) 6.1×10^5

(C) 1.35×10^5　　(D) 3.42×10^6

解：

焚烧垃圾产生的热量：$500\times10^3\times6000\div24=1.25\times10^8kJ/h$；

助燃空气带入的热量：$500\times10^3\div24\times2.85\times1.297\times(250-20)=1.77\times10^7kJ/h$。

燃烧室容积热负荷：$(1.25\times10^8+1.77\times10^7)\div234=6.07\times10^5kJ/(m^3\cdot h)$。

答案选【B】。

【解析】 进入焚烧炉的热量包括焚烧垃圾产生的热量，另一部分是助燃空气带入的热量。

13. 某设计院设计一座生活垃圾的炉排式焚烧炉，在计算燃烧室的尺寸时，燃烧室的热负荷参考值一般取多少？【2007-4-65】

(A) $6.3\times10^3 \sim 18.9\times10^3$ kJ/(m^3·h)　(B) $6.3\times10^6 \sim 16.8\times10^6$ kJ/(m^3·h)

(C) $4.2\times10^4 \sim 8.4\times10^4$ kJ/(m^3·h)　(D) $3.3\times10^5 \sim 8.4\times10^5$ kJ/(m^3·h)

解：

参见《新三废·固废卷》P410 表4-6-13，一般垃圾采用炉排式焚烧，其热负荷为 $(33\sim84)\times10^4$ kJ/(m^3·h)。

答案选【D】。

【解析】 该表中列出了固定床和炉排炉处理不同废物的热负荷范围，其中固定炉床处理废塑料时的热值较高，达 $(250\sim295)\times10^4$ kJ/(m^3·h)。

14. 在机械炉排炉燃烧室设计过程中，下列哪一项关于热负荷的考虑是正确的？【2009-4-63】

(A) 燃烧室热负荷设计过小，容易加速炉排、炉壁上的结焦

(B) 燃烧室热负荷设计过大，容易造成炉膛温度过高

(C) 燃烧室热负荷设计过大，容易造成烟气在燃烧室停留时间加长

(D) 燃烧室热负荷设计过小，容易造成灰渣热灼减率升高

解：

燃烧室设计负荷过大时，燃烧室体积变小，炉膛温度升高，易加速炉壁的损伤以及在炉壁上结焦，同时，烟气在燃烧室内停留时间缩短，烟气中可燃组分燃烧不完全，甚至在后续烟道中再次燃烧造成事故。

当燃烧室设计负荷过小时，燃烧室容积增大，炉壁的散热损失造成炉膛温度的降低，特别是当废物热值较低时，燃烧不稳定，造成灰渣热灼减率增加。

答案选【B】。

【解析】 《教材（第二册）》P161，D 项应该有废物热值较低的前提。

15.12 焚烧厂设计、相关设备选择

※知识点总结

1. 设计应该符合相关标准、规范、政策的要求；

2. 一些需要工程实际经验的题目，可以结合教材和固废卷列举的实例进行判断和选择。

※真　　题

1. 某生活垃圾焚烧厂采用机械炉排焚烧炉，设计规模是1200t/d，配置三条焚烧线，

工程设计中需要为焚烧炉配置一、二次风鼓风机，下列哪一项是常用的一、二次风鼓风机配置方案?【2014－4－65】

（A）每条焚烧线配置4台鼓风机，一、二次风机各一台、各就地备用1台，一次风进风口位于垃圾池上方，一次风采用蒸气预热或烟气余热

（B）每条焚烧线配置2台鼓风机，一、二次风机各一台，一次风进风口位于垃圾池上方，一次风采用电加热

（C）每条焚烧线配置2台鼓风机，一、二次风机各一台，一次风进风口位于垃圾池上方，一次风采用蒸气预热或烟气余热

（D）每条焚烧线配置1台鼓风机，一、二次风机共用1台鼓风机，鼓风机进风口位于垃圾池上方，一次风采用电加热

解：

按照《生活垃圾焚烧处理工程技术规范》（CJJ 90—2009），6.4.5“一、二次风机和焚烧炉其他所配风机不应设就地备用风机”；并且一次风应该采用蒸汽余热或烟气余热以节约能耗。

答案选【C】。

【解析】《教材（第三册）》P1378，《生活垃圾焚烧处理工程技术规范》（CJJ 90—2009）。

2. 某城市拟建设处理规模1000t/d的生活垃圾焚烧厂，生活垃圾低位热值5500kJ/kg，含水率50%。分析该厂采用下列哪种炉机配置最为合理?【2008－4－68】

（A）1台机械炉排焚烧炉，1台汽轮机

（B）2台机械炉排焚烧炉，1台汽轮机

（C）3台机械炉排焚烧炉，2台汽轮机

（D）5台机械炉排焚烧炉，3台汽轮机

解：

根据《生活垃圾焚烧处理工程技术规范》（CJJ 90—2009），按照第4.1.3条的要求宜设置2～4条焚烧线；按照第8.2.1条的要求汽轮发电机组的数量不宜大于2套。AD不符合要求。

《教材（第二册）》P157，表4－7－5，机械炉排炉每台的容量为100～500t/d，若采用2台机械炉排焚烧炉，每台的处理量为500t/d，已达炉排焚烧炉处理负荷的上限，因此选用3台炉排焚烧炉更合理。

答案选【C】。

【解析】 本题主要考查《生活垃圾焚烧处理工程技术规范》（CJJ 90—2009）对于焚烧线数量和汽轮机数量的规定。另外本题需要结合工程实例进行分析：

（1）《教材（第二册）》P186，宁波市垃圾焚烧发电厂，日处理量1000t/d，垃圾热值5252kJ/kg，含水率48%，与题目条件相近，采用的是3台炉排焚烧炉，2组发电机组的形式；

（2）《新三废·固废卷》P530，上海浦东垃圾焚烧厂日处理量1000t/d，热值6060kJ/kg，采用的是3台炉排焚烧炉，2组发电机组的形式。

3. 某中等城市计划建设一座日处理600t的生活垃圾焚烧厂，可研报告对下面四套处理工艺进行比选，哪套工艺配置比较合理？【2007－4－71】

（A）二台日处理垃圾300t；机械炉排焚烧炉，热回收发电系统，碱石灰去除酸性气体，布袋除尘系统

（B）三台日处理垃圾200t；回转窑焚烧炉，热回收预热助燃空气，碱石灰去除酸性气体，水喷淋塔除尘系统

（C）一台日处理垃圾600t；机械炉排焚烧炉，热回收发电系统，碱石灰去除酸性气体，布袋除尘系统

（D）六台日处理垃圾100t；机械炉排焚烧炉，热回收小区集中供热，碱石灰去除酸性气体，静电除尘系统

解：

根据《生活垃圾焚烧处理工程技术规范》（CJJ 90—2009），按照第4.1.3条的要求宜设置2～4条焚烧线；按照第7.3.2条的要求烟气净化系统必须设置袋式除尘器。因此，选择A。

答案选【A】。

【解析】 本题主要考查《生活垃圾焚烧处理工程技术规范》（CJJ 90—2009）的相关知识点，《教材（第三册）》P1378。本规范是高频考点。

4. 某垃圾焚烧厂空压机站采用容积式螺杆压缩机，为防止压缩机因超压引发破坏事故，空压机站设计必须考虑对压缩机排气量进行调节，试分析在下列压缩机排气量调节方法中，哪一种方法的运行经济性最好？【2009－4－62】

（A）进气节流调节 （B）排气管道联通调节

（C）变转速调节 （D）空转调节

解：

（1）进气节流调节：将节流阀设置在空压机的进气管路上，节流阀逐渐关闭，进气受到节流，压力降低，因此排气量减少。因节流进气使进气压力连续变化，所以能得到连续的排气量调节，适用于中、大型空压机不经常调节和调节范围较小的场合。

（2）进、排气管自由连通：它借助旁通阀的完全开启，空压机排出的气体克服旁通阀及旁通管路阻力，自由地流入进气管路。自由连通能得到间断的调节，调节机构简单，往往也用于大型高压空压机启动释荷。

（3）转速调节：排气量与转速成正比，改变转速则可调排气量。这种调节不要求增设专门的调节机构，用于多级空压机时，不因调节工况而引起各级压力比重分配，因此经济性较好。

（4）空转调节：当系统中的压力达到上限时，吸入管路阀门关闭，压缩机调到空载转动。

答案选【C】。

【解析】 本题考点较偏。

5. 在垃圾焚烧厂辅助燃油系统中，其辅助燃油喷嘴的选择通常作为下述哪种形式？

【2007－4－61】

（A）蒸汽雾化喷嘴　　（B）低压空气雾化喷嘴

（C）转杯式油喷嘴　　（D）机械雾化喷嘴

解：

在垃圾焚烧厂的辅助燃油系统中，油喷嘴一般选用低压空气雾化喷嘴。

答案选【B】。

【解析】《生活垃圾焚烧技术》（张益、赵由才）第四章第三节第三段："在垃圾焚烧厂的辅助燃油系统中，油喷嘴一般选用低压空气雾化喷嘴。"

6. 某城市垃圾焚烧发电项目压缩空气站设计基本条件为：压缩空气计算量为 $3400m^3/h$，用气压为0.75MPa，要求低含油、水、尘，当地海拔高度为1524m，若压缩空气采用带油压缩空气经除油，无热再生干燥净化等处理后供气的方案，则下列哪种空气压缩机的配置方案最合适？【2009－4－70】

（A）$15m^3/min$，6台（五用一备）　　（B）$25m^3/min$，4台（三用一备）

（C）$30m^3/min$，3台（二用一备）　　（D）$40m^3/min$，3台（二用一备）

解：

压缩空气量为 $3400m^3/h=56.7m^3/min$；

选项A～D总量为 $75m^3/min$、$75m^3/min$、$60m^3/min$、$80m^3/min$。选项C较合适。

答案选【C】。

【解析】 本题为设备选型，根据气量、使用和备用台数进行选择。

15.13 焚烧尾气冷却/废热回收系统

※知识点总结

1. 冷却方式：

间接冷却、直接冷却，适用范围及其比较：《新三废·固废卷》P419，表4－6－15；

2. 废热回收利用方式及途径：

《新三废·固废卷》P420，表4－6－16；

3. 余热锅炉蒸汽参数的相关规定：

《生活垃圾焚烧处理工程技术规范》（CJJ 90—2009），第6.3.3条"对于采用汽轮机发电的焚烧厂，余热锅炉蒸汽参数不宜低于400℃、4MPa，鼓励采用450℃、6MPa及以上的蒸汽参数"。400℃、4MPa属于中温中压系统；

4. 对于教材和固废卷未涉及的内容：

比如相关设备选用及防腐措施，可以参照其他资料，如《生活垃圾焚烧技术》（张益，赵由才）。

※真　　题

1. 某医疗废物焚烧厂采用烟气骤冷塔，采用水为冷却介质，已知进口烟气800℃，出口250℃，要达到最佳骤冷效果，采用的最直接控制手段是哪一项？【2007－4－56】

（A）控制入塔烟气量

（B）控制水的流量

（C）控制水的压力

（D）控制雾化介质（压缩空气）的流量和压力

解：

水是冷却介质，主要是通过烟气和水之间的传热来进行烟气的冷却，热量的传递公式为 $Q=cm\Delta T$，c 为比热容，m 为质量，ΔT 为上升或者下降的温度。因此，水量是影响热量传递的重要因素。雾化介质（压缩空气）的流量也会影响骤冷效果，但是空气的比热容比水的比热容低得多，因此和水的流量相比，并不是主要因素；水的压力、雾化介质的压力影响较小，入塔烟气量主要受到处理垃圾量的影响，与B相比，B更容易控制。

答案选【B】。

【解析】 热量的传递公式为 $Q=cm\Delta T$，c 为比热容，m 为质量，ΔT 为上升或者下降的温度。

2. 生活垃圾焚烧过程中产生携带大量热能的废气，其温度达850℃～1000℃，现代化的生活垃圾焚烧系统通常设有焚烧烟气冷却/废热回收系统。烟气冷却方式有直接式和间接式，下述各项列出了垃圾处理规模和垃圾低位热值，指出哪一项的垃圾焚烧烟气可以采用直接式冷却方式？【2011－3－66】

（A）400t/d；8500kJ/kg　　（B）300t/d；8000kJ/kg

（C）200t/d；7500kJ/kg　　（D）140t/d；6200kJ/kg

解：

直接式冷却方式适于单炉处理量小于每炉150t/d的垃圾处理，适合于垃圾热值达6300kJ/kg以下的垃圾焚烧。

答案选【D】。

【解析】 参见《新三废·固废卷》P419表4－6－45，对间接冷却与喷水冷却进行了比较。间接冷却适用于单炉处理量大于每炉150t/d的垃圾处理，适合于垃圾热值达7500kJ/kg以上的垃圾焚烧。

3. 生活垃圾焚烧过程中产生携带大量热能的废气，其温度达850℃～1000℃，现代化的生活垃圾焚烧系统通常设有焚烧烟气冷却/废热回收系统。生活垃圾焚烧产生的废热有多种再利用方式，请指出下列哪一项不是通常选用的废热再利用方式？【2011－3－67】

（A）水冷却型　　（B）半废热回收型

（C）全废热回收型　　（D）空气冷却型

解：

生活垃圾焚烧工艺中废热再利用方式有：水冷却型、半废热回收型和全废热回收型。

答案选【D】。

【解析】 参见《新三废·固废卷》P420～P421表4－6－46，列举了上述三种废热回收利用方式的回收流程、设备配置等。

4. 生活垃圾焚烧发电厂设置余热锅炉的主要目的是防止烟气对环境的热污染和有效的热能回收，合理规划热利用形式和选择热效率高的锅炉蒸汽参数是垃圾焚烧发电厂降低运行成本、提高经济效益的前提条件。当前国内大型垃圾焚烧厂热能利用的主要形式是哪一项？【2010－3－74】

(A) 厂内电能利用　　(B) 电力供应

(C) 区域供热，电力供应　　(D) 直接外供蒸汽

解：

国内生活垃圾焚烧厂热能利用的主要形式是电力供应和供热相结合的形式。

答案选【C】。

5. 目前大型生活垃圾焚烧发电厂余热锅炉选用下列哪一项蒸汽参数（压力、温度）较合适？【2012－3－72】

(A) 8MPa，600℃　　(B) 6MPa，550℃

(C) 4MPa，400℃　　(D) 2MPa，250℃

解：

根据《生活垃圾焚烧处理工程技术规范》(CJJ 90—2009)，第6.3.3条余热锅炉蒸汽参数不低于400℃、4MPa。

目前大型垃圾焚烧厂使用的废热锅炉系统多采用中温中压蒸汽系统。

答案选【C】。

【解析】《新三废·固废卷》P423，最后一段“目前大型垃圾焚烧厂使用的废热锅炉系统多采用中温中压蒸汽系统，炉水循环方式多采用自然循环式”，400℃、4MPa为中温中压系统。

6. 某生活垃圾焚烧厂设计规模为600t/d。采用2台机械炉排焚烧炉，则该焚烧炉配备的余热锅炉宜采用下述哪种形式？【2008－3－51】

(A) 余热锅炉采用中温中压系统，炉水采用自然循环方式

(B) 余热锅炉采用高温高压系统，炉水采用自然循环方式

(C) 余热锅炉采用中温中压系统，炉水采用强制循环方式

(D) 余热锅炉采用高温高压系统，炉水采用强制循环方式

解：

根据《生活垃圾焚烧处理工程技术规范》(CJJ 90—2009)，第6.3.4条“对于配置余热锅炉热能利用方式，应选用自然循环余热锅炉”；第6.3.3条“余热锅炉蒸汽参数不低于400℃、4MPa”。400℃、4MPa属于中温中压系统。

答案选【A】。

【解析】《新三废·固废卷》P423，最后一段“目前大型垃圾焚烧厂使用的废热锅炉系统多采用中温中压蒸汽系统，炉水循环方式多采用自然循环式”，结合P424第一段关于日本和德国垃圾焚烧蒸汽条件的介绍可知400℃、4MPa为中温中压系统。

7. 国内大中型现代垃圾焚烧发电厂设计中，绝大多数余热锅炉蒸汽参数为哪一项？

【2010－3－75】

（A）2.45MPa，300℃　　（B）4.0MPa，400℃

（C）6.0MPa，450℃　　（D）6.41MPa，500℃

解：

根据《生活垃圾焚烧处理工程技术规范》（CJJ 90—2009）第6.3.3条“余热锅炉蒸汽参数不低于400℃、4MPa”。国内的垃圾焚烧发电厂设计中，大多数余热锅炉蒸汽参数为：4.0MPa、400℃。

答案选【B】。

【解析】《教材（第二册）》P186列举的宁波市垃圾焚烧厂和《新三废·固废卷》列举的浦东垃圾焚烧厂采用的余热锅炉蒸汽参数均为：4.0MPa、400℃。《新三废·固废卷》列举的广西来宾市垃圾焚烧厂采用的余热锅炉蒸汽参数也接近此值。

8．我国南方某生活垃圾焚烧厂设计规模为日处理垃圾1000t，垃圾低位热值5500kJ/kg，采用三台焚烧炉配两台汽轮机方案，距垃圾焚烧厂800m处有一造纸厂，由垃圾焚烧厂供蒸汽，每小时用气量10t，要求供气压力0.35MPa，并稳定用热，业主要求焚烧垃圾所产生的热量除满足造纸厂供热外最大限度用于发电，试分析宜选用下列哪种汽轮机？【2008－4－51】

（A）凝汽式　　（B）抽汽冷凝式

（C）背压式　　（D）抽汽背压式

解：

纯冷凝式发电：蒸汽全部用于发电或与发电有关的系统设备；

抽汽冷凝式发电：抽取部分蒸汽供热用户所用，采用这种方式需要有一个相对稳定的热用户；

背压式：蒸汽首先全部用于驱动汽轮机，发电后的汽轮机背压蒸汽在全部提供给用户使用后，全部或部分冷凝回收；

抽汽背压式：在背压式的基础上，中间抽出一部分蒸汽。

按照题目的要求“焚烧垃圾所产生的热量除满足造纸厂供热外最大限度用于发电”，应选择B。

答案选【B】。

【解析】《生活垃圾焚烧技术》（张益，赵由才）P116～P117有相关内容。

9．下列措施中哪一项不利于大型垃圾焚烧锅炉防腐？【2013－4－73】

（A）将锅炉过热器置于二燃室后的对流区

（B）炉床上方布置水管墙

（C）采用高温、高压的蒸汽参数

（D）改进传热管材材质

解：

采用高温、高压的蒸汽参数容易对锅炉产生高温腐蚀。将锅炉过热器置于二燃室后的对流区、炉床上方布置水管墙和改进传热管材材质均有利于防腐。

答案选【C】。

【解析】《城市生活垃圾焚烧处理技术》P67："水冷壁是在炉膛顶部或者侧面布置的用于吸收炉内辐射热、增加锅炉换热面积并降低炉壁温度的水管群"，可以降低炉壁温度，减少腐蚀；P68，"在城市生活垃圾焚烧炉中由于烟气中含有大量腐蚀性成分，在高温环境中会对管材造成严重的腐蚀，因此一般讲过热器设置在对流区中"；改进传热管材材质也有利于防腐。《新三废·固废卷》P424，德国目前"采用中温中压的形式，以避免炉管高温腐蚀。"

10. 下列哪项技术措施不适用于生活垃圾焚烧余热锅炉防腐?【2013－4－71】

(A) 控制进入过热器烟气温度低于650℃

(B) 采用防高温腐蚀的合金管材

(C) 控制预热锅炉尾部受热面金属壁温度小于150℃

(D) 对处于易腐蚀温度区的管壁喷涂高温防腐涂层

解:

在余热锅炉中存在三种腐蚀：低温腐蚀、炉管高温腐蚀和过热器高温腐蚀。当金属壁温≤150℃时，金属腐蚀的速度较快，所以选项C错误；

选项A：当温度达到670℃～680℃的时候，过热器高温腐蚀速度达到高峰，因此过热器烟气温度低于650℃有利于防腐；

BD选项，采用防高温腐蚀的合金管材或者喷涂防腐层都是有利于防腐的。

答案选【C】。

【解析】《生活垃圾焚烧技术》(张益，赵由才) P228～P233，详细说明了余热锅炉受热面的腐蚀与防治措施。

15.14 焚烧尾气污染控制——粒状污染物

※知识点总结

1. 总体要求：

尾气中各种污染物的控制是高频考点，要熟读《新三废·固废卷》P425～P456、《教材(第二册)》P168～P180的内容、相关标准规范政策对烟气处理的要求，并且对于大气中的基本知识概念要了解和熟悉；

2. 粒状污染物：

(1) 袋式除尘：过滤速度×过滤面积＝过滤的体积流量；

(2) 生活垃圾焚烧必须选袋式，危险废物焚烧优先选袋式；

(3) 相关标准、规范关于除尘的规定。

※真　　题

1. 某循环流化床焚烧炉日处理混合物料400t，垃圾中灰分含量为20%，焚烧炉内空气过剩系数为1.75，炉膛出口烟气量为98000m^3/h，余热回收系统的漏风系数为0.05，飞灰与渣的比例为40:60，布袋除尘器的除尘效率为99.6%，则布袋除尘器后排烟的粉尘

浓度为哪一项？【2009－4－56】

(A) $30mg/m^3$　　(B) $78mg/m^3$

(C) $52mg/m^3$　　(D) $54mg/m^3$

解：

$$\frac{400\times10^9\times0.2\times0.4}{24\times98000\times(1+0.05)}\times0.004=51.8\ mg/m^3$$

答案选【C】。

【解析】 本题空气过剩系数是多余条件。

2. 某垃圾焚烧炉采用离线脉冲清灰袋式除尘器进行烟气除尘，进入袋式除尘器的烟气量为 $79103m^3/h$（标态），烟气温度为162℃，粉尘浓度为 $38g/m^3$，除尘器共设12个区室，其中1室作为离线清灰用，每个区室内装直径为160mm、长度为6000mm的布袋72条，试计算正常运行时布袋过滤速度。【2008－4－70】

(A) 0.88m/min　　(B) 0.81m/min

(C) 0.55m/min　　(D) 0.51m/min

解：

烟气体积流量在温度为162℃为：

$$Q=\frac{79103}{60}\times\frac{273+162}{273}=2100.7m^3/min;$$

总过滤面积为：$3.14\times0.16\times6\times11\times72=2387.4m^2$；

则过滤速度为：$2100.7\div2387.4=0.88m/min$。

答案选【A】。

【解析】 本题关键：

(1) 烟气体积在不同温度下的换算公式，《教材（第二册）》P151 公式4－7－16；

(2) 过滤速度×过滤面积＝过滤的体积流量；

(3) 每个滤袋过滤面积的计算为 πDL。

3. 某生活垃圾焚烧发电厂拟采用聚四氟乙烯（PTFE）覆膜滤料的袋式除尘器净化含尘焚烧烟气，进入袋式除尘器的烟气量 $105800m^3/h$（标态），进入袋式除尘器的烟气温度为155℃，忽略压力变化的影响，除尘器过滤风速0.85m/min左右。试计算：①袋式除尘器所需的过滤面积；②按滤袋尺寸为 $\phi150mm\times6000mm$ 计算滤袋的数量。【2013－4－69】

(A) 2075，734　　(B) 2075，731

(C) 3252，1151　　(D) 3252，1146

解：

烟气155℃的体积流量为：

$$105800\times\frac{273+155}{273}=165869.6m^3/h=2764.5m^3/min;$$

过滤总面积为：$2764.5\div0.85=3252.3m^2$；

每个滤袋的面积为：$3.14 \times 0.15 \times 6 = 2.826m^2$；

则需要的滤袋数量为：$3252.3 \div 2.826 = 1150.8$，取1151个。

答案选【C】。

【解析】 本题注意：①体积流量的换算；②过滤的体积流量＝过滤速度×过滤面积。

4. 垃圾焚烧厂带式除尘器入口烟气量$123281m^3/h$（标况），烟气含尘$20g/m^3$，含水20%，除尘器漏风率3%，出口烟气含氧9.2%，除尘效率99.9%，计算袋式除尘器出口烟气（按照11% O_2，干烟气计）含尘浓度?【2014－4－55】

（A）$21.2mg/m^3$　　（B）$24.3mg/m^3$

（C）$20.6mg/m^3$　　（D）$25.0mg/m^3$

解：

烟气含水为20%，则粉尘在干烟气中的浓度为：$20 \div 0.8 = 25g/m^3$；

去除后的干烟气中的含尘浓度是（考虑漏风）：$25 \times 0.1\% \div 1.03 = 0.0243g/m^3 = 24.3mg/m^3$；

换算成（按照11% O_2，干烟气计）含尘浓度$24.3 \times 10 \div (21 - 9.2) = 20.6mg/m^3$。

答案选【C】。

【解析】 本题关键：

（1）湿烟气中粉尘浓度与干烟气中粉尘浓度换算；

（2）根据《生活垃圾焚烧污染控制标准》（GB 18485—2014）相关要求，排放值以含氧量为11%的干烟气量为换算值，故应换算成的含氧量的相应排放值，利用标准3.18中的公式。

5. 为保证焚烧炉袋式除尘系统安全可靠、持续稳定运行，下列哪项为袋式除尘器安全运行的必要参数?【2011－3－72】

（A）除尘器出口粉尘浓度、烟气流量

（B）除尘器入口烟尘浓度、除尘器工作压力、储存罐压力

（C）除尘器入口烟气温度、灰斗料位、出入口压差、清灰气源压力

（D）除尘器清灰自动控制、除尘器运行工况监视

解：

袋式除尘器的滤料对温度的承受范围不一样，因此烟气温度是袋式除尘器安全运行的必要参数；灰斗料位能够保证及时排灰；出入口压差可以显示滤料是否有破损或者堵塞；清灰气源压力对于清灰效果有重要影响。因此选C。

选项D并不是安全运行的参数，是相关措施；选项A中的烟气流量不是必要参数，是可选参数；选项B中储存罐压力不是必要参数。

答案选【C】。

【解析】《垃圾焚烧袋式除尘工程技术规范》（HJ2012—2012）中第8.1.1条、第8.1.2条的内容。《袋式除尘工程通用技术规范》（HJ 2020—2012）中第8.2.1条、第8.2.2条也有相关内容。

15.15 焚烧尾气污染控制——二噁英和重金属

※知识点总结

1. 二噁英燃烧过程控制措施：

3T1E、急冷、吸附剂（或吸附剂与袋式除尘组合）（《生活垃圾焚烧处理工程技术规范》（CJJ 90—2009）、《危险废物集中焚烧处置工程建设技术规范》（HJ/T 176－2005））；

2. 二噁英焚烧前、焚烧中、焚烧后的控制措施：

在《新三废·固废卷》P447～P449进行了总结；

3. 尾气中重金属污染物质去除机理、不同重金属不同工艺的去除效果：

《新三废·固废卷》P438～P439。

※真　　题

1. 城市垃圾在焚烧炉焚烧后，由于种种原因，在其排出的废气中会含有二噁英类有害物，为了防止二噁英类有害物产生，通常采取最有效的措施是下列哪一项？【2007－4－66】

（A）在源头控制含氯成分高的废物及含PCDDs/PCDFs物质进入炉内

（B）控制余热锅炉出口烟气温度低于232℃

（C）确保废气中氯含量在1%～3%之间

（D）控制炉内燃烧温度800℃，保证烟气停留时间1s

解：

选项A，是从源头减少垃圾焚烧二噁英生成的来源；

选项B，按照《生活垃圾焚烧处理工程技术规范》（CJJ 90—2009）第7.4.1条“减少烟气在200℃～400℃温度区的滞留时间”，选项B错误；

选项C，氯是形成二噁英的元素之一，所以C错误；

选项D，按照《生活垃圾焚烧污染控制标准》（GB 18485—2014）烟气出口温度大于或等于850℃，烟气停留时间大于或等于2s。

答案选【A】。

【解析】 焚烧过程中产生二噁英的控制措施是高频考点，《新三废·固废卷》P447～P449进行了总结，分为焚烧前、焚烧过程、焚烧后控制三个方面，建议在上述内容的基础上，掌握《生活垃圾焚烧处理工程技术规范》《生活垃圾焚烧污染控制标准》《危险废物焚烧污染控制标准》《危险废物集中焚烧处置工程建设技术规范》中关于二噁英控制措施的相关规定。

2. 下述哪项措施不能有效减少生活垃圾焚烧烟气中的二噁英类污染物质排放？【2014－4－58】

（A）减少垃圾含氯，改善燃烧工况　　（B）快速通过550℃～650℃的温度区

（C）减少垃圾含氯，烟道中喷入活性炭（D）快速通过250℃～400℃的温度区

解：

按照《生活垃圾焚烧处理工程技术规范》（CJJ 90—2009）7.4.1条“减少烟气在200℃～

400℃温度区的滞留时间”，选项B错误。其他选项均可以减少二噁英的排放。

答案选【B】。

【解析】 二噁英类污染物质的控制方法是高频考点，《新三废·固废卷》P447～P449进行了总结，分为焚烧前、焚烧过程、焚烧后控制三个方面，建议在上述内容的基础上，掌握《生活垃圾焚烧处理工程技术规范》、《生活垃圾焚烧污染控制标准》、《危险废物焚烧污染控制标准》、《危险废物集中焚烧处置工程建设技术规范》中关于二噁英控制措施的相关规定。

3. 下列哪一项不属于生活垃圾焚烧厂排放烟气中的PCDDs/PCDFs减排控制措施？【2011－3－70】

（A）选择合适的炉膛和炉排结构，使垃圾在炉膛中充分燃烧，保证烟气中CO浓度＜150mg/m^3

（B）用紫外线照射使PCDDs/PCDFs脱氯，产生臭氧的氧化作用使之分解

（C）选用催化滤袋分解烟气中的气态PCDDs/PCDFs

（D）在袋式除尘器入口前的烟道上方设活性炭喷入装置，向烟气喷入活性炭

解：

选项B、C，可使PCDDs/PCDFs得到分解；

选项D，喷入活性炭可以吸附PCDDs/PCDFs并被滤袋除尘器截留；

选项A，烟气比较理想的CO浓度是低于60mg/m^3，削弱炉内的还原气氛，减少飞灰含碳量，抑制二噁英物质的合成。

答案选【A】。

【解析】 参见《新三废·固废卷》P448第一段。

4. 废物焚烧过程中，PCDDs/PCDFs的生成主要取决于废物成分，炉内形成和炉外低温合成，下述哪一项属于炉外低温再合成的生成条件？【2010－3－68】

（A）焚烧过程中形成碳氢化合物，炉内存在氯化物，燃煤工况不佳

（B）废气温度280℃，飞灰中含有碳元素和金属氯化物，废气含氧8%

（C）废气温度220℃，废气含氧8%，飞灰中含有碳元素但不含金属氯化物

（D）废物含有有机溶剂，燃烧温度800℃，烟气含氧2%

解：

选项A：是在焚烧过程中产生的并不是炉外低温再合成；

选项C：不含金属氯化物没有合成二噁英的原料；

选项D：800℃不属于低温。

二噁英炉外低温再合成是指燃料不完全燃烧产生了一些与二噁英相似结构的前驱物，在较低温度下250℃～600℃（也有说200℃～400℃或者200℃～500℃），这些前驱物在固体飞灰表面发生意向催化反应合成二噁英。选项B符合条件。

答案选【B】。

【解析】 本题考查二噁英炉外低温再合成的条件，《新三废·固废卷》P445～P446。

5. 生活垃圾焚烧烟气中须控制重金属污染物，下列哪项措施对控制重金属污染物效果最差？【2012－3－70】

（A）采用燃烧法控制

（B）向烟气中喷入雾化的抗高温液体螯合剂

（C）向烟气中喷入粉末活性炭

（D）采用高效的颗粒物捕集方法

解：

焚烧的重金属污染物可以通过喷入粉末活性炭吸附去除；

或者喷入抗高温液体螯合剂去除金属汞；

采用布袋除尘器也可以去除重金属；

而燃烧法控制不能有效控制重金属污染。

答案选【A】。

【解析】 参见《新三废·固废卷》P438～P439 重金属污染控制的具体方法。

15.16 焚烧尾气污染控制——酸性气体

※知识点总结

1. 计算 $Ca(OH)_2$的消耗量，注意在题目在给出类似于“Ca/S＝1.30，Ca/Cl＝0.5”这些条件的时候，这个S和Cl是烟气中的量，不需要考虑HCl和 SO_x 去除率；如果没有给出则按照去除率和摩尔比正常计算；

2. 注意漏风率；

3. 根据《生活垃圾焚烧污染控制标准》（GB 18485—2014）相关要求，排放值以含氧量为11%的干烟气量为换算值，如题目中交代了烟气中氧气的含量和水分的含量，应进行换算（此点不局限于酸性气体）；

4. 吸收塔有效高度＝停留时间×空塔气速；

5. 氮氧化物的去除方法在《教材（第一册）》中准确定位：P567，P771。

※真　　题

1. 垃圾焚烧厂余热锅炉出口烟气量为 $67000m^3/h$（标况），其中含 SO_2 $85mg/m^3$，HCl $150mg/m^3$，经过脱酸反应后，SO_2去除率为80%，HCl去除率为95%，计算净化后烟气 SO_2、HCl的含量各为多少？【2007－4－68】

（A）$68.0mg/m^3$，$142.5mg/m^3$　　（B）$17.0mg/m^3$，$7.5mg/m^3$

（C）$142.5mg/m^3$，$68.0mg/m^3$　　（D）$7.5mg/m^3$，$17.0mg/m^3$

解：

净化后烟气 SO_2的含量：$85\times(1-80\%)=17mg/m^3$；

净化后烟气HCl的含量：$150\times(1-95\%)=7.5mg/m^3$。

答案选【B】。

【解析】 $67000m^3/h$（标况）为多余条件，固废方向的真题中会出现多余条件干扰计算的情况，这点要注意。

2. 垃圾焚烧厂余热锅炉出口烟气量为87000m^3/h（标态），其中SO_2浓度425mg/m^3，HCl浓度600mg/m^3，烟气净化系统SO_2去除率为80%、HCl去除率为95%。假设烟气净化系统的总漏风率为5%，试问净化后烟气中SO_2、HCl的含量各为多少？【2014-4-56】

（A）85.00mg/m^3，30.00mg/m^3　　（B）80.95mg/m^3，28.57mg/m^3

（C）61.55mg/m^3，23.50mg/m^3　　（D）16.35mg/m^3，92.30mg/m^3

解：

净化后烟气中SO_2含量：$425\times(1-0.8)\div1.05=80.95mg/m^3$；

净化后烟气中HCl含量：$600\times(1-0.95)\div1.05=28.57mg/m^3$。

答案选【C】。

【解析】 注意漏风率。

3. 某循环流化床焚烧炉日处理混合物料500t，物料含硫量在0.3%，通过流化床内添加石灰石粉可以达到60%的脱硫效率，炉膛出口烟气量为100000m^3/h，则循环流化床炉膛出口的SO_2浓度为多少？【2009-4-55】

（A）120mg/m^3　　（B）500mg/m^3

（C）250mg/m^3　　（D）750mg/m^3

解：

处理前SO_2浓度为：$\dfrac{500\times10^9\times0.003\times\dfrac{64}{32}}{24\times100000}=1250\ mg/m^3$。

处理后为：$1250\times(1-0.6)=500mg/m^3$。

答案选【B】。

【解析】 本题要细心，含硫量要换算成SO_2，有一个$64/32=2$的系数。

4. 某焚烧厂烟气量为$1.1\times10^5m^3/h$（标态），烟气成分如下表，采用干式脱酸工艺，脱酸反应剂氧化钙的浓度为90%，求钙硫比为1.3时，氧化钙的实际消耗量？（钙原子量为40）【2008-3-71】

烟气成分	CO_2	SO_2	N_2	O_2	HCl	H_2O
体积百分比（%）	4.79	0.01	57.79	9.09	0.01	28.31

（A）5.02kg/h　　（B）5.85kg/h

（C）6.07kg/h　　（D）7.55kg/h

解：

脱除SO_2消耗CaO的量（钙硫比为摩尔比值1.3）：

$\dfrac{1.1\times10^5\times0.01\%}{22.4\times0.9}\times1.3\times56=39.72kg/h$；

脱除 HCl 消耗 CaO 的量（钙与硫化氢比值为 0.5）：

$$\frac{1.1\times10^{5}\times0.01\%}{22.4\times0.9}\times0.5\times56=15.27\text{kg/h};$$

则总消耗量应为 55kg/h。

本题没有正确选项。

【解析】 本题是计算脱除酸性烟气消耗的氧化钙的含量，这类的计算题是高频考点，抓住以下关键问题：①有哪些酸性气体参与了反应；②酸性气体的量与钙的消耗量的关系。

5. 某生活垃圾焚烧发电厂单台焚烧炉处理量为 500t/d。已知焚烧炉出口烟气量为 $90710\text{m}^3/\text{h}$，烟气中含水 18.77%（体积百分比），含 O_2 7.15%（体积百分比），含 CO_2 7.60%（体积百分比），SO_2浓度 980mg/m^3，HCl 浓度 803mg/m^3，脱酸吸收剂采用纯度为 90% 的 $Ca(OH)_2$。为保证烟气净化系统的 SO_2脱除率≥85%、氯化氢脱除率≥95%。要求脱酸系统的 Ca/(S + Cl)≥1.3。在忽略 CO_2等其他元素参与反应的假设条件下，求该单台焚烧炉烟气净化脱酸系统吸收剂的消耗量至少是多少？（SO_2、HCl 和 $Ca(OH)_2$的分子量依次为 64、36.5 和 74）【2013-4-70】

（A）4.710t/d　　（B）5.511t/d

（C）5.532t/d　　（D）6.123t/d

解：

每小时排出的 SO_2摩尔量为：$90710\times980\times10^{-3}\div64=1389.0\text{mol/h}$；

每小时排出的 HCl 摩尔量为：$90710\times803\times10^{-3}\div36.5=1995.6\text{mol/h}$；

则需要的 $Ca(OH)_2$ 量为：$(1389.0+1995.6\div2)\times1.3\times74\times24\div0.9=6122937.6\text{g/d}=6.123\text{t/d}$。

答案选【D】。

【解析】 关于题目中“Ca/(S + Cl) ≥1.3”，应该理解成去除二氧化硫和 HCl，氢氧化钙的消耗系数为 1.3。HCl 在计算时不要忘了其与 $Ca(OH)_2$的摩尔消耗比例为 2:1。

6. 某生活垃圾焚烧厂进入烟气净化系统脱酸反应器的焚烧烟气量 $95000\text{m}^3/\text{h}$（标态），烟气含 SO_2体积分数为 0.04%、含 HCl 体积分数 0.06%，当脱酸系统吸收剂采用消石灰 $Ca(OH)_2$纯度 92%、分子量 74.08。设定 Ca/S = 1.3，Ca/Cl = 0.5。脱酸系统的 SO_2脱除率 85%、HC1 的脱除率 95%，在忽略 CO_2参与反应的条件下，求消石灰的消耗量。【2012-3-69】

（A）228.17kg/h　　（B）248.0lkg/h

（C）257.80kg/h　　（D）280.22kg/h

解：

每小时烟气的总摩尔量为：$95000\times10^{3}\div22.4=4241071.4\text{mol}$；

每小时产生的 SO_x摩尔数为：$4241071.4\times0.04\%=1696.4\text{mol}$；

每小时产生的 HCl 摩尔数为：$4241071.4\times0.06\%=2544.6\text{mol}$；

由于 Ca/S = 1.30，Ca/Cl = 0.5：

则每小时需要 $Ca(OH)_2$ 的质量是 (1696.4 ×1.3 +2544.6 ×0.5) ×74.08 ÷0.92 = 280024.0g =280kg。

答案选【D】。

【解析】 在给出 Ca/S =1.30，Ca/Cl =0.5 这个条件的时候，这个 S 和 Cl 是烟气中的量，不需要考虑 HCl 和 SO_x 去除率。

7. 某城市生活垃圾焚烧发电厂单台垃圾焚烧炉处理量为600t/d，已知垃圾焚烧炉实际出口烟气量 105500m^3/h，当烟气净化系统吸收剂采用消石灰 $Ca(OH)_2$（纯度95%，分子量74.08），Ca/S =1.30，Ca/Cl =0.5，消石灰量系数1.2时，烟气净化系统的 SO_x脱除率为85%，HCl 脱除率为95%，在忽略 CO_2参与反应的假设条件下，求垃圾发电厂单台焚烧炉烟气净化系统吸收剂 $Ca(OH)_2$每天的消耗量（t/d）。【2010 -3 -72】

烟气成分	CO_2	SO_x	N_2	O_2	HCl	H_2O	合计
实际烟气标态体积比（%）	8.46	0.03	61.64	5.94	0.05	23.88	100

（A）3.50　　（B）4.76

（C）6.02　　（D）6.76

解：

每天烟气的总摩尔量为 105500 ×24 ×10^3 ÷22.4 =113035714.3mol;

每天产生的 SO_x摩尔数为：113035714.3 ×0.03% =33910mol;

每天产生的 HCl 摩尔数为：113035714.3 ×0.05% =56518mol;

由于 Ca/S =1.30，Ca/Cl =0.5:

则需要 $Ca(OH)_2$ 的质量是 (33910 ×1.3 +56518 ×0.5) ×1.2 ×74.08 ÷0.95 = 6769383g =6.77t。

答案选【D】。

【解析】 在给出 Ca/S =1.30，Ca/Cl =0.5 这个条件的时候，这个 S 和 Cl 是烟气中的量，不需要考虑 HCl 和 SO_x除率。

8. 某城市生活垃圾焚烧厂进入脱酸反应器的焚烧烟气量 V =125000m^3/h（标态，湿态），烟气含水体积分数为20%，烟气含 SO_2体积分数为0.03%（干态），含 HC1 体积分数为0.05%（干态），脱酸系统吸收剂采用纯度为90%的消石灰 $Ca(OH)_2$（分子量74.08）。Ca/S =1.2，Ca/Cl =0.5。脱酸系统的 SO_x脱除率是85%，HC1 脱除率为95%，在忽略 CO_2参与反应的假设条件下，求脱酸反应器吸收剂的消耗量。【2011 -3 -68】

（A）5.98t/d　　（B）4.32t/d

（C）4.80t/d　　（D）5.38t/d

解：

每天干烟气的总摩尔量为：125000 ×24 ×10^3 ×(1 -0.2) ÷22.4 =107142857mol;

每天产生的 SO_x摩尔数为：107142857 ×0.03 ×0.01 =32142.857mol;

每天产生的 HCl 摩尔数为：107142857 ×0.05 ×0.01 =53571.428mol;

由于 Ca/S = 1.20，Ca/Cl = 0.5：

则需要 $Ca(OH)_2$ 的质量是：(32142.857 × 1.2 + 53571.428 × 0.5) × 74.08 ÷ 0.9 = 5379619g = 5.38t。

答案选【D】。

【解析】 在给出 Ca/S = 1.20，Ca/Cl = 0.5 这个条件的时候，这个 S 和 Cl 是烟气中的量，不需要考虑 HCl 和 SO_x 去除率。本题与 2010 - 3 - 72 考点一样。

9. 某生活垃圾焚烧厂采用流化床焚烧炉掺煤燃烧，烟气量为 $6.0 \times 10^4 m^3/h$（标态），成分如下表所示。烟气净化系统二氧化硫脱除率75%，漏风率5%，空气含湿量 $10g/m^3$，请按照排放标准的规定换算净化后烟气中的二氧化硫的排放浓度（mg/m^3）？【2008 - 4 - 73】

烟气成分	CO_2	SO_2	N_2	O_2	H_2O
体积百分比（%）	8.79	0.01	60.80	9.09	21.31

(A) 49.9　　(B) 54.4

(C) 59.9　　(D) 63.9

解：

(1) 烟气部分的计算：

烟气量为 $6.0 \times 10^4 m^3/h$，则氧气的体积为 $6.0 \times 10^4 \times 0.0909 = 5454 m^3/h$；

二氧化硫的体积为 $6.0 \times 10^4 \times 0.0001 = 6 m^3/h$；

脱硫后二氧化硫的减少的体积为 $6 \times 0.75 = 4.5 m^3/h$；

干烟气体积为：$6.0 \times 10^4 \times (1 - 0.2131) = 47214 m^3/h$；

干烟气脱硫后的总体积为 $47214 - 4.5 = 47209.5 m^3/h$。

(2) 漏风部分计算：

漏风的体积是：$6.0 \times 10^4 \times 0.05 = 3000 m^3/h$；

其中 H_2O 的体积分数是 $\frac{10 \div 18}{1000 \div 22.4} = 1.24\%$；干烟气量为 $3000 \times (1 - 0.0124) = 2962.8 m^3/h$；

氧体积为 $3000 \times 0.21 = 630 m^3/h$（由于水蒸气的量非常小，仅1%，因此不考虑水蒸气体积对氧体积分数的影响，仍然按照0.21计算）；

(3) 混合后的计算：

混合后氧的体积分数为：$\frac{630 + 5454}{47209.5 + 2962.8} = 0.121 = 12.1\%$；

混合后二氧化硫的浓度为：$\frac{(1.5 \times 10^3/22.4) \times 64}{47209.5 + 2962.8} = 0.08542 g/m^3 = 85.4 mg/m^3$。

(4) 根据《生活垃圾焚烧污染控制标准》(GB 18485—2014) 相关要求，排放值以含氧量为11%的干烟气量为换算值，故应换算成的含氧量的相应排放值，利用标准3.18中的公式：

$$\frac{21 - 11}{21 - 12.1} \times 85.4 = 95.96 mg/m^3$$

本题没有正确选项。

【解析】 本题应该注意：

（1）应该换算成基准氧排放浓度（以含氧量为11%的干烟气量为换算值）；

（2）对于公式中代入的二氧化硫浓度、氧气体积百分数，这两个数值笔者认为应该基于干基。在GB 18485—2014表5中列出了污染物浓度测定方法，二氧化硫测定方法可以按照HJ/T 56、57、629三个标准的方法进行测定，而这三个标准中关于二氧化硫浓度的表示均是以干基为基准的。

10. 某垃圾焚烧余热锅炉出口烟气量为95000m³/h（标态），烟气温度为200℃，内含HCl等有害物质，需进入半干式喷雾脱酸塔脱酸并降温至140℃。脱酸反应塔设计要求烟气在反应塔内停留10s，若反应塔直径为8.0m，试计算反应塔（按圆筒塔计）的最小有效高度。【2014-4-64】

（A）9.00m　　　　（B）8.52m

（C）8.05m　　　　（D）7.15m

解：

烟气温度为200℃，需要降温至140℃，因此在塔内烟气的温度按照平均温度170℃进行计算。

反应塔的体积为：$V=QT=\frac{95000}{3600}\times\frac{(273+170)}{273}\times10=428.2\text{m}^3$；

则反应塔的直径：$H=\frac{V}{\frac{\pi D^2}{4}}=\frac{428.2}{\frac{3.14\times8^2}{4}}=8.52\text{m}$。

答案选【B】。

【解析】 本题需要注意：

（1）反应器的体积为体积流量与停留时间的乘积；

（2）注意体积流量在不同温度下的换算，《教材（第二册）》P151公式4-7-16。本题与【2007-4-69】相似。

11. 某垃圾焚烧炉产生烟气量25000m³/h（标况），烟气温度200℃，内含酸性气体等有害物质，需进入半干式喷雾脱酸反应塔脱酸并降温至140℃，设备设计要求烟气在反应塔内停留时间10s，同时受场地影响要求反应塔直径不大于4m，请计算反应塔的最小有效高度。【2007-4-69】

（A）5.5m　　　　（B）0.9m

（C）9.0m　　　　（D）2.2m

解：

烟气温度为200℃，需要降温至140℃，因此在塔内烟气的温度按照平均温度170℃进行计算。

反应塔的体积为：$V=QT=\frac{25000}{3600}\times\frac{273+170}{273}\times10=112.69\text{m}^3$；

则，反应塔的直径 $H=\dfrac{V}{\dfrac{\pi D^2}{4}}=\dfrac{112.69}{\dfrac{3.14\times4^2}{4}}=9.0\text{m}$。

答案选【C】。

【解析】 本题需要注意：

（1）反应器的体积为体积流量与停留时间的乘积；

（2）注意体积流量在不同温度下的换算，《教材（第二册）》P151 公式 4-7-16。

12. 某生活垃圾焚烧发电厂，垃圾焚烧产生的高温烟气经余热回收后进入烟气净化系统吸收塔脱除酸性气体，进入圆形吸收塔的烟气量 $12\times10^5\text{m}^3/\text{h}$（标态）、烟气温度 230℃，出口烟气温度 160℃。设定烟气在圆形吸收塔内的空塔流速 2m/s，烟气在塔内圆柱体部分的停留时间 4.5s，试估算吸收塔圆柱体部分的高度。【2008-3-74】

（A）7m　　（B）8m

（C）9m　　（D）10m

解：

$$H=vT=4.5\times2=9\text{m}$$

答案选【C】。

【解析】 吸收塔有效高度=停留时间×空塔气速。

13. 某生活垃圾焚烧发电厂采用半干法净化烟气。焚烧炉稳定燃烧时，焚烧炉出口烟气中含有 SO_2、HCl 等酸性气体。当进入半干法脱酸反应塔的烟气温度为 240℃时，选择最合适的脱酸反应塔出口温度。【2014-4-57】

（A）220℃　　（B）200℃

（C）160℃　　（D）120℃

解：

温度过高或者过低都会造成腐蚀，选择 160℃较为合适。

答案选【C】。

【解析】 参见《生活垃圾焚烧处理工程技术》（白良成）P316，喷雾干燥反应器入口温度 180℃～240℃，出口温度 140℃～160℃。

14. 在废物焚烧或燃料焚烧中，为了减少焚烧烟气的 NO_x 含量，研究 NO_x 的形成和破坏机理，针对 NO_x 形成的主要影响因素和不同的具体情况，选用不同的低 NO_x 燃烧方法，请指出下面哪一项不属于低 NO_x 燃烧方法？【2011-3-69】

（A）燃烧器要求燃料和所需的全部空气快速混合，并在过量空气状态下进行充分燃烧

（B）空气分级燃烧（燃烧器供所需空气的 85%，余下空气通过燃烧器上面喷口进入炉内）

（C）燃料分级燃烧（将 80%～85% 的燃料送入炉内主燃区，在过剩空气系数 $m>1$ 的条件下燃烧，余下 15%～20% 的燃料在主燃区上部送入再燃区，在过剩空气

系数 $m<1$ 的条件下燃烧）

（D）排烟再循环法（让一部分温度较低的烟气与燃烧用空气混合）

解：

选项 A：不是低 NO_x燃烧方法。低氮氧化物燃烧技术包括低过量空气燃烧、空气分级燃烧、燃料分级燃烧和排烟再循环；

选项 B：通过空气分级燃烧可以尽量减少空气的量，从而降低热力型氮氧化物的产生；

选项 C：燃料分级燃烧是将已经生成 NO_x在遇到烃根和未燃烧的还原产物的情况下，发生 NO_x的还原反应；

选项 D：排烟再循环法是把空气预热器前的一部分烟气与燃烧用的空气混合，通过燃烧器进入炉内，达到了同时降低炉内温度和氧气浓度的目的。

答案选【A】。

【解析】 低氮氧化物燃烧技术见《教材（第一册）》P771 ~ P772。

15. 垃圾焚烧发电厂的排放烟气中一般含有 SO_2、NO_x、HCl 等腐蚀气体，因此烟气净化装置都设置防腐内衬，该内衬材料应理化性能好（如耐磨，耐温差，耐腐蚀，抗渗性好，粘接强度高等），工艺性好，施工方便，维护修复容易，性价比适中，下列防腐材料中哪一种最能满足上述性能要求？【2009 -4 -57】

（A）耐蚀金属　　（B）橡胶

（C）玻璃鳞片树脂　　（D）玻璃钢

解：

吸收塔的构造材料必须能抗拒酸气或者酸水的腐蚀，玻璃纤维强化塑胶（即玻璃钢）不仅质量小、可以防止酸碱腐蚀，还具有高度韧性及强度，满足题目的要求，适于作为吸收塔的内衬材料。耐蚀金属、玻璃鳞片树脂价格较高；橡胶耐高温性能差。

答案选【D】。

【解析】 参见《新三废・固废卷》P435 第四段。

15.17 飞灰与炉渣收集、输送与处理

※知识点总结

1. 生活垃圾焚烧产生的炉渣与飞灰应该分别收集、输送、储存与运输；飞灰按照危险废物处理，生活垃圾炉渣按一般废弃物处理；

2. ABI = 1 - P；

3. 灰渣的收集、输送及其再利用：《教材（第二册）》P178 ~ P180，《新三废・固废卷》P486 ~ P489；

4. 相关标准、规范对飞灰与炉渣收集、输送与处理的要求：

《危险废物集中焚烧处置工程建设技术规范》（HJ/T 176—2005）第 6.6 条；

《生活垃圾焚烧处理工程技术规范》（CJJ 90—2009）第 6.6、7.7 条；

《生活垃圾焚烧污染控制标准》（GB 18485—2014）第 9.1 条。

※真　题

1. 生活垃圾焚烧厂飞灰来自滤袋捕集的颗粒物及脱酸反应器的沉降物，这些颗粒物通过输送系统储存于飞灰储仓，气力输送是飞灰输送的一种重要方式，正压浓相气力输送系统在已建垃圾焚烧厂中获得较多的应用，与正压稀相气力输送系统相比，请指出下列哪个选项不是正压浓相气力输送系统的特点？【2011－3－65】

（A）具有良好的燃料搅拌和流态化功能

（B）系统输送速度高，料气比低

（C）对设备、输送管道磨损小

（D）系统输送速度低、料气比高

解：

正压浓相气力输送具有良好的流态化功能，基本解决了管道磨损、阀门磨损等问题。灰气比（料气比）高，输送速度低。选项 B 说法错误。

答案选【B】。

【解析】 参见《教材（第一册）》P676 第一段，关于正压浓相气力输送特点的介绍。本题实际上考的是大气的知识。

2. 某垃圾焚烧厂烟气净化产出飞灰收集后储存于飞灰储仓，下述各项飞灰储仓基本性能要求中，哪一项是错误的？【2010－3－67】

（A）储仓为了防止飞灰扬尘，仓内应设增湿措施和除尘措施

（B）储仓应设保温、加热设施，并具有密闭性

（C）储仓设计容量应不少于 3 天的飞灰额定产出量

（D）储仓应设料位指示、除尘、防止灰分板结的设施

解：

根据《生活垃圾焚烧处理工程技术规范》（CJJ 90—2009）：

选项 B 为第 7.7.7 条和第 7.7.2 条的要求；

选项 C、D 是第 7.7.6 条的要求。

答案选【A】。

【解析】 参见《教材（第三册）》P1388，《生活垃圾焚烧处理工程技术规范》（CJJ 90—2009）。

3. 某大型垃圾焚烧发电厂，日入厂垃圾 1200t，原生垃圾的灰分为 15.55%，水分为 48%，低位热值为 5024kJ/kg，垃圾正常焚烧时不添加辅助燃料。若布袋除尘器的除尘效率为 99.6%，焚烧炉渣的热灼减率为 4.8%，垃圾中灰分的 70% 以炉渣形式排放，其炉渣日产量（干态）为多少吨？【2014－4－59】

（A）137.2　　　　（B）113.2

（C）130.6　　　　（D）55.8

解：

$$\text{炉渣量} = 1200 \times 0.1555 \times 0.7/(1-0.048) = 137.2\text{t}$$

答案选【A】。

4．关于大型生活垃圾焚烧产生的炉渣的收集、储存、输送及处理，下列哪一做法是不必要的？【2013－4－60】

（A）与垃圾焚烧炉衔接的除渣机，应有可靠的机械性能和冷却能力，并保证炉内密封的措施

（B）除渣机及其转运设备附近，应设必要的检修设施和场地

（C）炉渣储仓宜按3～5d的储存量确定

（D）对炉渣进行毒性检测，满足浸出毒性标准后可综合利用

解：

选项A：按照《生活垃圾焚烧处理工程技术规范》（CJJ 90—2009）：“6.6.4 炉渣储存、输送和处理工艺及设备的选择，应符合下列要求：（1）与垃圾焚烧炉衔接的除渣机，应有可靠的机械性能和保证炉内密封的措施”，A正确；

选项B：“6.6.3 炉渣处理系统的关键设备附近，应设必要的检修设施和场地”，B正确；

选项C：“6.6.4（3）炉渣储存设施的容量，宜按3～5d的储存量确定”，C正确；

选项D：“6.6.4（4）炉渣宜进行综合利用”，不需进行毒性检测。D错误。

答案选【D】。

【解析】 参见《教材（第三册）》P1378，《生活垃圾焚烧处理工程技术规范》（CJJ 90—2009）。

5．某生活垃圾焚烧厂设计规模2000t/d，采用3台大型垃圾焚烧炉，设计中需考虑炉渣的输送与贮存方案，焚烧炉出口炉渣采用马丁出渣机，炉渣需运输到炉渣贮坑中。按照车间配置，从最近的马丁出渣机到炉渣贮坑的距离为35m，并考虑除铁设施，试分析下列哪一方案最为合理？【2008－4－74】

（A）出渣机出口采用1500mm宽振动输送机送至2000mm宽振动输送机输送至渣坑

（B）出渣机出口采用1500mm宽挡边皮带运输机送至2000mm宽挡边皮带运输机输送至渣坑

（C）出渣机出口采用800mm宽振动输送机送至1200mm宽振动输送机输送至渣坑

（D）出渣机出口采用800mm宽挡边皮带运输机送至1200mm宽挡边皮带运输机输送至渣坑

解：

振动式输送是采用振动平台以搬运灰渣的设备。具有将灰渣整平、松化的功能，一般设置于金属磁选机的前方或者下方，使其在输送灰渣过程中兼具有回收金属的功能。本题中需要考虑除铁，因此选用振动输送机；另外输送带应该具有足够的宽度，以预防灰渣子冷却设备出口落下时，形成拱形，因此选A。

答案选【A】。

【解析】《新三废·固废卷》P487～P488。

15.18 热解及其他热处理

※知识点总结

1．热解的主要原理：

物料在氧气不足的气氛中燃烧，并通过由此产生的热作用而引起的化学分解过程；

2．热解产物：

可燃性气体、有机液体和固体残渣。产物的产量和成分与热解原料成分、热解温度、加热速率和反应时间有关；

3．热解过程影响因素：

固体废物成分、物料的预处理、含水率、反应温度、加热速率。

（1）含水率越低，物料加热速度越快，越有利于得到较高产量的可燃性气体；

（2）热解温度与气体产量呈正比。按照温度可以分成低温热解法（600℃以下）、中温热解法（600℃~700℃）、高温热解法（1000℃以上）；

（3）在低温加热条件下，固体产率增加；在高温快速加热条件下，气体组分有所增加。

4．典型物质（城市垃圾、污泥、废塑料）的热解：《新三废·固废卷》P564~P578。

※真　　题

1．我国长江流域建工业区，需要配套建设一座固体废物处理厂，该工业区固体废物主要为有机类废物，拟采用热解处理工艺设计，热解产生的气和油作为锅炉的燃料，选择热解工艺过程的主要控制参数为哪些？【2010-3-62】

（A）热解温度、蒸汽压力、热灼减率　　（B）热解温度、升温速率、给料速率

（C）烟气温度、热解时间、排渣速率　　（D）蒸汽温度、升温速率、热灼减率

解：

热解的主要影响因素是废物组成、物料预处理、物料含水率、反应温度和加热速率等。反应温度和加热速率对气体产量有影响，此外给料速率也会影响废物热解效率。蒸汽压力、排渣速率并不是主要影响因素。

答案选【B】。

【解析】 参见《教材（第二册）》P199，有热解的主要影响因素。

2．下列关于秸秆厌氧发酵处理和秸秆气化处理工艺的描述正确的是哪一项？【2012-3-63】

（A）秸秆厌氧发酵和秸秆气化都产生可燃气体，均涉及微生物学过程

（B）秸秆厌氧发酵和秸秆气化都产生可燃气体，前者以CH_4为主，后者为CO为主

（C）秸秆厌氧发酵和秸秆气化都必须在没有氧气的条件下进行，氧化还原电位需低于-300mV

（D）秸秆厌氧发酵和秸秆气化都涉及$C+CO_2 \rightarrow 2CO$的反应

解：

选项A：秸秆气化不涉及微生物学过程，A错误；

选项C：秸秆气化在氧气不足的条件下进行，C错误；

选项D：秸秆厌氧发酵涉及$C+CO_2 \rightarrow 2CO$的反应，D错误。

选项B：正确。

答案选【B】。

【解析】 本题的关键是掌握厌氧发酵和热解的原理，并能够区别两者的不同点。

3. 有一座日处理50t的市政污泥的热解炉，其产生的热解气体进入900℃的二燃室燃烧后排出的气体温度较高，可进行余热回用。下列哪一项不适用于该污泥处置余热回收利用？【2014－4－71】

（A）污泥干燥　　（B）热解炉助燃空气的预热

（C）二燃室助燃空气的预热　　（D）余热发电

解：

污泥处置余热回收利用主要用以下几个方面：（1）脱水泥饼的干燥；（2）热解炉助燃空气的预热；（3）二燃室助燃空气的预热。不用于余热发电。

答案选【D】。

【解析】 参见《新三废·固废卷》P574，列举了污泥处置余热回收利用的主要方式。

4. 我国东北某林场有大量树皮和木屑，请基于热解技术的原理、工艺特点以及控制的要求，确定下列哪一项技术方案可行。【2012－3－61】

（A）采用250℃热解炉处理树皮和木屑，主要产生燃料气

（B）采用550℃热解炉处理树皮和木屑，主要产生固体炭

（C）采用850℃热解炉处理树皮和木屑，主要产生木焦油

（D）采用1000℃热解炉处理树皮和木屑，主要产生活性炭

解：

温度在600℃以下为低温热解，可采用这种方法将农业、林业和农业产品加工后的废物生产低硫分低灰分的炭。A错。

温度一般在600℃～700℃为中温热解，可以得到液态产物。C错。

温度一般在1000℃以上为高温热解，主要获得可燃气。D错。

答案选【B】。

【解析】 《教材（第二册）》P198、P200。

5. 我国长江流域建工业区，需要配套建设一座固体废物热解焚烧厂，试为该厂选择一个合适的主流工艺流程。【2010－3－61】

（A）固体废物—空气预热—废物热解—飞灰处理—残渣处理—烟气排放

（B）固体废物—废物热解—热解气再燃烧—烟气净化—蒸汽轮机发电

（C）固体废物—空气预热—废物热解—热解气再燃烧—余热回收—烟气净化

（D）固体废物—废物热解—热解气再燃烧—余热回收—烟气净化

解：

热解前需要空气预热干燥，去除其中的水分。热解气应当利用，烟气应当净化。选项C正确。

答案选【C】。

【解析】 根据基本的热解焚烧流程即可做出选择。

6. 近几年，等离子技术已越来越多地应用于多个热处理领域，也可以应用于处理有机废弃物，在采用等离子技术处理特种有机固体废弃物时，下述哪种说法是错误的?【2012－3－60】

（A）采用等离子体技术可以彻底无害化处理有毒有害有机固体废弃物

（B）采用等离子体技术处理有机固体废弃物不需要设置烟气净化装置

（C）采用等离子体技术处理有机固体废弃物有助于减少二噁英类污染物

（D）等离子体技术适用于处理采用常规焚烧技术会产生严重污染的有机固体废弃物

解：

等离子体处理技术在处理过程中会产生很高浓度的NO_x，还可能产生特殊的副产物，因此需要设置烟气净化装置。

答案选【B】。

【解析】《新三废·固废卷》P516。

16　固体废物填埋处置技术

16.1　填埋场处理量和库容计算

※知识点总结

1. 基本公式：库容 = 单位时间占用体积 × 使用时间；

2. 注意事项：

（1）填埋体上下面积不一致的时候按上下底面积之和除以 2 再乘以填埋厚度计；

（2）注意覆土体积；

（3）题干中常常含有多余条件。

※真　　题

1. 某一垃圾填埋场占地面积约 25 万 m^2 的平地型填埋场，其中填埋区占地面积约 20 万 m^2，平均填埋高度为 21m，进场垃圾为 350t/d，含水率为 50%，覆盖土占垃圾体积的 15%，该填埋场垃圾的压实密度为 0.7t/m^3，则该填埋场每日所需的填埋库容和该填埋场的使用年限分别为哪一项？【2007 - 3 - 71】

（A）500m^3/d，23 年　　　　（B）575m^3/d，20 年

（C）288m^3/d，40 年　　　　（D）575m^3/d，25 年

解：

该填埋场每日所需的填埋体积为：$\dfrac{350}{0.7}\times 1.15 = 575m^3/d$；

使用年限：$\dfrac{20\times 10^4\times 21}{575\times 365} = 20a$。

答案选【B】。

【解析】“含水率为 50%”是多余条件。

2. 某生活垃圾卫生场总占地面积为 20 万 m^2，填埋库区有效面积为 15 万 m^2，填埋库区地下填埋高度为 5m，场底面积为 12 万 m^2，填埋库区地上填埋高度为 20m，场顶面积为 6 万 m^2，平均填埋垃圾量 300t/d，生活垃圾的平均含水率为 40%，填埋作业所需的覆盖土体体积占所填埋生活垃圾的 15%，垃圾压实后的平均密度为 0.8t/m^3，平均体积减少率 20%。计算该填埋场的使用年限。【2014 - 3 - 65】

（A）14a　　　　（B）18a

（C）21a　　　　（D）22a

解：

填埋场的库容为：$(6+15)\times 20\div 2+(15+12)\times 5\div 2 = 2775$ 万 m^2；

每天填埋的垃圾量：$300\div 0.8 = 375m^3/d$；

每天覆土的体积：$375 \times 0.15 = 56.25m^3/d$；

由于填埋后垃圾体积减少，因此垃圾实际占用的体积为：$375 \times 0.8 = 300m^3/d$；

每天占用的总体积为：$356.25m^3/d$；

使用年限为：$277.5 \times 10^4 \div (356.25 \times 365) = 21.34a$。

答案选【C】。

【解析】 “平均体积减少率20%”是垃圾量的减少率，注意和覆土部分分开计算。

3. 某平原型生活垃圾卫生填埋占地面积25万m^2，设计使用年限20年，填埋区面积约20万m^2，平均进场垃圾量1000t/d，平均含水率为50%，覆盖土占垃圾体积的20%，综合压实密度为$800kg/m^3$，则该填埋场所需的日填埋容量和总填埋高度分别为哪一项？【2013-4-63】

(A) $750m^3/d$，≥27m　　(B) $1000m^3/d$，≥36.5m

(C) $1200m^3/d$，≥44m　　(D) $1500m^3/d$，≥55m

解：

日填埋容量为：$1000 \times 10^3 \times 1.2 \div 800 = 1500m^3/d$；

总填埋容积为：$1500 \times 365 \times 20 = 10950000m^3$；

总填埋高度：$10950000 \div 200000 = 54.75m$。

答案选【D】。

【解析】 本题注意占地面积不是实际的填埋面积，以实际的填埋面积计算。

4. 某新建垃圾卫生填埋场日处理规模300t，填埋区有效面积12万m^2（300m×400m），垃圾压实后容重为$0.8t/m^3$，覆盖土综合体积为垃圾体积的13%。若填埋区平均挖深2m，地上每层填埋5m，最大填埋高度为20m，则该填埋场容积和使用年限约为多少？（填埋体积按上下底面积之和除以2再乘以填埋厚度计）【2008-3-63】

(A) $2.64 \times 10^6m^3$，17年　　(B) $1.94 \times 10^6m^3$，13年

(C) $1.80 \times 10^6m^3$，13年　　(D) $1.80 \times 10^6m^3$，12年

解：

按照题意，填埋场分为两部分，地上部分和地下部分。

(1) 地上部分：按照规范要求填埋体的最大允许坡度为1∶3，由于高度为20m，因此，上截面的长宽分别是：$400 - 3 \times 20 \times 2 = 280m$、$300 - 3 \times 20 \times 2 = 180m$；

则地上部分的体积是：$(120000 + 280 \times 180) \times 20 \div 2 = 1704000m^3$；

(2) 地下部分的体积是：$120000 \times 2 = 240000m^3$；

(3) 总体积为：$1.94 \times 10^6m^3$；

(4) 每天需要填埋的体积是：$300 \div 0.8 \times 1.13 = 423.75m^3/d$；

(5) 可以填埋的年数为：$1.94 \times 10^6 \div (423.75 \times 365) = 12.54a$。

答案选【B】。

【解析】 需要找规范的相应坡度。

5. 某城市人口8万人，人均垃圾产生量为1.1kg/d，拟建一生活垃圾填埋场，设计

覆土体积为垃圾的15%，垃圾压实密度为850kg/m^3，填埋场设计服务年限30年，若第1年~3年年填入物的体积总减小率为0.25，第4年至第10年年填入物的体积总减小率为0.15，剩下年份填入物的体积总减小率为0.1，计算第30年末垃圾填埋场所需的库容（不考虑该市人口及人均垃圾产生量的变化）。【2008-4-61】

（A）$1.37\times10^6m^3$ （B）$9.18\times10^6m^3$

（C）$1.14\times10^6m^3$ （D）$9.75\times10^6m^3$

解：

每年需要填埋的体积为：$1.1\times80000\div850\times365\times1.15=43456.5m^3$；

则30年的产量为：$43456.5\times3\times0.75+43456.5\times7\times0.85+43456.5\times20\times0.9=1.14\times10^6m^3$。

答案选【C】。

6. 某危险废物综合处理中心收集到的废物种类和数量为：重金属污泥5000t/a、焚烧飞灰300t/a、精（蒸）馏残渣500t/a、有机树脂类废物500t/a、其他可直接填埋的危险废物1400t/a，若固化剂用量为20%，且不考虑本中心产生的废物，试判断并计算实际安全填埋量。【2014-3-67】

（A）7760t/a （B）7260t/a

（C）7200t/a （D）6700t/a

解：

精（蒸）馏残渣500t/a、有机树脂类废物500t/a采用焚烧的方法进行处理处置。

实际安全填埋量为：$5300\times1.2+1400=7760t/a$。

答案选【A】。

【解析】 对不同的危险废物采用不同的处理处置方式。

16.2 填埋场类型和选址

※知识点总结

1. 能够根据地形（等高线图）来判断填埋场的类型，如山谷型、坡地型等；

2. 场址的选择：

（1）危险废物填埋场的场址选址应该满足《危险废物填埋污染控制标准》（GB 18598—2001）第4条、《危险废物安全填埋处置工程建设技术要求》（环发［2004］75号）第4条的要求；

（2）生活垃圾填埋场的场址选址应该满足《生活垃圾卫生填埋处理技术规范》（GB 50869—2013）第4条、《生活垃圾卫生填埋处理技术规范》（GB 50869—2013）第4条的要求；

（3）对于土层、地基承载力等陌生指标是否满足场址要求的判断，可以结合固废卷和教材的实例进行判断。

※真　　题

1. 某生活垃圾卫生填埋场地形：东、南、西、北向的标高分别为118m、113m、

63m、104m。填埋场库区占地面积为138000m^2，设计总库容为400万m^3，填埋规模为400t/d，总服务年限为20年。根据上述资料，试分析该填埋场属于下列哪种类型的填埋场？【2014－3－63】

（A）平原型　　（B）滩涂型

（C）山谷型　　（D）坡地型

解：

从地形上看，可能为山谷型，西向的标高与其他方向的落差较大。

答案选【C】。

【解析】 从地形判断填埋场类型。

2. 请依据该小型生活垃圾卫生填埋场所在地形环境判断该填埋场类型。（注：图中标高及等高线数值的单位为m）【2012－4－55】

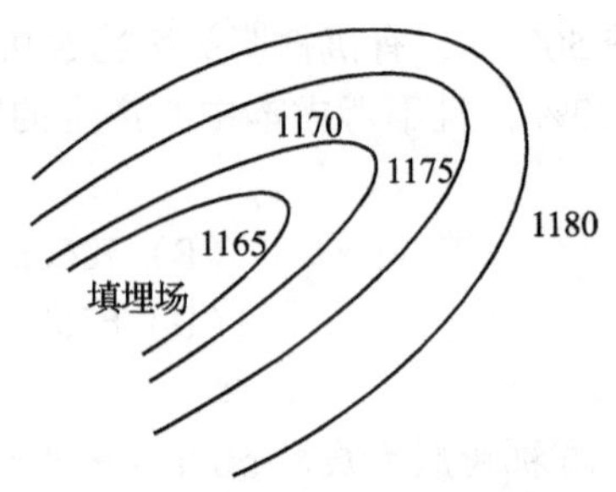

（A）山谷型　　（B）平原型

（C）坡地型　　（D）丘陵型

解：

由该图的等高线可知该填埋场位于山谷，为山谷型填埋场。

答案选【A】。

【解析】 根据地形判断填埋场的类型。

3. 根据自然地形，分析下列哪个地形适合建设山谷填埋场？【2010－4－65】

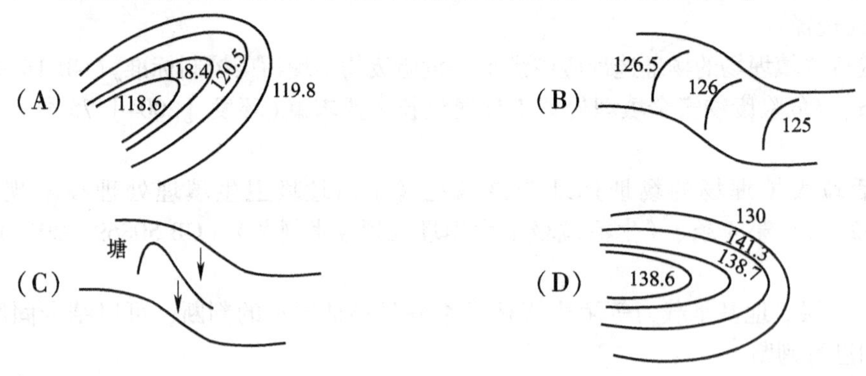

解：

通过等高线可以判断A为山谷型。

答案选【A】。

【解析】 实质上是通过等高线判断地形。

4. 某城市拟建设危险废物填埋场，每天填埋量为100t，初步拟选了4个场址，每个拟选场址均符合城市发展规划，避开了保护区和风景名胜区，各个场址具体条件如下，选择哪个场址比较合适？【2007－4－55】

拟选场址编号	1号场址	2号场址	3号场址	4号场址
距离居民的距离	场界＞800m	场界＞1000m	场中心距离居民区＞800m	场界＞800m
填埋场容量	60万m^3	30万m^3	65万m^3	60万m^3
交通条件	距国道200m	距国道500m	距高速公路150m	距国道400m
距地表水距离	≥350m	≥1000m	≥500m	≥150m
地质条件	基本稳定	基本稳定	基本稳定	基本稳定
气象条件	处于城市上风向	处于城市下风向	处于城市下风向	处于城市下风向

(A) 1号场址　　(B) 2号场址
(C) 3号场址　　(D) 4号场址

解：

根据《危险废物填埋污染控制标准》(GB 18598—2001)：

(1)“4.5 填埋场厂界位于居民区800m外”，所以3号场址场中心距离居民区＞800m，不可选；

(2)“4.10 填埋场保证10年的填埋容量”。填埋量至少为36.5万t，2号场址不可选；

(3) 场址应该在城市下风向，1号场址不可选。

4号场址各方面都能够符合《危险废物填埋污染控制标准》(GB 18598—2001)的要求，因此选4号场址。

在当时(2007年)，答案选【D】。

【解析】《危险废物填埋污染控制标准》(GB 18598—2001)第4点关于场址的选择原则。注意本标准出了修改单，《危险废物填埋污染控制标准》(GB 18598—2001)第4.4条、第4.5条、第4.7条合并为一条，内容修改为：危险废物填埋场场址的位置及与周围人群的距离应依据环境影响评价结论确定，并经具有审批权的环境保护行政主管部门批准，并可作为规划控制的依据。在对危险废物填埋场场址进行环境影响评价时，应重点考虑危险废物填埋场渗滤液可能产生的风险、填埋场结构及防渗层长期安全性及其由此造成的渗漏风险等因素，根据其所在地区的环境功能区类别，结合该地区的长期发展规划和填埋场的设计寿命，重点评价其对周围地下水环境、居住人群的身体健康、日常生活和生产活动的长期影响，确定其与常住居民居住场所、农用地、地表水体以及其他敏感对象之间合理的位置关系。

5. 危险废物填埋处理必须采取安全填埋，以下四个备选场址中，符合要求的是哪一

项？【2010－4－74】

（A）填埋库区靠近飞机场

（B）填埋库区附近有大量居民区

（C）填埋场场址距地表水域的距离小于100m

（D）填埋场场址远离敏感目标，交通便利

解：

填埋场应该尽可能远离飞机场、居民区、地表水域，远离敏感目标。

答案选【D】。

【解析】 《危险废物填埋污染控制标准》（GB 18598—2001）第4点关于场址的选择原则。

6. 危险废物填埋处理必须采取安全填埋，安全填埋场构造及选址比卫生填埋场要求更严格，下列哪项条件不符合危险废物填埋场的选址要求？【2012－4－57】

（A）填埋库区有效使用期限16年

（B）填埋库区中心位于居民区800m以外

（C）填埋场场址距地表水域的距离大于150m

（D）填埋场场址的地下水位在不透水层2.8m以下，经提高防渗设计标准并进行环境影响评价，取得主管部门同意

解：

根据《危险废物填埋污染控制标准》（GB 18598—2001）：

选项A：第4.10条："填埋场场址必须有足够大的使用面积以保证填埋场建成后具有10年或更长的使用期，在使用期内能充分接纳所产生的危险废物"，A说法正确；

选项B：第4.6条："填埋场厂界应位于居民区800m以外"，B说法错误；

选项C：第4.7条："填埋场场址据地表水域的距离不应小于150m"，C说法正确；

选项D：第4.8d条："地下水位应在不透水层3m以下，否则，必须提高防渗设计标准进行环境影响评价，取得主管部门同意"，D说法正确。

答案选【B】。

【解析】 解析同【2007－4－55】。

7. 某城市夏季主导风向为东北风，现拟建一座生活垃圾卫生填埋场，通过大量的现场勘测调查，初定了四个候选场址，则最适宜的场址是哪一个？【2011－4－58】

（A）场址1，位于城市东北角，边界距离居民区800m，边界距离河流100m

（B）场址2，位于城市西南角，边界距离居民区600m，边界距离河流100m

（C）场址3，位于城市东北角，边界距离居民区600m，边界距离河流100m

（D）场址4，位于城市西南角，边界距离居民区300m，边界距离河流100m

解：

城市夏季主导风向为东北风，则选址应该位于城市的西南角；根据《生活垃圾卫生填埋处理技术规范》（GB 50869—2013）第4.0.2条：填埋场不应设在"填埋库区与渗沥液处理区边界距居民居住区或人畜供水点卫生防护距离在500m以内的地区"。

答案选【B】。

【解析】 填埋场的选址根据《生活垃圾卫生填埋处理技术规范》(GB 50869—2013)第4条的要求，高频考点。

8. 卫生填埋场，河从西南向东北流经市区，城市夏季主导风向为东南风，在开展卫生填埋场选址时，考虑最合适的是哪一项?【2010-4-57】

(A) 城东南，城边5km至道路，场西北部400m有村庄160户

(B) 城东，城边3km有农用水塘，场西北部1000m有村庄

(C) 城西，城边30km有一山谷，谷东为市政森林公园，无村庄，8km处有简易道路

(D) 城北，城边10km有丘陵坡地，无农田，场西2km有国道经过

解:

因为城市夏季主导风向为东南风，因此选项A、B不合适;

选项C谷东为市政森林公园应为需要保护的区域，并且交通不是很方便;

选项D符合《生活垃圾卫生填埋处理技术规范》(GB 50869—2013)第4点关于场址的选择要求。

答案选【D】。

【解析】《生活垃圾卫生填埋处理技术规范》(GB 50869—2013)第4点。

9. 某市拟建一座危险废物安全填埋场，通过大量的现场踏勘调查，初定了几个候选场址，各场址的工程、水文地质情况见下表，试分析下列哪个场址较为合适?【2008-4-64】

场址名称	土　层	地基承载力(kPa)	渗透系数(cm/s)	地下水位(m)
场址1	淤泥质黏土，碎石土粉尘黏土、熔结凝灰岩	55~150	8.0×10^{-3}~2.03×10^{-3}	0.62~1.03
场址2	粉质黏土、角砾、熔结凝灰岩	200~300	6.0×10^{-5}~8×10^{-7}	2.5~5.5
场址3	淤泥质黏土、熔结凝灰岩	50~65	2.03×10^{-3}	0.3~0.8

(A) 场址1　　(B) 场址2

(C) 场址3　　(D) 三个场址均不合适，需另选场址

解:

比较3个场址，场址2无论是从地基承载力、渗透系数，还是地下水位的条件都优于场址1和3。场址2的地基承载力200~300kPa，渗透系数为6.0×10^{-5}~8×10^{-7}cm/s，地下水位2.5~5.5m，可以作为危险废物安全填埋场场址。

答案选【B】。

【解析】 本题有可能从教材、标准中不能直接找到答案，比较困难的是在B和D中选择，特别是地基承载力在标准中并无明确数据的体现。当遇到实际问题实际数据没有依

据无法判断的时候，注意看实例。固废卷 P1079，深圳市危险废物填埋场，地基承载力标准值“100kPa”、“150～300kPa”；《教材（第二册）》P264 实例 2 中地基承载力“150～200kPa”、“100～150kPa”。这些数据就说明场址 2 可行。

10. 某市拟建一座危险废物安全填埋场，通过大量的现场踏勘调查，拟定了几个候选场址，各场址的工程，水文地质情况见下表：

场址名称	土　　层	F_k（kPa）	渗透系数（cm/s）	地下水位（m）	不良地质
场址 1	淤泥质黏土，碎石粉质黏土	50～150	8×10^{-5}～2×10^{-5}	0.62～1.03	无
场址 2	粉质黏土、角砾、熔结凝灰岩	200～300	6×10^{-4}～8×10^{-6}	0.3～1.43	有地址断裂带
场址 3	粉质黏土、熔结凝灰岩	150～300	2×10^{-7}	0.5～0.8	无

注：F_k 地基土层承载力。

若仅考虑上表所列地质条件，推荐场址是哪一项？【2011－4－60】

（A）场址 1　　（B）场址 2

（C）场址 3　　（D）三个场址均不适合，需另选场址

解：

场址 2 有地质断裂带不可选；场址 1 为淤泥质黏土，地基承载力低，不选；

场址 3 可以作为危险废物安全填埋场场址，但是需要提高防渗设计要求并进行环境影响评价。

答案选【C】。

【解析】《危险废物安全填埋处置工程建设技术要求》（环发［2004］75 号）第 4.8 条，《危险废物填埋污染控制标准》第 4.8 条。本题与【2008－4－64】类似。

16.3　填埋标准、规范

※知识点总结

涉及案例高频考点的标准、规范、政策如下：

1.《生活垃圾填埋场污染控制标准》（GB 16889—2008）；

2.《危险废物填埋污染控制标准》（GB 18598—2001）；

3.《生活垃圾卫生填埋处理技术规范》（GB 50869—2013）；

4.《危险废物安全填埋处置工程建设技术要求》（环发［2004］75 号）；

5.《城市生活垃圾卫生填埋场运行维护技术规程》（CJJ 93—2003）；

6.《城市生活垃圾处理及污染防治技术政策（2000 年）》；

7.《生活垃圾填埋渗滤液处理工程技术规范（试行）》（HJ 564—2010）；
8.《生活垃圾卫生填埋场防渗系统工程技术规范》（CJJ 113—2007）；
9.《生活垃圾卫生填埋场气体收集处理及利用工程技术规范》（CJJ 133—2009）；
10.《生活垃圾填埋场封场技术规程》（CJJ 112—2007）；
11.《生活垃圾卫生填埋处理工程项目建设标准》（建标 124—2009）。

※真　　题

1. 某环境监测站在对某危险废物填埋场进行污染物监测时，需确定常规监测目，下列哪组都属于常规监测的项目？【2007 -4 -52】

（A）大肠杆菌总数、氰化物、可溶性固体、pH 值
（B）硝酸盐、pH 值、大肠杆菌总数、氨氮
（C）pH 值、氰化物、可溶性固体、氯化物
（D）硝酸盐、亚硝酸盐、氨氮、化学需氧量

解：

《危险废物填埋污染控制标准》（GB 18598—2001）第 8.4 条“常规监测的项目为：浊度，pH 值，可溶性固体，氯化物，硝酸盐（以 N 计），亚硝酸盐（以 N 计），氨氮，大肠杆菌总数”。

答案选【B】。

【解析】 参见《危险废物填埋污染控制标准》（GB 18598—2001）。

2. 为监测危险废物填埋场对地下水的影响，需设置地下水监测井，下列图中地下水监测井布置正确的是（图中方框为填埋场，箭头为地下水流向，圆圈为监测井）哪一项？【2008 -3 -64】

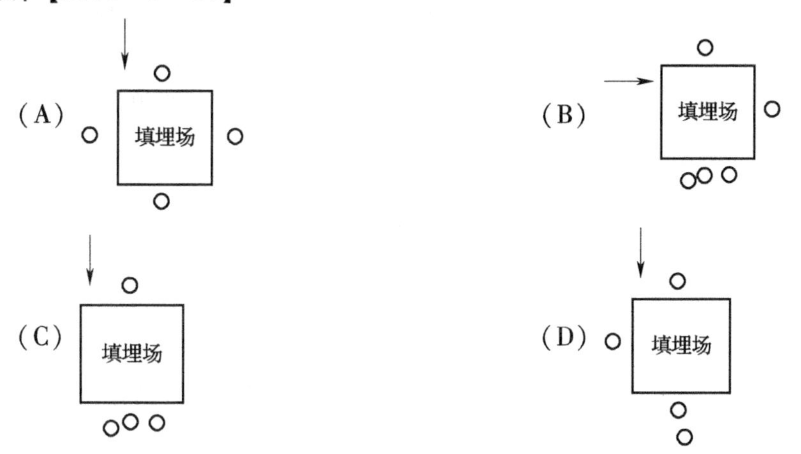

解：

根据《危险废物填埋污染控制标准》（GB 18598—2001）第 10.3.1 条“在填埋场上游应设置一眼监测井，以取得背景水资源数值。在下游至少设置三眼井，组成三维监测点，以适应下游地下水的羽流几何型流向”。

答案选【C】。

【解析】 参见《危险废物填埋污染控制标准》（GB 18598—2001）。

3. 危险废物填埋场分析实验室的分析项目应满足填埋场运行要求。某填埋场的危险物废物含有 Ni、Zn、Cd、Pb 等重金属和挥发性有机物（VOCs），则满足该填埋场运行检测要求的分析仪器设备配置是哪一项？【2012－4－67】

（A）原子吸收和气相色谱

（B）气相色谱和离子交换色谱仪

（C）离子交换色谱仪和紫外分光光度计

（D）紫外分光光度计和 TOC 分析仪

解：

《危险废物安全填埋处置工程建设技术要求》（环发［2004］75 号），表 6－1，原子吸收仪用于金属分析，气相色谱仪用于挥发性化合物的分析。

答案选【A】。

【解析】 本题考查《危险废物安全填埋处置工程建设技术要求》（环发［2004］75 号）中指标分析设备。本题根据一般分析知识也可以选择出来。

4. 某危险废物安全填埋场于 1996 年已进行了封场，该安全填埋场在 2008 年的主要运行管理工作可以不包括下列哪项？【2009－3－74】

（A）维护和检测双人工衬层防渗系统

（B）维护和检测气体收集系统

（C）进行渗滤液的收集和处理

（D）监测地下水水位及水质的变化

解：

《危险废物安全填埋污染控制标准》（GB 18598—2001）第 9.3 条："封场后应继续进行下列维护管理工作，并延续到封场后 30 年：a. 维护最终覆盖层的完整性和有效性；b. 维护和监测检漏系统；c. 继续进行渗滤液的收集和处理；d. 继续监测地下水水质的变化"。

答案选【B】。

【解析】《危险废物安全填埋污染控制标准》（GB 18598—2001）。《危险废物安全填埋处置工程建设技术要求》（环发［2004］75 号）中也有封场后需要监测的内容，这两个规范是危险废物填埋的高频考点。

5. 在某种危险废物的下列四项指标中，哪一项造成危险废物不能直接进行安全填埋？【2010－3－65】

（A）含水率 45%

（B）废物本身不具反应性，爆炸性

（C）废物浸出液主要有害成分浓度为：汞及其化合物 0.15mg/L，铅 3mg/L，镉 0.20mg/L

（D）废物浸出液 pH 值为 5.00

解：

按照《危险废物安全填埋污染控制标准》（GB 18598—2001）第5.2条："下列废物需经预处理后方能入场填埋：b. 根据GB 5086和GB/T 15555—12测得的废物浸出液pH值小于7.0和大于12.0的废物；d. 含水率高于85%的废物"，因此选D；

选项B、C满足上述标准中第5.1条的要求，可以直接填埋；

选项A，含水率高于85%才需要预处理后填埋。

答案选【D】。

【解析】《危险废物安全填埋污染控制标准》（GB 18598—2001）入场要求。

6. 某地地处太湖流域的某市建有一生活垃圾卫生填埋场，2010年10月7日当地环保部门测得垃圾渗滤液处理厂出水水质如下表：请问哪项是正确的？【2011－4－62】

主要指标	COD	BOD	SS	NH_3-N
数据（mg/L）	90	25	30	25

（A）该出水达到了现行填埋场污染控制标准的二级排放标准的要求

（B）该出水达到了现行填埋场污染控制标准的一级排放标准的要求

（C）该出水达到了现行填埋场污染控制标准的要求

（D）该出水没有达到现行填埋场污染控制标准的要求

解：

根据《生活垃圾填埋场污染控制标准》（GB 16889—2008）第9.1.4条："根据环境保护工作的要求，在国土开发密度已经较高、环境承载能力开始减弱，或环境容量较小、生态环境脆弱，容易发生严重环境污染问题而需要采取特别保护措施的地区，应严格控制生活垃圾填埋场的污染行为，在上述地区的现有和新建生活垃圾填埋场自2008年7月1日起执行表3规定的水污染排放特别限值"。太湖流域属于这类地区。根据表3，该出水没有达到现行填埋场污染控制标准的要求。

答案选【D】。

【解析】 根据《生活垃圾填埋场污染控制标准》（GB 16889—2008）对特殊地区的要求。

7. 南方某市拟建一座服务年限30年的生活垃圾卫生填埋场，填埋场场址距离城区约5km。该填埋场附近水域为三类水体、环境容量较小，则对于该填埋场下渗滤液处理方式正确的是哪项？【2014－3－62】

（A）场内处理COD≤100mg/L、BOD_5≤30mg/L后排放

（B）场内处理COD≤60mg/L、BOD_5≤20mg/L后排放

（C）场内处理COD≤1000mg/L、BOD_5≤600mg/L后排入城市污水处理厂

（D）全部回灌本填埋场

解：

根据《生活垃圾填埋场污染控制标准》（GB 16889—2008）第9.1.4条："根据环境

保护工作的要求，在国土开发密度已经较高、环境承载能力开始减弱，或环境容量较小、生态环境脆弱，容易发生严重环境污染问题而需要采取特别保护措施的地区，应严格控制生活垃圾填埋场的污染行为，在上述地区的现有和新建生活垃圾填埋场自2008年7月1日起执行表3规定的水污染排放特别限值”。

表3中COD、BOD的限值分别是60mg/L和20mg/L。

答案选【B】。

【解析】 参见《生活垃圾填埋场污染控制标准》（GB 16889—2008），该标准是高频考点。

8. 某大型生活垃圾卫生填埋场考虑了地下水监测井采样点的设置，以下对本底井、污染扩散井、污染监视井设置数量最合理的是哪一项？【2013-3-73】

(A) 1，2，2　　(B) 1，1，3

(C) 1，3，1　　(D) 2，1，3

解：

按照《生活垃圾填埋场污染控制标准》（GB 16889—2008）第10.2.1条要求：地下水监测系统设置本底井1眼，污染扩散井2眼，污染监视井2眼。

答案选【A】。

【解析】 参见《生活垃圾填埋场污染控制标准》（GB 16889—2008），该标准是高频考点。

9.《生活垃圾填埋场污染控制标准》（GB 16889—2008）对生活垃圾填埋场污水处理及排放提出了新的要求，以下说法中错误的是哪一项？【2012-4-58】

(A) 自2008年7月1日起现有和新建生活垃圾填埋场渗滤液的COD排放浓度限值为100mg/L

(B) 自2008年7月1日起现有和新建生活垃圾填埋场渗滤液的BOD_5排放浓度限值为30mg/L

(C) 自2011年7月1日起现有生活垃圾填埋场渗滤液可送往城市二级污水处理厂处理

(D) 自2011年7月1日起全部生活垃圾填埋场自行处理生活垃圾渗滤液

解：

根据《生活垃圾填埋场污染控制标准》（GB 16889—2008）第9.1.3条：“2011年7月1日起，现有全部生活垃圾填埋场应自行处理生活垃圾渗滤液并执行表2规定的水污染排放浓度限值。”

答案选【C】。

【解析】《生活垃圾填埋场污染控制标准》（GB 16889—2008），该标准是高频考点。

10. 某山区城市拟建一座生活垃圾卫生填埋场，场址东、西、北三面环山、南面为低谷、场内基础持力层为粉质黏土，渗透系数1.5×10^{-4}cm/s，稳定地下水埋深为4.0~6.0m，根据场地条件，该垃圾填埋场渗透埋库区必须设置的主体工程设施应包括：

【2011 - 4 - 59】

(A) 基础处理与防渗系统、地表水导排系统、地下水导排系统、场区道路、垃圾坝、渗滤液导排系统、渗滤液处理系统、填埋气体导排及处理利用系统、封场工程及监测设施等

(B) 基础处理与防渗系统、地表水导排系统、场区道路、渗滤液导排系统、渗滤液处理系统、填埋气体导排及处理利用系统、封场工程及监测设施等

(C) 基础处理系统、地表水及地下水导排系统、场区道路、垃圾坝、渗滤液导排系统、渗滤液处理系统、填埋气体导排及处理利用系统、封场工程及监测设施等

(D) 基础处理与防渗系统、地表水导排系统、场区道路、垃圾坝、渗滤液导排系统、渗滤液处理系统、填埋气体导排及处理利用系统、封场工程及监测设施等

解:

《生活垃圾填埋场污染控制标准》(GB 16889—2008) 第 5.13 条:"生活垃圾填埋场填埋区基础层底部应与地下水位年最高水位保持 1m 以上的距离。当生活垃圾填埋场填埋区基础层底部与地下水位年最高水位距离不足 1m 时，应建设地下水导排系统。" 由于"稳定地下水埋深为 4.0 ~ 6.0m"，因此不需要设置地下水导排系统。

《生活垃圾卫生填埋处理技术规范》(GB 50869—2013) 第 5.1.3 条:"填埋场主体工程构成内容应包括：计量设施、地基处理与防渗系统、防洪、雨污分流及地下水导排系统，厂区道路，垃圾坝，渗沥液收集和处理系统，填埋气体导排和处理（可含利用）系统、封场工程及监测井";

本题中"场址东、西、北三面环山、南面为低谷、场内基础持力层为粉质黏土，渗透系数 1.5×10^{-4}cm/s"，垃圾坝、防渗必不可少。

答案选【D】。

【解析】 参见《生活垃圾卫生填埋处理技术规范》(GB 50869—2013) 中规定的主体工程。

11. 垃圾卫生填埋场由主体工程、配套工程和生活管理、生活服务设施等构成。下列哪种设施不属于垃圾卫生填埋场主体工程?【2012 - 4 - 56】

(A) 进场道路　　　　(B) 计量设施

(C) 监测设施　　　　(D) 垃圾坝

解:

《生活垃圾卫生填埋处理技术规范》(GB 50869—2013) 第 5.1.3 条:"填埋场主体工程构成内容应包括：计量设施、地基处理与防渗系统、防洪、雨污分流及地下水导排系统，厂区道路，垃圾坝，渗沥液收集和处理系统，填埋气体导排和处理（可含利用）系统、封场工程及监测井"。根据第 5.1.4 条，进场道路属于辅助工程。

答案选【A】。

【解析】 参见《生活垃圾卫生填埋处理技术规范》(GB 50869—2013) 中对主体工程和辅助工程的规定。

12. 某城市常住人口为100万，流动人口按照常住人口的15%计，所产生的生活垃圾全部卫生填埋，若以现状人口规模确定新建垃圾填埋场的规模，新建填埋场为几类？应配备压实机数量为多少台？（人均垃圾产量按0.95kg/d计）【2014－3－61】

(A) Ⅱ，2　　(B) Ⅱ，1

(C) Ⅱ，3　　(D) Ⅰ，3

解：

每天产生的垃圾量为：$100\times10^4\times0.95\times1.15\div1000=1092.5$t/d；

按照《生活垃圾卫生填埋处理工程项目建设标准》（建标124—2009）表1，属于Ⅱ类；

按照表2，应该配置压实机2台。

答案选【A】。

【解析】 参见《生活垃圾卫生填埋处理工程项目建设标准》（建标124—2009）。

13. 生活垃圾填埋场应采用装有垃圾压实机分层连续数遍碾压垃圾，压实后垃圾压实密度至少达到多少？【2007－3－52】

(A) >200kg/m^3　　(B) >400kg/m^3

(C) >800kg/m^3　　(D) >1000kg/m^3

解：

《城市生活垃圾卫生填埋场运行维护技术规程》（CJJ 93—2003）第4.1.6条：填埋场应采用专用垃圾压实机分层连续数遍碾压垃圾，压实后垃圾压实密度应大于800kg/m^3。

答案选【C】。

【解析】 本题的关键词是“压实机分层连续数遍碾压垃圾”，与《生活垃圾卫生填埋处理技术规范》（GB 50869—2013）12.2.3中“生活垃圾压实密度应大于>600kg/m^3”区别。

14. 目前城市污水处理厂产生的污泥有很多处理方法，在污泥浓缩、调理和脱水等处理工艺基础上，根据最终处理方式要求选择不同的处理技术。假定污泥进行填埋处置，选择下面哪种处理方式最合适？【2010－3－54】

(A) 采用厌氧消化处理和高温好氧发酵处理

(B) 采用石灰、粉煤灰等进行改性稳定的处理

(C) 采用锅炉余热干化处理

(D) 采用水热处理

解：

根据《城镇污水处理厂污泥处理处置防治技术政策（试行）》（2009年），第4.3条“污泥以填埋为处置方式时，可采用高温好氧发酵、石灰稳定法等方式处理污泥，也可添加粉煤灰和陈化垃圾对污泥进行改性”。

答案选【B】。

【解析】 参见《城镇污水处理厂污泥处理处置防治技术政策（试行）》（2009年）。

另外污泥处理的相关规程还有《城镇污水处理厂污泥处理技术规程（CJJ 131—2009）》，《城镇污水厂污泥处置》系列标准。

15. 我国西部地区某城市，城镇人口约为18万，该市5年前建成运行了一座简易生活垃圾填埋场，总库容约为37万 m^3，计划使用10年。由于人口的增长和垃圾收集范围的扩大，垃圾产生量逐年增加，目前已经达到180t/d，垃圾填埋场库容仅剩下10万余 m^3，经调查分析，该城市人口增长率约为2%。生活垃圾人均产生量基本稳定在1kg/d左右，垃圾热值约为1075kcal/kg，垃圾含水率约为40%～50%，垃圾成分如下表所示，考虑到垃圾处理现状，当地政府决定建设生活垃圾无害化处理设施，试问以下哪种方案最为合适？【2008－3－65】

成分	有机物	无机物	塑料	纸张	玻璃	金属	木竹	织物	其他
百分比（%）	35	40	6	3	4	1	3	5	3

（A）建设一座200t/d的垃圾堆肥厂

（B）建设一座200t/d的垃圾焚烧厂

（C）建设一座200t/d、库容为100万 m^3的垃圾卫生填埋场

（D）建设一座300t/d的垃圾综合处理厂，其中堆肥处理100t/d、焚烧处理200t/d

解：

（1）根据《城市生活垃圾处理及污染防治技术政策（2000年）》第6.1条："焚烧适用于进炉垃圾平均低位热值高于5000kJ/kg及填埋场场地缺乏和经济发达地区"；垃圾热值约为1075kcal/kg，不到5000kJ/kg，因此该垃圾不适宜焚烧，B、D不合适；

（2）目前的垃圾产生量为180t/d，并且每年以2%的速度增长，则10年的总产生量为：$\frac{180\times365\times(1.02^{10}-1)}{1.02-1}=719396.7t$，按照《生活垃圾卫生填埋处理技术规范》（GB 50869—2013）第12.3.2条"生活垃圾压实密度大于600kg/m^3"，则这些垃圾的体积为120万 m^3，选项C库容为100万 m^3的垃圾卫生填埋场加上已有垃圾填埋场仅剩下10万余 m^3库容，仍然不够；

（3）第7.1条"垃圾堆肥适用于可生物降解的有机物含量大于40%的垃圾。鼓励在垃圾分类收集的基础上进行高温堆肥"，从表格中可以看出，进行分选回收塑料、纸张、玻璃、金属、木竹、织物后，有机物的含量可以达到35/0.75＝47%，达到40%的要求。考虑城市的发展和现有垃圾填埋场剩下的10万余 m^3库容，因此可以采用200t/d的堆肥场。

答案选【A】。

【解析】 本题根据：

（1）《城市生活垃圾处理及污染防治技术政策（2000年）》相应要求进行初步筛选；

（2）注意列表中明显有物质可以回收；

（3）库容为100万 m^3的垃圾卫生填埋场由于有至少使用10a的限制，因此要核算一下库容够不够。

16.4 渗滤液的产生、收集、处理

※知识点总结

1. 填埋渗滤液的特点（注意“年轻”填埋场渗滤液和“中老年”填埋场渗滤液的区别）：

《教材（第二册）》P245～P256；《新三废·固废卷》P952 表 6－3－8；《生活垃圾卫生填埋处理技术规范》（GB 50869—2013）条文说明第 10.2.1 条。

2. 渗滤液产生量计算：$Q = Q_1 + Q_2 = I \times (C_1A_1 + C_2A_2)/1000$。

3. 渗滤液收集：

（1）曼宁公式：$Q = A\frac{1}{n}R^{\frac{2}{3}}i^{\frac{1}{2}}$；

（2）公式中 R 为水力半径：过水断面面积与湿周的比值；

（3）充满度为水流在管渠中的充满程度，管道以水深与管径之比值表示，渠道以水深与设计最大水深之比表示；

（4）管径确定类的题目，注意一方面根据公式计算来确定管径，另一方面要满足相关规范对管径的要求。

4. 调节池的计算：

（1）按照《生活垃圾卫生填埋处理技术规范》（GB 50869—2013）附录 C 的公式进行计算；

（2）未加盖的调节池：注意增加调节池上由于降雨和蒸发导致的调节量。

5. 渗滤液的处理：

（1）处理工艺的判断与选择：《生活垃圾卫生填埋处理技术规范》（GB 50869—2013）条文说明第 10.4 条有较为完备的总结；

（2）注意规范：《生活垃圾填埋渗滤液处理工程技术规范（试行）》（HJ 564—2010）；

（3）废水处理工艺中污泥回流、负荷等相关基本公式，例如：$SVI = 10^6 r/X_r$；$X = \frac{X_r R}{1+R}$；$V = \frac{QS_0}{FX}$等。

※真　　题

1. 某南方沿海城市的一座生活垃圾卫生填埋场于 1991 年建成运行，为了解决填埋场的渗滤液水质情况，自运行以来对该填埋场产生的渗滤液进行了水质监测，请判断下列哪一组数据为 1994 年的渗滤液检测值？【2011－4－75】

（A）pH 6.0～6.5，BOD_5 300～500mg/L，COD 2000～3000mg/L，SS 300～3000mg/L，氨氮 800～2000mg/L

（B）pH 6.0～7.0，BOD_5 5000～10000mg/L，COD 15000～35000mg/L，SS 800～4000mg/L，氨氮 400～1000mg/L

（C）pH 3.5～4.5，BOD_5 10000～40000mg/L，COD 20000～600000mg/L，SS 1000～

5000mg/L，氨氮 1500～2000mg/L

（D）pH 7.3～8.2，BOD_5 20～30mg/L，COD 100～200mg/L，SS 100～150mg/L，氨氮 15～25mg/L

解：

该填埋场 1991 年建成运行，1994 年刚刚运行三年，因此有机物浓度不会很低，选项 A、D 错误；选项 C 中，pH 值不会低到 3.5 左右，C 错误；

选项 B：pH 在初期，一般为 6～7，呈弱酸性；初期有机物浓度较高；氨氮和 SS 浓度也均在合适的范围内。

答案选【B】。

【解析】 参见《新三废·固废卷》P952 表 6－3－8、《教材（第二册）》P245～P256。

2．垃圾渗滤液的性质随填埋时间的延长变化较大，下述关于“中老年”填埋场的渗滤液特性描述较全面、正确的是哪一项？【2012－4－59】

（A）COD 较高、氨氮较高、pH 值较低

（B）氨氮较低、BOD_5/COD 较高、色度较高、pH 值接近中性

（C）氨氮较高、BOD_5/COD 较低、C/N 较低、pH 值接近中性

（D）COD 较高、氨氮较低、C/N 较高、pH 值较低、有较浓重的酸臭味

解：

与初期相比，中老年填埋场渗滤液的特性应该为 B/C 比降低，氨氮浓度升高（因此 C/N 比降低），pH 接近中性。

答案选【C】。

【解析】 注意“年轻”填埋场渗滤液和“中老年”填埋场渗滤液的区别。参见《教材（第二册）》P245～P256、《新三废·固废卷》P952 表 6－3－8。

3．关于垃圾渗滤液的特性，以下说法错误的是哪一项？【2014－3－73】

（A）随着时间和微生物活动的增加，渗滤液中的 BOD 也逐渐增加，一般填埋 6 个月至 2.5 年，达到最高峰值，此时 BOD 多以溶解性为主，随后此项指标开始下降，到 6～15 年填埋场稳定化为止

（B）随着填埋时间的推移，渗滤液中的 BOD 下降速度快于 COD

（C）焚烧厂渗滤液相比填埋场渗滤液具有有机污染物浓度高、可生化性好、悬浮物多的特点

（D）深度处理采用纳滤＋反渗透，反渗透处理后的浓缩液呈淡茶色或暗褐色，色度在 2000～4000 之间，有浓烈的腐化臭味

解：

渗滤液在未处理时呈淡茶色或暗褐色，色度在 2000～4000 之间，有浓烈的腐化臭味，而不是处理后的浓缩液。

答案选【D】。

【解析】《新三废·固废卷》P951～P952。

4. 经测定，某填埋场渗滤液的主要污染物浓度：BOD_5 400mg/L，COD 5000mg/L，氨氮 1200mg/L，下列判断最符合实际的是哪一项？【2013－3－56】

（A）该渗滤液较易生物降解，为填埋初期渗滤液

（B）该渗滤液较难生物降解，为填埋初期渗滤液

（C）该渗滤液较易生物降解，为填埋后期渗滤液

（D）该渗滤液较难生物降解，为填埋后期渗滤液

解：

该渗滤液的B/C仅为0.08，可生化性较差，同时氨氮浓度较高，符合填埋后期渗滤液的特点。

答案选【D】。

【解析】 初期、后期（或者“年轻”、“中老年”填埋场）渗滤液特点为高频考点。

5. 生活垃圾渗滤液水质随垃圾组合、气候、填埋时间、填埋场构造等因素的不同而变化，请根据渗滤液水质特征，判断以下哪一组数据是垃圾填埋场使用时间最长时产生渗滤液的水质。【2010－4－66】

（A）COD 12000mg/L、BOD_5 3000mg/L、氨氮 500mg/L

（B）COD 30000mg/L、BOD_5 16000mg/L、氨氮 400mg/L

（C）COD 1000mg/L、BOD_5 200mg/L、氨氮 1000mg/L

（D）COD 60000mg/L、BOD_5 36000mg/L、氨氮 350mg/L

解：

使用较长时间的填埋场，其渗滤液的特性应该为B/C比较低，氨氮浓度较高。

答案选【C】。

【解析】 注意“年轻”填埋场渗滤液和“中老年”填埋场渗滤液的区别。参见《教材（第二册）》P245～P256；《新三废·固废卷》P952表6－3－8。

6. 某平原地区城市多年平均年降雨量约为1095mm。该城市东南郊区建设有一座生活垃圾卫生填埋场，处理能力200t/d，建立了良好的雨污分流系统，填埋库区占地6万m^2，分为三个区。其中，填埋1区2.5万m^2，已填满并实施终场封场，填埋2区2万m^2，有70%填满，实施了中间覆盖，另外30%区域正在使用，填埋3区1.5万m^2，尚未启用。实际填埋作业监测表明，填埋场作业单元入渗系数为0.6，中间覆盖单元入渗系数约为0.3，终场覆盖单元入渗系数约为0.2。则该填埋场内目前每天的垃圾渗滤液产生量约为多少（忽略垃圾本身产生的渗滤液）？【2013－3－69】

（A）$39m^3/d$ （B）$66m^3/d$

（C）$69m^3/d$ （D）$96m^3/d$

解：

$$Q = Q_1 + Q_2 + Q_3 = I \times (C_1A_1 + C_2A_2 + C_3A_3)/1000$$
$$= 1095 \times (0.2 \times 2.5 \times 10^4 + 0.3 \times 1.4 \times 10^4 + 0.6 \times 0.6 \times 10^4) \div 1000$$
$$= 1.40 \times 10^4 m^3/a = 38.4 m^3/d。$$

答案选【A】。

【解析】　参见《生活垃圾卫生填埋处理技术规范》（GB 50869—2013）附录 B 公式 B. 0. 1，高频考点。

7. 某危险废物填埋场分两期进行填埋作业，一期 $8000m^2$，二期 $10000m^2$，一直多年平均降雨量为 1200mm，若填埋区入渗系数为 0.5，封场入渗系数为 0.05，以下各渗滤液估算值可作为设计值的是哪一项？【2010 -4 -73】

(A) $16.44m^3/d$　　(B) $29.59m^3/d$

(C) $17.75m^3/d$　　(D) $14.79m^3/d$

解：

在二期 $10000m^2$ 为作业区时渗滤液产生量最大。

$Q = Q_1 + Q_2 = I \times (C_1A_1 + C_2A_2)/1000 = 1200 \times (0.5 \times 10^4 + 0.05 \times 8000)/1000 = 6480m^3/a = 17.75m^3/d$。

答案选【C】。

【解析】　参见《生活垃圾卫生填埋处理技术规范》（GB 50869—2013）附录 B 公式 B. 0. 1，高频考点。

8. 某生活垃圾卫生填埋场总面积为 40 万 m^3，分三个填埋区，1 区已填埋完成，面积为 16 万 m^3。2 区正在进行填埋作业，面积为 15 万 m^3，3 区准备填埋，面积为 9 万 m^3，最大月降雨量为 216mm，已填埋区入渗系数为 0.3，正在填埋作业区入渗系数为 0.5，试计算最大降雨月的日均渗滤液产生量。【2011 -4 -66】

(A) $900m^3/d$　　(B) $1116m^3/d$

(C) $26568m^3/d$　　(D) $886m^3/d$

解：

最大月降雨量为 216mm，则平均每天为 $216 \div 30 = 7.2mm/d$；

$Q = Q_1 + Q_2 = I \times (C_1A_2 + C_2A_2)/1000 = 7.2 \times (0.3 \times 16 \times 10^4 + 0.5 \times 15 \times 10^4)/1000 = 885.6m^3/d$。

答案选【D】。

【解析】　参见《生活垃圾卫生填埋处理技术规范》（GB 50869—2013）附录 B 公式 B. 0. 1。

9. 某生活垃圾填埋场库区总面积为 9 万 m^2，共均分为 6 个区进行填埋作业，其中 4 个区已经填埋并完成封场，另外 2 个区正在进行填埋作业，该填埋场所在地区多年年平均降水量为 1360mm，填埋库区平均蒸发散失量为 612mm，按封场区入渗系数/填埋作业区入渗系数为 0.6 考虑，试计算该填埋场目前的平均渗滤液产生量约为每天多少立方米（忽略垃圾本身产生的渗滤液）？【2013 -3 -54】

(A) 184　　(B) 135

(C) 160　　(D) 110

解：

作业区的入渗系数为 $(1360 - 612) \div 1360 = 0.55$；因此封场区的入渗系数为 $0.55 \times$

0.6 = 0.33；

$Q = Q_1 + Q_2 = I \times (C_1A_2 + C_2A_2) \div 1000 = 1360 \times (0.33 \times 6 \times 10^4 + 0.55 \times 3 \times 10^4) \div 1000 = 49368m^3/a = 135m^3/d$。

答案选【B】。

【解析】 参见《生活垃圾卫生填埋处理技术规范》（GB 50869—2013）附录B公式B.0.1。

10. 某生活垃圾卫生填埋场总面积为30万m^3，分3个区，1区已完成封场，2区正在填埋，3区准备填埋，每个区均为10万m^2。最大月降雨量为187.2mm，正在填埋作业区的浸出系数为0.5，已填埋区的浸出系数为0.3，该填埋场底部采用土工膜，土工膜上水头30cm，渗透系数0.6。试计算最大渗滤液产生量。【2008－4－58】

（A）374.4m^3/d　　（B）499.2m^3/d

（C）14976m^3/d　　（D）561.6m^3/d

解：

最大月平均每天降雨为：187.2 ÷ 30 = 6.24mm/d；

最大渗滤液产生量：

$Q = Q_1 + Q_2 = I \times (C_1A_1 + C_2A_2)/1000 = 6.24 \times (0.3 \times 10^5 + 0.5 \times 10^5)/1000 = 499.2m^3/d$。

答案选【B】。

【解析】 参见《生活垃圾卫生填埋处理技术规范》（GB 50869—2013）附录B公式B.0.1。

11. 已知一根渗滤液收集管设置在一矩形的垃圾填埋场场底，左侧为坡降2%，宽25m的底面，右侧为1∶2的斜坡，高20m，当收集管总长为400m，管道坡度为2%时，底面垂直渗滤液产生量为0.011m^3/(d·m^2)，斜坡垂直渗滤液产生量为0.024m^3/(d·m^2)，计算该区域的渗滤液流量。【2009－3－65】

（A）0.0062m^3/s　　（B）0.0048m^3/s

（C）0.0057m^3/s　　（D）0.0038m^3/s

解：

左侧产生的渗滤液量为：$0.011 \times 400 \times 25 = 110m^3/d$；

右侧产生的渗滤液量为：$0.024 \times 400 \times (20 \times 2) = 384m^3/d$；

则该区域的渗滤液流量为：$384 + 110 = 494m^3/d = 0.0057m^3/s$。

答案选【C】。

【解析】 注意两部分单位面积产生的渗滤液不同，并且注意题目中给的是“垂直”渗滤液产生量。

12. 一根渗滤液收集管设置于一个矩形区域中间，左侧为1∶3的斜坡，高20m，右侧为坡度2%，宽30m的底面，收集管总长300m，其渗滤液峰值产出量在斜坡上为0.024m^3/(m^2·d)，底面上为0.018m^3/(m^2·d)。已知HDPE管曼宁粗糙系数0.011，管道

尺寸参数 SDR = 11，则满足排水的 HDPE 收集管最小管径（外径）为多少？【2013 - 3 - 68】

(A) 100mm (B) 125mm

(C) 150mm (D) 200mm

解:

渗滤液产生量为：$20\times3\times300\times0.024+30\times300\times0.018=594m^3/d=0.006875m^3/s$；

根据曼宁公式：$Q=A\dfrac{1}{n}R^{\frac{2}{3}}i^{\frac{1}{2}}$，其中 R 为水力半径，是实际半径的一半，即 $R=r/2$；假定 $i=0.02$。则解得 $r=0.0459m=45.9mm$。

根据《生活垃圾卫生填埋处理技术规范》(GB 50869—2013) 第 10.3.3 条："支管外径不应小于 200mm"，$200-2\times200\div11>91.8$；因此管径选择 200mm。

答案选【D】。

【解析】 注意一方面根据计算来确定管径，另一方面要满足《生活垃圾卫生填埋处理技术规范》(GB 50869—2013) 对管径的要求。

13. 已知填埋场渗滤液产生量为 $0.095m^3/s$，选用高密度聚乙烯管来导排渗滤液，粗糙系数 n 为 0.009，排水管的坡度为 0.02，充满度为 0.5，试估算管径 D (mm)。【2007 - 3 - 66】

(A) 200mm (B) 300mm

(C) 250mm (D) 400mm

解:

采用曼宁公式：$Q=A\dfrac{1}{n}R^{\frac{2}{3}}i^{\frac{1}{2}}$。

充满度为 0.5，则过水断面面积 A 为：$A=\dfrac{1}{2}\times\dfrac{\pi D^2}{4}$；水力半径 R 为 $R=\dfrac{\dfrac{1}{2}\times\dfrac{\pi D^2}{4}}{\dfrac{1}{2}\times\pi D}=\dfrac{D}{4}$；

将 $Q=0.095m^3/s$，$i=0.02$，$n=0.009$ 代入曼宁公式得 $D=0.296m\approx300mm$。

答案选【B】。

【解析】 (1)《教材（第二册）》P227 式 4 - 8 - 7，曼宁公式 $Q=A\dfrac{1}{n}R^{\frac{2}{3}}i^{\frac{1}{2}}$；

(2) 水力半径为过水断面面积与湿周的比值；

(3) 充满度为水流在管渠中的充满程度，管道以水深与管径之比值表示，渠道以水深与设计最大水深之比表示。

14. 某生活垃圾卫生填埋场，渗滤液收集主管设置于填埋区中间，填埋区底面长 600m，宽 500m，管道坡度为 2%；左右两侧坡向收集主管的坡度为 3%。渗滤液峰值产量为 $0.03m^3/(m^2\cdot d)$，试计算并选用满足排水要求的 HDPE 渗滤液收集主管管径（计算时不考虑壁厚，HDPE 管道净流量采用曼宁公式计算）。【2014 - 3 - 66】

(A) 195mm (B) 350mm

(C) 250mm (D) 315mm

解：

采用曼宁公式：$Q=A\dfrac{1}{n}R^{\frac{2}{3}}i^{\frac{1}{2}}$。

其中 $Q=\dfrac{600\times500\times0.03}{24\times3600}=0.104\text{m}^3/\text{d}$；

假定全部充满，则 A 为：$A=\dfrac{\pi D^2}{4}$；水力半径 R 为 $R=\dfrac{\frac{\pi D^2}{4}}{\pi D}=\dfrac{D}{4}$；

将 $Q=0.104\text{m}^3/\text{s}$，$i=0.02$，$n=0.010$ 代入曼宁公式得 $D=0.244\text{m}$。

根据《生活垃圾卫生填埋处理技术规范》（GB 50869—2013）第 10.3.3 条："干管公称外径不应小于 315mm"，因此管径选择 315mm。

答案选【D】。

【解析】 注意一方面根据计算来确定管径，另一方面要满足《生活垃圾卫生填埋处理技术规范》（GB 50869—2013）对管径的要求。另外，本题 n 值未给出，在多年的真题中均出现了 HDPE 的粗糙系数的值，例如【2007－3－66】、【2013－3－68】、【2011－4－70】，HDPE 的粗糙系数为 0.009 或者 0.011，因此取 0.010 代入 n。

15. 已知填埋场渗滤液收集管的管道坡降为 0.01，直径 500mm，污水充满度为 0.5，管材选用高密度聚乙烯管（$n=0.009$），其通过的渗滤液的水量最接近下面哪一项？【2011－4－70】

（A）$0.77\text{m}^3/\text{s}$　　（B）$0.27\text{m}^3/\text{s}$

（C）$0.61\text{m}^3/\text{s}$　　（D）$0.97\text{m}^3/\text{s}$

解：

采用曼宁公式：$Q=A\dfrac{1}{n}R^{\frac{2}{3}}i^{\frac{1}{2}}$。充满度为 0.5，则过水断面面积 A 为：$A=\dfrac{1}{2}\times\dfrac{\pi D^2}{4}$；

水力半径 R 为：$R=\dfrac{\frac{1}{2}\times\frac{\pi D^2}{4}}{\frac{1}{2}\times\pi D}=\dfrac{D}{4}$；将 $i=0.01$，$n=0.009$，$D=400\text{mm}$ 代入曼宁公式得 $Q=0.27\text{m}^3/\text{s}$。

答案选【B】。

【解析】（1）《教材（第二册）》P227 式 4－8－7，曼宁公式 $Q=A\dfrac{1}{n}R^{\frac{2}{3}}i^{\frac{1}{2}}$；

（2）水利半径为过水断面面积与湿周的比值；

（3）充满度为水流在管渠中的充满程度，管道以水深与管径之比值表示，渠道以水深与设计最大水深之比表示。

16. 假设一个矩形填埋区中部设置一根渗滤液导排管，该填埋区渗滤液最大产生量为 $0.01\text{m}^3/\text{s}$，渗滤液导排管为 DN200 的 HDPE，管长 200m，管道底坡 2%，假定开孔口直径为 12mm，孔过流系数为 0.62，穿孔管流速为 0.03m/s，则管道最适宜的开孔率为多少？【2012－4－73】

(A) 24 个/m　　(B) 32 个/m

(C) 36 个/m　　(D) 40 个/m

解:

每个孔通过的流量：$Q=0.62\times0.03\times\frac{3.14}{4}\times0.012^2=2.1\times10^{-6}m^3/s$；

则开孔率为：$\frac{0.01}{2.1\times10^{-6}\times200}=23.8$ 个/m。

答案选【A】。

【解析】 注意在计算孔通过的流量时，不要忘记乘以过流系数。

17. 为防止渗滤液在填埋场底部积蓄，填埋场底面应做成一系列坡形的坡地（如图1）。假设一个填埋区的宽度为30m，长度为100m，渗滤液收集管的坡度为1%，场底坡地垂直于渗滤液收集管方向的坡度为2%（如图2）。则下列选项中场底等高线分布图哪项正确？【2014－3－69】

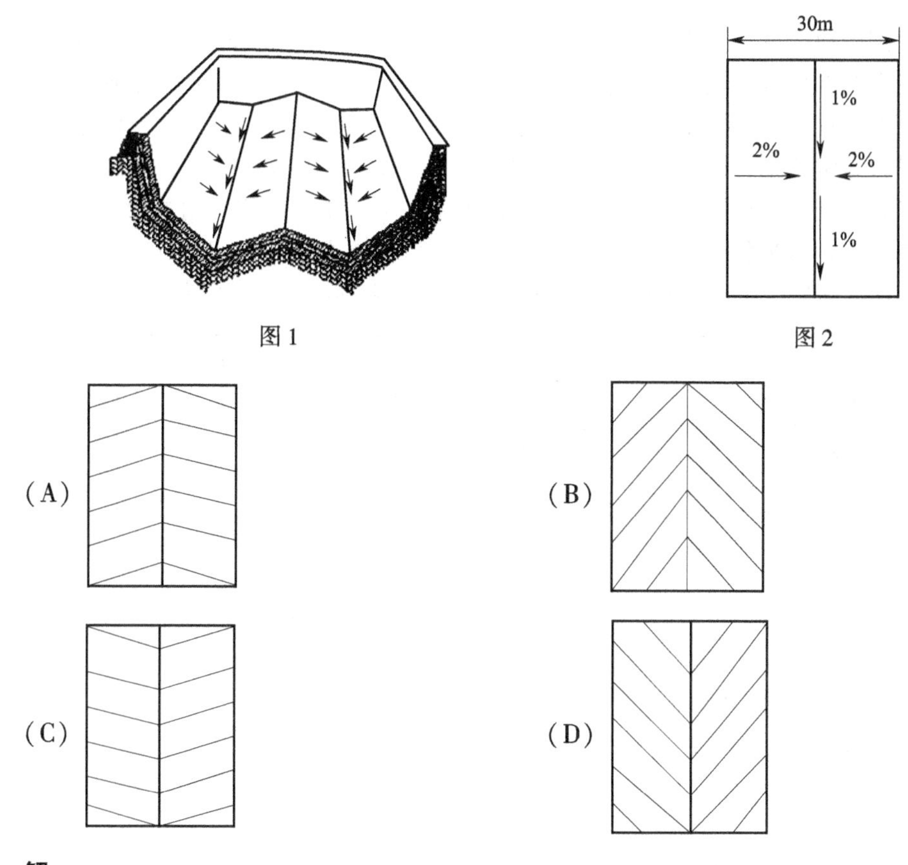

图1　　图2

解:

根据坡度角度和方向，可以判断选项B的场底等高线分布图正确。

答案选【B】。

【解析】 本题并不难，自己随意确定一个标高，然后按照横向和纵向的坡度算出相应标高进行分析，注意横向的坡度大，为2%，而纵向坡度为其一半，因此应该选B，而不是A。

18. 平原型填埋场，近10年平均月降水量180毫米，最大降水量为540毫米，最大日降水量为42毫米，第一填埋区为4万平方米，设置一个渗滤液收集外排总管，将渗滤液导排入场外集液井。在集液井设置一台液位控制自运行的潜污泵，将渗滤液输送到调节池，为了保证在填埋作业期间做到清空填埋场内积水，该区潜污泵的设计流量为？【2010-4-68】

(A) $10m^3/h$　　(B) $30m^3/h$

(C) $50m^3/h$　　(D) $70m^3/h$

解：

按照日最大降水进行计算：$42\times10^{-3}\times4\times10^4\div24=70m^3/h$。

答案选【D】。

【解析】 按照日最大降水进行计算。

19. 我国中原建设一卫生填埋场，参数为：设计规模为300吨/天，总场容为150万立方米。三个相同分区，逐区使用，每区面积为3.0万m^2。为了减少渗滤液产生量，对已完成的填埋区进行临时覆土封场，将雨水入渗系数降至0.25以下。对填埋作业区，实际运行中进行日常覆土，雨水入渗系数高达1.0。底部采用HDPE防渗，防止渗滤液外漏和地下水浸入。场周边设雨水排水沟，防止地表水入场。年月平均降雨量为下表。不考虑填埋场进场垃圾含水量和填埋场表面蒸发水量对渗滤液产生量的影响。

按年平均降雨量计算，该填埋场渗滤液污水处理站工程规模应为多少？【2010-4-69】

月　　份	1	2	3	4	5	6
降雨量（mm）	60	60	60	80	80	160
月　　份	7	8	9	10	11	12
降雨量（mm）	160	160	160	80	80	60

(A) $75m^3/d$　　(B) $150m^3/d$

(C) $240m^3/d$　　(D) $300m^3/d$

解：

平均降雨量为每月100mm，平均每天降雨3.33mm。

$Q=Q_1+Q_2=I\times(C_1A_2+C_1A_2)/1000=3.33\times(1.0\times3\times10^4+0.25\times6\times10^4)/1000=150m^3/d$。

答案选【B】。

【解析】 注意不同区域的入渗系数不同。

20. 上题中，该填埋场的渗滤液调节池容积应为多少？【2010-4-70】

(A) $7200m^3$　　(B) $10800m^3$

(C) $21600m^3$　　(D) $28800m^3$

解：

渗滤液处理规模按照平均降雨量每月100mm来进行计算，则6～9月的产生量大于处理量。6～9月的产生量为：$150 \div 100 \times 160 = 240\text{m}^3/\text{d}$；处理量为：$150\text{m}^3/\text{d}$；

按照每月30d计算，则 $(240-150) \times 120 = 10800\text{m}^3$。

答案选【B】。

【解析】 6～9月实际天数为122d，调节池的容积至少为：$(240-150) \times 122 = 10980\text{m}^3$，显然题目用了每月近似30d。

21. 垃圾填埋场渗滤液调节池容积计算方法，对工程建设成本和工程运行过程中的环境安全影响较大。下列几种计算方法中，国内目前应用较多的是哪一项？【2012-4-68】

(A) 按历史最大降雨量计算

(B) 按20年一遇连续7日最大降雨量计算

(C) 按多年平均逐月降雨量与渗滤液处理规模平衡计算

(D) 按多年平均逐日降雨量与渗滤液处理规模平衡计算

解：

根据《生活垃圾卫生填埋处理技术规范》(GB 50869—2013) 附录C，垃圾填埋场渗滤液调节池容积计算是按多年平均逐月降雨量与渗滤液处理规模平衡进行计算。

答案选【C】。

【解析】 要格外注意《生活垃圾卫生填埋处理技术规范》(GB 50869—2013) 附录中的公式。

22. 某生活垃圾卫生填埋场总面积为30万m^3，分3个区，1区已完成封场，2区正在填埋，3区准备填埋，每个区均为10万m^2。最大月降雨量为187.2mm，正在填埋作业区的浸出系数为0.5，已填埋区的浸出系数为0.3，该填埋场底部采用土工膜，土工膜上水头30cm，渗透系数0.6。该场填埋几年后，1区、2区封场，3区正在填埋，年平均日降雨量为3.15mm/d，多年平均降水量见下表，当污水处理站规模为$500\text{m}^3/\text{d}$时，试计算调节池的容积。【2008-4-59】

月　　份	1	2	3	4	5	6
20年平均降雨量(mm)	18.9	20.7	42.9	95.5	172.2	187.2
月　　份	7	8	9	10	11	12
20年平均降雨量(mm)	176.0	126.7	128.8	99.1	55.1	26.8

(A) 12900m^3　　(B) 56010m^3

(C) 68910m^3　　(D) 15000m^3

解：

1区、2区封场，3区正在填埋，按照下式：

$Q = Q_1 + Q_2 = I \times (C_1A_1 + C_1A_2 + C_2A_3)/1000 = I \times (0.3 \times 2 \times 10^5 + 0.5 \times 10^5)/1000$；

可以得到1～12月份渗滤液的产生量为：

月　　份	1	2	3	4	5	6
渗滤液产生量（m^3/月）	2079	2277	4719	10505	18942	20592
月　　份	7	8	9	10	11	12
渗滤液产生量（m^3/月）	19360	13937	14168	10901	6061	2948

处理量每月为：

月　　份	1	2	3	4	5	6
处理量（m^3/月）	15500	14000	15500	15000	15500	15000
月　　份	7	8	9	10	11	12
处理量（m^3/月）	15500	15500	15000	15500	15000	15500

其中5～7月的渗滤液产生量大于处理量，则调节池的容积应该为：

$$18942+20592+19360-15500-15000-15500=12894m^3。$$

答案选【A】。

【解析】 参见《生活垃圾卫生填埋处理技术规范》（GB 50869—2013）附录C。

23. 某生活垃圾卫生填埋场总面积为12万m^2，均匀分为3个填埋区作业，其中2个已封场，3个填埋区渗滤液分别进行收集，多年平均最大3个月的降水量为500mm，相应的地表蒸发量为100mm，填埋区外地表径流被截洪沟截除，降入填埋作业区的大气降水无法排出场外，填埋作业区的入渗系数是封场区的2倍，渗滤液处理量为200t/d。若调节池容量按照多年平均最大3个月降水量所产生的渗滤液进行计算，一个月按30天计，则调节池容积为多少？【2014－3－68】

（A）14000m^3　　　　（B）18000m^3

（C）32000m^3　　　　（D）50000m^3

解：

3个月内渗滤液的产生量为：$0.4\times4\times10^4+0.2\times8\times10^4=3.2\times10^4m^3$；

3个月内渗滤液的处理量为：$200\times90=1.8\times10^4m^3$；

调节池的溶解为$3.2\times10^4-1.8\times10^4=1.4\times10^4m^3$。

答案选【A】。

【解析】 按照渗滤液容积的基本公式进行计算。

24. 某生活垃圾填埋场，封场覆盖面积20000m^2（入渗系数0.2），中间覆盖及积50000m^2（入渗系数0.5），填埋区作业面积5000m^2（入渗系数1.0），历年平均降雨量见下表：

月份	1	2	3	4	5	6	7	8	9	10	11	12
降雨量（mm）	22.5	32.5	59.3	96	132.2	151.6	216.5	181.2	115.1	79.5	47	21.2

渗滤液处理站的处理能力按 $120m^3/d$ 计，调节池的安全余量按 20% 计，渗滤液水量平衡计算表如下：

月份	天数	历年平均降雨量（mm）	填埋作业区面积（m^2）	填埋作业区入渗系数	封场覆盖区回水面积（m^2）	垃圾覆盖区入渗系数	中间覆盖区面积 m^2	中间覆盖区如渗系数	渗滤液月产生量 m^3	渗滤液月处理能力（m^3）	渗滤液月调节量（m^3）	渗滤液累积量（m^3）
1	31	22.5	5000	1	20000	0.2	50000	0.5	765	3720		
2	28	32.5	5000	1	20000	0.2	50000	0.5	1105	3360		
3	31	59.3	5000	1	20000	0.2	50000	0.5	2016	3720		
4	30	96	5000	1	20000	0.2	50000	0.5	3264	3600		
5	31	132.2	5000	1	20000	0.2	50000	0.5	4495	3720	775	775
6	30	151.6	5000	1	20000	0.2	50000	0.5	5154	3600	1554	2329
7	31	216.5	5000	1	20000	0.2	50000	0.5	7361	3720	3641	5970
8	31	181.2	5000	1	20000	0.2	50000	0.5	6161	3720	2561	8411
9	30	115.1	5000	1	20000	0.2	50000	0.5	3913	3600	313	8724
10	31	79.5	5000	1	20000	0.2	50000	0.5	2703	3720		
11	30	47	5000	1	20000	0.2	50000	0.5	1598	3600		
12	31	21.2	5000	1	20000	0.2	50000	0.5	721	3720		

则调节池的设计容积为多少？【2012－4－69】

（A）$10500m^3$　　（B）$6100m^3$

（C）$8800m^3$　　（D）$5000m^3$

解：

根据《生活垃圾卫生填埋处理技术规范》（GB 50869—2013）附录 C，并且按照题意调节池的安全余量按 20% 计，则调节池的容积为：$8724\times1.2=10468.8m^3$。

答案选【A】。

【解析】 参见《生活垃圾卫生填埋处理技术规范》（GB 50869—2013）附录 C，注意本题有 1.2 的系数。

25. 某生活垃圾填埋场渗滤液处理系统日处理能力为 $1000m^3$，该场地每年 4 月份至 8 月份为雨季，每年 9 月至次年 3 月为旱季，雨季月均降雨量为 212mm，月均蒸发量为 132mm，月均渗滤液产量为 $45300m^3$；旱季月均降雨量为 59mm，月均蒸发量为 85mm，月均渗滤液产量为 $16200m^3$。该填埋场可用于建设渗滤液调节池（不带盖）的场地面积最多为 $10000m^2$，假设调节池界面为等截面矩形，则调节池调节深度至少为多少？【2013－4－64】

（A）7.75m　　（B）9.30m

（C）8.82m　　（D）7.35m

解：

每年9月至次年3月，渗滤液产生量小于处理量。

每年4月份至8月份，渗滤液产生量大于处理量，4～8月份（共有153d）需要调节的水量为：

$45300\times5-1000\times153=73500\text{m}^3$；

由于调节池不加盖，因此雨季在调节池上由于降雨和蒸发需要的调节量为：

$(0.212-0.132)\times10000\times5=4000\text{m}^3$；

总调节量：$73500+4000=77500\text{m}^3$；则高度为：$77500\div10000=7.75\text{m}$。

答案选【A】。

【解析】 本题注意调节池未加盖，需要多计算一部分的调节量。

26. 某生活垃圾填埋场的渗滤液处理规模是250t/d，下表是调节池容量的计算表，根据计算结果，在无场地条件限制的情况下，以下哪项可以满足规范要求？【2011-4-71】

渗滤液产生量及调节池容量计算表

月份	1	2	3	4	5	6	7	8	9	10	11	12
月降雨量（mm）	28.6	39	71	136.1	197.9	221.6	221.5	137.7	102.3	100.9	66.3	30.6
渗滤液产生量（m^3）	1907	2601	4735	9076	13198	14778	14772	9183	6822	6729	4422	2041

（A）土池，容积2.5万m^3，HDPE膜防渗

（B）土池，容积2.0万m^3，HDPE膜防渗

（C）混凝土池，容积2.5万m^3

（D）混凝土池，容积9万m^3

解：

月份	渗滤液产生量（m^3）	渗滤液处理量（m^3）	剩余量（m^3）
1	1907	7750	<0
2	2601	7000	<0
3	4735	7750	<0
4	9076	7500	1576
5	13198	7750	5448
6	14778	7500	7278
7	14772	7750	7022
8	9183	7750	1433
9	6822	7500	<0
10	6729	7750	<0
11	4422	7500	<0
12	2041	7750	<0

4～8 月的剩余量总和为 22757m^3。

因此选项 B 容积太小，选项 D 过大，均不合适。

按照《生活垃圾卫生填埋处理技术规范》（GB 50869—2013）第 10.3.6 条的要求："调节池可以采用 HDPE 土工膜防渗结构，也可以采用钢筋混凝土结构"，所以 AC 均正确。

答案选【A】或者【C】。

【解析】 参见《生活垃圾卫生填埋处理技术规范》（GB 50869—2013）：

（1）附录 C：调节池容量计算方法；

（2）第 10.3.6 条：调节池的设计要求。

27. 2009 年 9 月，卫生填埋场用 HDPE 膜防渗，调节池 18000m^3，渗滤液典型成分 BOD_5 为 3300mg/L，COD 为 7600mg/L，SS 为 1200mg/L，氨氮为 1250mg/L，现规划配套建设渗滤液处理设施，哪种主工艺最可行？【2010－4－59】

（A）氧化塘＋生物处理＋化学沉淀池

（B）生物转盘＋化学氧化＋活性炭吸附

（C）膜生物反应器＋纳滤＋反渗透

（D）序批式生物反应器＋混凝过滤＋超滤

解：

渗滤液一般采用预处理＋生物处理＋深度处理的方式，其中深度处理一般采用膜处理的方式。该渗滤液有机物、氨氮和 SS 均较高。

选项 A：氧化塘一般不用于渗滤液的处理，且该组合方式不合理；

选项 B：渗滤液处理工艺中的深度处理工艺一般采用膜处理的方式；

选项 C：可行；

选项 D：由于最后一部分为超滤，因此氨氮可能不能达标。

答案选【C】。

【解析】 渗滤液的处理方式，高频考点。渗滤液一般采用预处理＋生物处理＋深度处理的方式，其中深度处理一般采用膜处理的方式。《生活垃圾卫生填埋处理技术规范》（GB 50869—2013）10.4 条文说明中列举了渗滤液工艺的组合形式。

28. 建设 400t/d 卫生填埋场，测算平均渗滤液水量为 150m^3/d，为了达到《生活垃圾填埋场污染控制标准》（GB 16889—2008），下列哪个是渗滤液处理最合理的工艺？【2010－4－72】

（A）渗滤液→调节池→生化处理设施→反渗透处理装置→浓缩处理设施→排放

（B）渗滤液→碎石管导渗盲沟→截污坝→调节池→渗滤液回灌设施→排放

（C）渗滤液→截污坝→调节池→厌氧处理设施→好氧→排放

（D）渗滤液→调节池→厌氧处理设施→活性炭吸附→排放

解：

渗滤液一般采用预处理＋生物处理＋深度处理的方式，其中深度处理一般采用膜处理的方式。

选项B没有生物处理和深度处理；

选项C没有深度处理；

选项D仅厌氧处理没有好氧处理，且没有膜处理。

答案选【A】。

【解析】 渗滤液一般采用预处理+生物处理+深度处理的方式，其中深度处理一般采用膜处理的方式。《生活垃圾卫生填埋处理技术规范》（GB 50869—2013）10.4条文说明中列举了渗滤液工艺的组合形式。

29. 某填埋场1996年建成运行，渗滤液处理要求达到一级排放标准，处理工艺为渗滤液依次进入调节池、UASB、MBR反应器、NF。目前在工艺流程保持不变，运行参数不调整的情况下，其出水中最有可能不达标的指标是下列哪项？【2008-4-65】

（A）COD　　（B）BOD_5

（C）NH_3-N　　（D）SS

解：

UASB和MBR反应器主要去除有机物、MBR可以去除部分氨氮并且对SS的去除率很高，NF对氨氮的去除率较低（<10%），因此最可能不达标的是氨氮。

答案选【C】。

【解析】《生活垃圾卫生填埋处理技术规范》（GB 50869—2013）条文说明10.4.8表20中列出了渗滤液各种处理单元对不同污染物的处理效果，NF对TN的去除效果较低（<10%）。

30. 在执行《生活垃圾填埋渗滤液处理工程技术规范（试行）》（HJ 564—2010）时，为实现垃圾渗滤液达标排放，渗滤液深度处理工艺一般采用反渗透系统，反渗透系统对进水悬浮物的要求是哪一项？【2012-4-60】

（A）进水悬浮物不宜大于5mg/L　　（B）进水悬浮物不宜大于50mg/L

（C）进水悬浮物不宜大于80mg/L　　（D）进水悬浮物不宜大于100mg/L

解：

根据《生活垃圾填埋渗滤液处理工程技术规范（试行）》（HJ 564—2010）第6.4.4.2条的要求："反渗透进水指标：进水悬浮物不宜大于50mg/L"。

答案选【B】。

【解析】《生活垃圾填埋渗滤液处理工程技术规范（试行）》（HJ 564—2010）。

31. 某垃圾转运站渗滤液处理系统拟采用的工艺流程为：渗滤液→厌氧生化→好氧生化→膜处理→排水，渗滤液处理量为$120m^3/d$，COD为10000mg/L，各工段主要控制参数间如下表所示。

工段	厌氧生化	好氧生化	膜处理
COD去除率（%）	60	80	90

按去除 1.0kgCOD 耗氧 0.8kg、曝气器充氧效率 10%、空气中含氧量 21%、空气比重 $1.3kg/m^3$ 计，忽略其他影响，试计算该渗滤液处理系统出水 COD 浓度和鼓风供气量。【2014－3－75】

（A）COD 为 80mg/L，供气量约为 $0.8m^3/min$

（B）COD 为 80mg/L，供气量约为 $8m^3/min$

（C）COD 为 100mg/L，供气量约为 $24m^3/min$

（D）COD 为 100mg/L，供气量约为 $48m^3/min$

解：

该渗滤液出水 COD 浓度为 $10000\times(1-0.6)\times(1-0.8)\times(1-0.9)=80mg/L$；

好氧阶段去除的 COD 的浓度为：$10000\times(1-0.6)\times0.8=3200mg/L$；

则供气量为：$120\times10^3\times3200\times10^{-6}\times0.8\div(0.1\times0.21\times1.3)=11252m^3/d=7.8m^3/min$。

答案选【B】。

【解析】 在计算鼓风供气量时，注意计算好氧段对应的 COD 去除量。

32．某垃圾填埋场渗滤液处理规模为 $500m^3/d$，水质水量及主要处理要求如表所示，拟采用生化处理＋膜处理的工艺，设计外回流污泥浓度 15000mg/L，污泥负荷 $F=0.2kg/[kg/(kg\cdot d)]$，外回流比为 150%，内回流比为 500%，$\gamma=1.2$。污泥容积指数（SVI）是多少？【2011－4－72】

指　　标	进　　水	出　　水
流量（m^3/d）	500	425
COD（mg/L）	10000	≤100
BOD_5（mg/L）	3000	≤30
氨氮（mg/L）	800	≤15
SS（mg/L）	800	≤70

（A）80mL/g　　（B）55.6mL/g

（C）13.3mL/g　　（D）30000mL/g

解：

$$SVI=10^6r/X_r=10^6\times1.2/15000=80mL/g$$

答案选【A】。

【解析】 参见《新废水卷》P638 公式 2－5－46。

33．某垃圾填埋场渗滤液处理规模为 $500m^3/d$，水质水量及主要处理要求如下表所示，拟采用生化处理＋膜处理的工艺，设计外回流污泥浓度 15000mg/L，污泥负荷 $F=0.2kg/[kg/(kg\cdot d)]$，外回流比为 150%，内回流比为 500%，$\gamma=1.2$。计算硝化池的有效容积是哪一项？【2011－4－73】

指　标	进　水	出　水
流量（m^3/d）	500	425
COD（mg/L）	10000	≤100
BOD_5（mg/L）	3000	≤30
氨氮（mg/L）	800	≤15
SS（mg/L）	800	≤70

(A) 562.5m^3　　(B) 300m^3
(C) 750m^3　　(D) 80m^3

解：

本题无正确选项。

混合液污泥浓度：$X=\frac{X_rR}{1+R}=\frac{15000\times1.5}{1+1.5}=9000mg/L$；

有效容积：$V=\frac{QS_0}{FX}=\frac{500\times3000}{0.2\times9000}=833m^3$。

【解析】 参见《新废水卷》P638 公式 2-5-47。

本题题目条件交代的不是很清楚，重点在于掌握两个公式。

16.5　防渗与地下水导排

※知识点总结

1. 防渗材料：

(1) 不同防渗材料的作用、特点：《新三废·固废卷》P1019 ~ P1022；

(2) 不同防渗材料的施工：《新三废·固废卷》P1032 ~ P1038；

(3) 增加了解一些规范：《生活垃圾卫生填埋场防渗系统工程技术规范（CJJ 113—2007）》、《垃圾填埋场用高密度聚乙烯土工膜》（CJ/T 234—2006）。

2. 防渗结构：

(1) 卫生填埋场的防渗结构：《生活垃圾卫生填埋处理技术规范》（GB 50869—2013）第 8 条关于防渗的规定，较完备地总结了不同的防渗结构要求；

(2) 危险废物安全填埋的防渗结构：主要依据《危险废物安全填埋处置工程建设技术要求》（环发［2004］75 号）和《危险废物填埋污染控制标准》（GB 18598—2001）的要求。

3. 防渗衬层渗透率计算：

(1) $q=K_s\frac{H+L}{L}$；

(2) $Q=\varepsilon\times a\times\sqrt{2gH}$。

4. 地下水导排：

(1) 公式：$L^2=\frac{4(b^2-a^2)}{i}$，$Q_d=\frac{4K(b^2-a^2)}{L^2}$；

(2) 规范关于地下水水位的要求。

※真　　题

1. 垃圾填埋场建设中常用到多种人工合成土工材料，其中 GCL 是应用较多的一种，下列关于 GCL 材料特性的正确描述是哪一项？【2011－4－68】

（A）GCL 是一种高分子合成材料，具有良好的防渗性能，渗透系数可达 10^{-11}cm/s

（B）GCL 是由无纺土工布和 HDPE 膜合成的一种复合防渗材料，可用作为垃圾填埋场的防渗材料

（C）GCL 是两层无纺土工布之间夹封膨润土粉末而制成的一种土工材料，可应用于垃圾填埋场的辅助防渗

（D）GCL 是由两组合成材料以一定角度交叉粘结而成的网状结构材料，可应用于垃圾填埋场的渗滤液导排

解：

GCL 是膨润土防水毯，其主要的作用就在于具有吸水膨胀和具有巨大的阳离子交换容量。因此在 HDPE 膜穿孔时，GCL 会吸水膨胀从而堵塞穿孔。

答案选【C】。

【解析】《新三废·固废卷》P1020。

2. 某危险废物安全填埋场的防渗系统中采用膨润土卷材（GCL）和 HDPE 膜做防渗层，在施工过程中，由于 HDPE 膜穿孔破损，造成少量雨水浸入 GCL 层，试分析此时最有可能发生下列哪种情况？【2008－4－63】

（A）防渗层失去防渗功能　　（B）GCL 膨胀，自动堵塞穿孔

（C）GCL 发生水化　　（D）GCL 搭接处的搭接宽度变大

解：

GCL 是膨润土防水毯，其主要的作用就在于具有吸水膨胀和具有巨大的阳离子交换容量。因此在 HDPE 膜穿孔时，少量雨水进入 GCL 层，GCL 会吸水膨胀从而堵塞穿孔。少量的雨水并不会导致 GCL 发生水化。

答案选【B】。

【解析】《新三废·固废卷》P1020。

3. 在生活垃圾卫生填埋场场底防渗层施工时，合理的操作对于场底防渗效果的好坏有着直接的影响，分析判断一下膨润土卷材（GCL）的连接方式最合理的是哪一项？【2014－3－60】

（A）卷材之间的直接搭接　　（B）用专用焊机焊接

（C）采用土工材料缝接　　（D）采用热熔联结

解：

参考《生活垃圾卫生填埋场防渗系统工程技术规范（CJJ 113—2007）》表 3.2.7，GCL 采用直接搭接。

答案选【A】。

【解析】 该考点不止一次考到，注意不同防渗材料的连接方式。

4. 关于填埋场防渗系统所用的 HDPE 膜的性能，下列说法错误的是哪一项？【2010－4－75】

（A）HDPE 膜具有良好的化学稳定性

（B）HDPE 膜的单向抗拉强度较大，可以在较大变形时不产生破裂，但其抗双向拉力的能力较低

（C）HDPE 膜的渗透系数必须小于 10^{-7}cm/s

（D）HDPE 膜的抗穿透能力是比较强的，但是仍不能防止尖锐物的穿透

解：

HDPE 膜的渗透系数应当小于 10^{-12}cm/s。

答案选【C】。

【解析】 参见《新三废·固废卷》P1021 HDPE 的特点和表 6－3－25。

5. 在我国的生活垃圾卫生填埋场场底防渗层设计中，采用的土工膜主要技术性能指标的测试值应不低于下列哪组数据？【2008－3－66】

（A）抗断裂强度 16N/mm，抗屈服强度 22N/mm，断裂延伸率 100%，屈服延伸率 12%，抗撕裂强度 187N，抗穿刺强度 400N

（B）抗断裂强度 40N/mm，抗屈服强度 22N/mm，断裂延伸率 700%，屈服延伸率 12%，抗撕裂强度 187N，抗穿刺强度 480N

（C）抗断裂强度 21N/mm，抗屈服强度 29N/mm，断裂延伸率 100%，屈服延伸率 12%，抗撕裂强度 249N，抗穿刺强度 534N

（D）抗断裂强度 31N/mm，抗屈服强度 15N/mm，断裂延伸率 700%，屈服延伸率 13%，抗撕裂强度 150N，抗穿刺强度 420N

解：

《垃圾填埋场用高密度聚乙烯土工膜》（CJ/T 234—2006）中第 5.1.3 条："底部防渗应选用厚度大于 1.5mm 的土工膜，临时覆盖可选用厚度大于 0.5mm 的土工膜，终场覆盖可选用厚度大于 1.0mm 的土工膜"。按照表 4 的要求：抗断裂强度 40N/mm，抗屈服强度 22N/mm，断裂延伸率 700%，屈服延伸率 12%，抗撕裂强度 187N，抗穿刺强度 480N。

答案选【B】。

【解析】《垃圾填埋场用高密度聚乙烯土工膜》（CJ/T 234—2006），该标准考题较少，内容较偏，《教材（第二册）》P218 也有相关物理力学性能指标，但是均与答案不一致，本题关键词是"底防渗层设计"的土工膜。

6. 以下哪个填埋场边坡 HDPE 膜锚固平台结构正确？【2009－3－63】

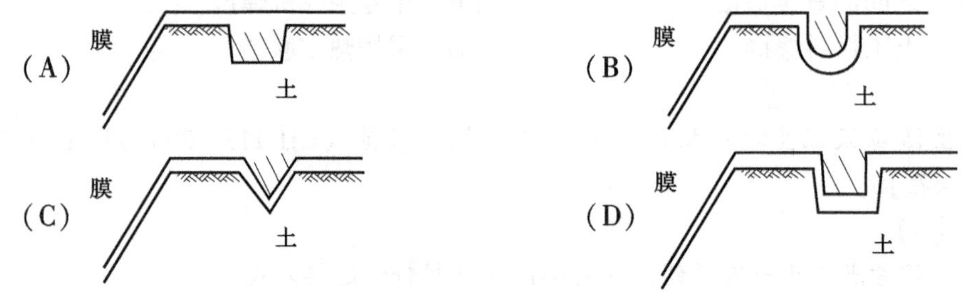

解：

HDPE 膜应该与下垫面形成一个整体，基础方法是在护道上开挖锚固沟，将膜置于槽中，然后用土填槽，并盖上覆土。比较而言，矩形的锚固方法安全性最好，应用较多。

答案选【D】。

【解析】 参见《新三废·固废卷》P1029 HDPE 膜的锚固设计。

7. 填埋场用 HDPE 膜，施工中需在一坡面上铺设 HDPE 膜，坡面长 60m，坡度 1∶3，哪种 HDPE 膜衔接布置正确？【2010－4－58】

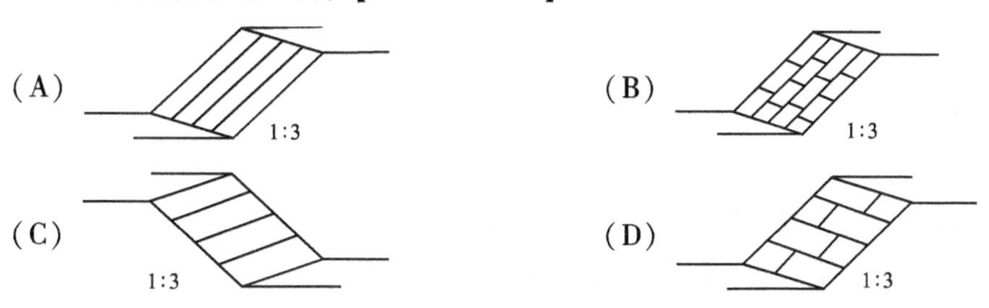

解：

按照《生活垃圾卫生填埋场防渗系统工程技术规范》（CJJ 113—2007）第 6.1.6 条“边坡上的接缝须与坡面的坡向平行”。

答案选【A】。

【解析】 本题考查边坡上接缝的要求，为高频考点。

8. 某山谷型生活垃圾填埋场，施工单位在施工该填埋场防渗系统时，下列做法正确的是哪一项？【2009－3－68】

（A）土壤层铺设 HDPE 膜时，由于其宽度不够，在平行于坡面的坡向上进行焊接

（B）土壤层铺设时采用当地渗透系数不大于 1.0×10^{-7}m/s 的土壤

（C）在边坡铺设 HDPE 膜时，由于 HDPE 卷材的长度不够，沿边坡在距场底坡角 10m 处沿平行于等高线的方向对 HDPE 膜进行焊接

（D）将场底的 GCL 进行缝合连接，共搭接宽度为 100mm ±2.5mm

解：

选项 A：《生活垃圾卫生填埋场防渗系统工程技术规范（CJJ 113—2007）》第 6.1.6 条“边坡上的接缝须与坡面的坡向平行”。在斜坡上铺设防渗膜，其接缝应从上至下，不允许出现斜坡上有水平方向接缝，以免斜坡上滑动力可能在接缝处出现应力集中。A 正确；

选项 B：不同衬层对土壤的渗透系数的要求是不一样的，B 错误；

选项 C：边坡上的接缝须与坡面的坡向平行，“沿平行于等高线的方向”焊接错误，C 错误；

选项 D：《生活垃圾卫生填埋场防渗系统工程技术规范（CJJ 113—2007）》表 3.2.7，GCL 采用直接搭接，搭接宽度为 250 ±25mm。

答案选【A】。

【解析】 参见《新三废·固废卷》P1027 HDPE 防渗层铺设设计要求，《生活垃圾卫生填埋场防渗系统工程技术规范》（CJJ 113—2007）。

9. 我国华北地区某城市正在建设一座卫生填埋场，以下不符合相关技术及施工规范规定的选项是哪一项？【2010－4－71】

（A）场边设计坡高为15m，坡长为50m

（B）HDPE进场材料检验要求：每一批次取一个样，每增加10万m^2增加一个取样

（C）防渗工程材料在任何情况下都不能存在直角转折

（D）膨润土（GCL）防渗垫可以采用自然搭接的方式铺设

解：

HDPE进场材料检验要求：每一批次取一个样，每增加5万平方米增加一个取样。

答案选【B】。

【解析】 《生活垃圾卫生填埋场防渗系统工程技术规范》（CJJ 113—2007）第5.3.1条条文说明。

10. 在生活垃圾卫生填埋场基础防渗结构设计中，铺设HDPE膜防渗层时应满足相关要求，下列哪种说法是错误的？【2007－3－75】

（A）防渗膜的铺设必须平坦、无皱褶

（B）在斜坡上铺设防渗膜时，进行水平方向接缝焊接

（C）膜的搭接必须考虑使其接缝尽可能减少

（D）边坡与底面交界处不能设焊缝

解：

在斜坡上铺设防渗膜，其接缝应从上至下，不允许出现斜坡上有水平方向接缝，以免斜坡上滑动力可能在接缝处出现应力集中。

答案选【B】。

【解析】 参见《新三废·固废卷》P1027 HDPE防渗层铺设设计要求。

11. 填埋场边坡上膜防渗系统，哪种方法是不正确的？【2010－4－63】

（A）坡长太长，坡面上设置中间锚固平台，减少HDPE膜应力

（B）边坡上采用糙面HDPE膜，可增加膜与下垫层摩擦力

（C）边坡上HDPE膜下面铺设土工布，可以更好地维护HDPE膜

（D）在边坡膜上设置土包或废旧轮胎，可以有效保护防渗层不被填埋机具损坏

解：

土工布一般用作膜上保护层，HDPE膜下方一般是黏土或者是GCL。

其他选项的说法均正确。

答案选【C】。

【解析】 HDPE膜下保护层一般不用土工布，这个考点已经考到了多次。

12. 垃圾卫生填埋场施工时，在铺设HDPE膜前需先进行土壤层施工，土壤层施工应分层压实，每层压实土壤的厚度为以下哪个选项时最为合适？【2011－4－67】

（A）100mm　　（B）200mm

（C）300mm　　（D）400mm

解：

根据《生活垃圾卫生填埋场防渗系统工程技术规范》（CJJ 113—2007）第5.2.3条："土壤层应分层压实，每层压实土层的厚度宜为150～250mm，各层之间应紧密结合"。

答案选【B】。

【解析】《生活垃圾卫生填埋场防渗系统工程技术规范》（CJJ 113—2007）。

13．垃圾填埋场防渗系统是填埋场设计的重要内容，某填埋场采用HDPE膜和压实土壤复合防渗结构，下列防渗结构成合理的是哪一项？【2011－4－61】

（A）1.0mm厚HDPE膜，2.0m厚压实黏土（渗透系数0.5×10^{-7}cm/s）

（B）1.5mm厚HDPE膜，1.5m厚压实黏土（渗透系数0.5×10^{-7}cm/s）

（C）2.0mm厚HDPE膜，1.0m厚压实黏土（渗透系数0.5×10^{-5}cm/s）

（D）2.5mm厚HDPE膜，0.5m厚压实黏土（渗透系数0.5×10^{-5}cm/s）

解：

根据《生活垃圾卫生填埋处理技术规范》（GB 50869—2013）第8.2.4条，采用HDPE土工膜＋黏土结构时："防渗及膜下保护层：黏土渗透系数不应大于1.0×10^{-7}cm/s，厚度不小于75cm；膜防渗层，应采用HDPE膜，厚度不应小于1.5mm"。

答案选【B】。

【解析】《生活垃圾卫生填埋处理技术规范》（GB 50869—2013）关于不同防渗结构的要求要熟悉，高频考点。

14．在以下各项生活垃圾卫生填埋场防渗系统结构中，防渗导排效果最差的是哪一项？【2011－4－69】

（A）垃圾层—土工织物反滤层—渗滤液导流层—土工织物保护层—HDPE土工膜防渗层—土壤保护层—基础层

（B）垃圾层—土工织物反滤层—渗滤液导流层—土工网导流层—土工织物保护层—HDPE土工膜防渗层—土壤保护层—基础层

（C）垃圾层—土工织物反滤层—渗滤液导流层—土工织物保护层—GCL防渗层—土壤保护层—基础层

（D）垃圾层—土工织物反滤层—渗滤液导流层—土工织物保护层—HDPE土工膜防渗层—土工织物保护层—渗滤液导流层（防渗）—土工织物保护层—HDPE土工膜防渗层—土壤保护层—基础层

解：

一般来说GCL仅用于辅助防渗，选项C没有HDPE膜，因此防渗效果最差。

答案选【C】。

【解析】　注意不同防渗材料的作用，HDPE是最常见的防渗材料。

15．某地建设生活垃圾卫生填埋场，经地质勘查可知：场地坡降为2.3%，土质为黏土和亚黏土，渗透系数为6.5×10^{-5}cm/s，场地最低点标高为180.2m，地下水常年稳定位为170.5m，水位随季节变化，变化幅度在2～3m之间。根据以上条件，分析下列四个

防渗结构中最为经济合理的是（从上到下的结构为）哪一项？【2008－4－66】

（A）渗滤液收集导排系统—土工布—HDPE 膜—土工布—压实黏土基础层—地下水收集导排系统

（B）渗滤液收集导排系统—土工布—压实黏土基础层—地下水收集导排系统

（C）渗滤液收集导排系统—土工布—HDPE 膜—土工布—压实黏土基础层

（D）渗滤液收集导排系统—土工布—HDPE 膜—压实黏土基础层

解：

选项 A、C：一般来说 HDPE 膜下方不设置土工布，A、C 错误；

选项 B："场地最低点标高为 180.2m，地下水常年稳定位为 170.5m，水位随季节变化，变化幅度在 2～3m 之间"，不需要设置地下水收集导排系统。

答案选【D】。

【解析】 注意《生活垃圾卫生填埋处理技术规范》（GB 50869—2013）第 8 条，高频考点。

16. 某地建设生活垃圾卫生填埋场，场地为坡地，场地坡度为 2.3%，经地质勘查可知：场地土质为黏土和亚黏土，渗透系数为 6.5×10^{-6}cm/s，场地最低点标高为 180.2m，地下水常年稳定水位为 170.5m，水位随季节变化，变化幅度在 2～3m 之间，根据以上条件，下面四个防渗结构中最为经济合理的是哪一项？【2013－3－67】

（A）渗沥液收集导排系统—土工布—HDPE 膜—土工布—压实黏土层—地下水收集导排系统

（B）渗沥液收集导排系统—土工布—HDPE 膜—压实黏土层—地下水收集导排系统

（C）渗沥液收集导排系统—土工布—HDPE 膜—土工布—压实黏土层

（D）渗沥液收集导排系统—土工布—HDPE 膜—压实黏土层

解：

选项 A、C：一般来说 HDPE 膜下方不设置土工布，A、C 错误；

选项 B："场地最低点标高为 180.2m，地下水常年稳定位为 170.5m，水位随季节变化，变化幅度在 2～3m 之间"，不需要设置地下水收集导排系统。

答案选【D】。

【解析】 注意《生活垃圾卫生填埋处理技术规范》（GB 50869—2013）第 8 条，高频考点。本题与【2008－4－66】基本相同。

17. 某生活垃圾卫生填埋场选在山谷地带，厂区地质条件相对较好，地下水水位不高，水量不大，山体坡度一般在 30°～40°，场区黏土资源较丰富，渗透系数为 1.6×10^{-7}cm/s，试根据经验分析，下列哪种防渗结构最为经济有效？【2008－4－62】

（A）场底：压实黏土＋GCL＋1.5mm 光面膜＋600g/m² 土工布；边坡：压实黏土＋GCL1.5mm 光面膜＋600g/m² 土工布

（B）场底：压实黏土＋GCL＋1.5mm 光面膜＋600g/m² 土工布；边坡：基础层＋600g/m² 土工布＋1.5mm 糙面膜＋600g/m² 土工布

（C）场底：压实黏土＋1.5mm 光面膜＋600g/m² 土工布；边坡：基础层＋1.5mm 糙

面膜 +600g/m² 土工布

（D）场底：压实黏土 +600g/m² 土工布 +1.5mm 糙面膜 +600g/m² 土工布；边坡：基础层 +600g/m² 土工布 +1.5mm 糙面膜 +600g/m² 土工布

解：

选项 A、B：由于“场区黏土资源较丰富，渗透系数为 1.6×10^{-7}cm/s”，因此可以采用单层衬层结构。选项 A、B 中为非单层衬层结构，不经济。

选项 D：一般来说，土工布设置在膜上，D 错误。

选项 C：为单衬层结构，并且符合《生活垃圾卫生填埋处理技术规范》（GB 50869—2013）第 8.2.5 条单层衬里结构的规定。

答案选【C】。

【解析】 注意《生活垃圾卫生填埋处理技术规范》（GB 50869—2013）第 8 条关于防渗的规定，较完备地总结了不同的防渗结构。

18. 危险填埋场场底天然基础层饱和渗透系数为 8.0×10^{-5}cm/s，必须选用人工衬层，下列哪个满足：压实基础层厚度为 1.0m，渗透系数不大于 1.0×10^{-7}cm/s，基础层上铺设什么样的 HDPE 膜？【2010－4－62】

（A）一层厚度为 2mm 的 HDPE 膜

（B）一层厚度为 1.5mm 的 HDPE 膜

（C）二层膜，上层厚度为 2.0mm 的 HDPE 膜，下层厚度为 1.0mm 的 HDPE 膜

（D）二层膜，上层厚度为 1.0mm 的 HDPE 膜，下层厚度为 2.0mm 的 HDPE 膜

解：

《危险废物填埋污染控制标准》（GB 18598—2001）第 6.5.3 条：“如果天然基础层饱和渗透系数大于 1.0×10^{-6}cm/s，则必须选用双人工衬层。双人工衬层必须满足下列条件：a. 天然材料衬层经过机械压实后的渗透系数不大于 1.0×10^{-6}cm/s，厚度不小于 0.5m；b. 上人工合成衬层可以采用 HDPE 材料，厚度不小于 2.0mm；c. 下人工合成衬层可以采用 HDPE 材料，厚度不小于 1.0mm”。

该填埋场场地的天然基础层饱和渗透系数为 8.0×10^{-5}cm/s，并且压实后满足 6.5.3 的 a 条，因此选 C。

答案选【C】。

【解析】《危险废物填埋污染控制标准》（GB 18598—2001）第 6.4、6.5 条，根据天然基础层饱和渗透系数选用不同的衬层并需要满足不同的条件。

19. 某危险废物填埋场的天然基础层饱和渗透系数为 1.0×10^{-3}cm/s，其防渗层可采用哪一项？【2012－4－70】

（A）天然材料衬层　　（B）复合衬层

（C）双人工衬层　　（D）复合衬层或双人工衬层

解：

《危险废物填埋污染控制标准》（GB 18598—2001）第 6.5.3 条：“如果天然基础层饱和渗透系数大于 1.0×10^{-6}cm/s，应采用双层人工合成材料防渗衬层”。

答案选【C】。

【解析】《危险废物填埋污染控制标准》（GB 18598—2001）对不同渗透系数的天然基础饱和层选用的衬层结果进行了分类说明，高频考点。

20. 某危险废物填埋场的天然基础层饱和渗透系数为5.0×10^{-7}cm/s，厚度为5.51m，下列说法正确的是哪一项？【2013－3－65】

（A）可以选用下衬层厚度为0.8m的复合衬层

（B）可以选用下衬层厚度为1.2m的复合衬层

（C）必须选用双人工衬层，且上人工合成衬层HDPE材料厚度≥2.0mm

（D）必须选用双人工衬层，且上人工合成衬层HDPE材料厚度≥1.0mm

解：

《危险废物填埋污染控制标准》（GB 18598—2001）第6.5.2条："如果天然基础层饱和渗透系数小于1.0×10^{-6}cm/s，可以选用复合衬层"。对照表2，下衬层厚度应该大于1.0m。

答案选【B】。

【解析】《危险废物填埋污染控制标准》（GB 18598—2001）第6.4、6.5条，根据天然基础层饱和渗透系数选用不同的衬层并需要满足不同的条件。

21. 某危险废物填埋场采用双人工衬层防渗，系统包括：①基础层；②HDPE防渗膜；③地下水排水层；④危险废物；⑤渗滤液初级集排水系统；⑥渗滤液次级集排水系统；⑦膜上保护层；⑧压实黏土衬层；⑨土工布；其结构从下到上依次应为哪一项？【2009－3－73】

（A）1—3—8—2—7—6—2—7—5—9—4

（B）1—3—2—8—7—6—2—7—5—9—4

（C）1—3—8—6—2—7—2—7—5—9—4

（D）1—3—6—8—2—7—2—7—5—9—4

解：

《危险废物安全填埋处置工程建设技术要求》（环发［2004］75号），第6.4.1条："从下到上，依次为基础层、地下排水层、压实黏土衬层、高密度聚乙烯膜、膜上保护层、渗滤液次级集排水系统、高密度聚乙烯膜、膜上保护层、渗滤液初级集排水系统、土工布、危险废物"。

答案选【A】。

【解析】《危险废物安全填埋处置工程建设技术要求》（环发［2004］75号）。

22. 某危险废物填埋场选用钢筋混凝土外壳与柔性人工衬层结合的刚性结构，其四周侧墙防渗系统结构由外向内依次应为哪一项？【2013－3－55】

（A）钢筋混凝土墙、土工布、HDPE膜、土工布

（B）钢筋混凝土墙、HDPE膜、复合膨润土垫、土工布

（C）钢筋混凝土墙、土工布、复合膨润土垫、土工布

（D）钢筋混凝土墙、土工布、HDPE 膜、复合膨润土垫

解：

根据《危险废物安全填埋处置工程建设技术要求》（环发［2004］75 号）第 6.4.2 条："四周侧墙防渗系统结构由外向内依次为：钢筋混凝土墙、土工布、高密度聚乙烯防渗膜、土工布、危险废物"。

答案选【A】。

【解析】 依据《危险废物安全填埋处置工程建设技术要求》（环发［2004］75 号）相关内容。从历年考题来看，危险废物填埋所涉及的规范并不多，高频的就是《危险废物安全填埋处置工程建设技术要求》（环发［2004］75 号）和《危险废物填埋污染控制标准》（GB 18598—2001）。

23. 某垃圾填埋场采用渗透系数 1×10^{-7}cm/s 的 1m 厚黏土进行防渗，为预测渗滤液对地下水的可能影响，需计算防渗层的渗透量。当黏土上方渗滤液水位高度为 30cm 时，每平方米面积上的渗滤液渗透率为哪一项？【2007－3－72】

（A）$0.3\times10^{-7}\text{m}^3/\text{s}$　　（B）$1.3\times10^{-7}\text{m}^3/\text{s}$

（C）$0.3\times10^{-9}\text{m}^3/\text{s}$　　（D）$1.3\times10^{-9}\text{m}^3/\text{s}$

解：

$$q=K_s\frac{H+L}{L}=10^{-7}\times\frac{1+0.3}{1}=1.3\times10^{-7}\text{cm/s}=1.3\times10^{-9}\text{m/s};$$

每平方米面积上的渗透率为：$Q=qA=1.3\times10^{-9}\text{m}^3/\text{s}$。

答案选【D】。

【解析】《新三废・固废卷》P965 公式 6－3－32、6－3－33。

24. 一个 0.9m 的水头作用在某垃圾填埋场压实衬垫层上，压实衬垫的厚度为 2.7m，衬垫层的渗透系数为 1.0×10^{-8}cm/s，则该压实黏土衬垫的渗漏率为哪一项？【2012－4－71】

（A）$1.15\times10^{-7}\text{m}^3/(\text{m}^2\cdot\text{d})$　　（B）$1.15\times10^{-8}\text{m}^3/(\text{m}^2\cdot\text{d})$

（C）$1.15\times10^{-9}\text{m}^3/(\text{m}^2\cdot\text{d})$　　（D）$1.15\times10^{-5}\text{m}^3/(\text{m}^2\cdot\text{d})$

解：

$$q=K_s\frac{H+L}{L}=10^{-8}\times\frac{0.9+2.7}{2.7}=1.33\times10^{-8}\text{cm/s}=1.15\times10^{-5}\text{m/d}$$

答案选【D】。

【解析】 参见《新三废・固废卷》P965 公式 6－3－32。

25. 某垃圾填埋场采用土工膜作为防渗层，假定条件如下：土工膜防渗层中有小圆孔若干个，且每个孔的渗漏都独立于其他孔，土工膜下方压实土的透水性比较高。若单孔面积为 1cm²，圆孔渗流系数约为 0.6，防渗层上的水头 30cm，则单孔渗透量为哪一项？【2012－4－72】

（A）$10.4\text{m}^3/\text{d}$　　（B）$12.6\text{m}^3/\text{d}$

（C）$15.8\text{m}^3/\text{d}$　　（D）$16.2\text{m}^3/\text{d}$

解：

每个小孔的渗流流量：

$Q=\varepsilon\times a\times\sqrt{2gH}=0.6\times1\times\sqrt{2\times981\times30}=145.6\ cm^3/s=12.6m^3/d$。

答案选【B】。

【解析】《教材（第二册）》P250 式 4-8-40，$Q=\varepsilon\times a\times\sqrt{2gH}$（$H$ 单位为 cm）。与【2008-4-60】相同。

26. 某生活垃圾卫生填埋场总面积为 30 万 m^3，分 3 个区，1 区已完成封场，2 区正在填埋，3 区准备填埋，每个区均为 10 万 m^2。最大月降雨量为 187.2mm，正在填埋作业区的浸出系数为 0.5，已填埋区的浸出系数为 0.3，该填埋场底部采用土工膜，土工膜上水头 30cm，渗透系数 0.6。若该填埋场底部土工膜厚度为 1.5mm，每 $5000m^2$ 一个漏孔（圆形）单孔面积为 $1cm^2$，计算 HDPE 土工膜的渗透率。【2008-4-60】

（A）$2.5\times10^{-4}m^3/(m^2\cdot d)$　　（B）$2.5\times10^{-3}m^3/(m^2\cdot d)$

（C）$1.4\times10^{-4}m^3/(m^2\cdot d)$　　（D）$2.9\times10^{-3}m^3/(m^2\cdot d)$

解：

每个小孔的渗流流量：

$Q=\varepsilon\times a\times\sqrt{2gH}=0.6\times1\times\sqrt{2\times981\times30}=145.6\ cm^3/s=12.6m^3/d$；

土工膜的渗透率：$12.6\div5000=2.52\times10^{-3}m^3/(m^2\cdot d)$。

答案选【B】。

【解析】《教材（第二册）》P250 式 4-8-40，$Q=\varepsilon\times a\times\sqrt{2gH}$（$H$ 单位为 cm）。

27. 一个 0.3m 的水头作用在某垃圾填埋场压实土衬垫上，恒定条件如下：土工膜与下层土结合良好，复合衬垫每公顷 2.5 个孔，单孔面积为 $1cm^2$，下层土渗透系数为 $10^{-7}cm/s$。则该土工膜上单个圆孔的渗漏率为多少立方米每秒？【2013-3-66】

（A）6.189×10^{-7}　　（B）6.189×10^{-8}

（C）6.189×10^{-9}　　（D）6.189×10^{-10}

解：

土工膜与下层土结合良好，因此可以采用公式：$Q_1=0.21\times a^{0.1}\times h^{0.9}\times k_s^{0.74}$；

将 $a=10^{-4}m^2$，$h=0.3m$，$k_s=10^{-9}m/s$ 代入，得 $Q=5.89\times10^{-9}m^3/s$。

答案选【C】。

【解析】 采用《教材（第四册）》P89 公式。

28. 某卫生填埋场设计中，拟在填埋场场底平行设置若干地下水导排管，降低地下水水位。经场地地质勘查，场底浅水层中隔水层的标高为 320m，地下水水位标高为 340.5m，该填埋场场底最低标高为 342m，现设计中将地下水排水管设置为 338m 标高的地下，并希望将地下水水位控制在标高 340m 以下。已知地下水水力梯度为 0.05，请问地下水排水管的间距宜为多少？【2014-3-64】

（A）77.97m　　（B）38.99m

（C）113.14m　　　　（D）56.57m

解：

$L^2=\frac{4\ (b^2-a^2)}{i}$，其中 $b=340-320=20\text{m}$；$a=338-320=18\text{m}$；$i=0.05$；

解得 $L=77.97\text{m}$。

答案选【A】。

【解析】 参见《新三废·固废卷》P960 公式 6－3－13。

29. 某生活垃圾填埋场地下水排水管位于地下水下部隔水层 2.0m 处，隔水层的最高允许水位为 4.0m，地下排水管的管间距为 5.0m，若含水层土壤的渗透系数为 $1.040\times10^{-6}\text{cm/s}$，试计算地下水排水管的排水量。【2009－3－71】

（A）$2.88\times10^{-5}\text{m}^3/(\text{m}^2\cdot\text{d})$　　（B）$1.73\times10^{-3}\text{m}^3/(\text{m}^2\cdot\text{d})$

（C）$7.20\times10^{-5}\text{m}^3/(\text{m}^2\cdot\text{d})$　　（D）$8.90\times10^{-4}\text{m}^3/(\text{m}^2\cdot\text{d})$

解：

$1.040\times10^{-6}\text{cm/s}=8.98\times10^{-4}\text{m/d}$；

根据 Donnan 公式：$Q_d=\frac{4K(b^2-a^2)}{L^2}=\frac{4\times8.98\times10^{-4}\times(4^2-2^2)}{5^2}=1.73\times10^{-3}\text{m}^3/(\text{m}^2\cdot\text{d})$。

答案选【B】。

【解析】 参见《新三废·固废卷》P960 公式 6－3－13。

30. 东南沿海地区某危险废物安全填埋场地处沟谷地带，流域汇水面积为 96ha，场区地质结构简单，岩土自上而下为：黏土质砾砂，黏土，砂岩，地基土承载力 160～1000kPa，渗透系数 $6\times10^{-4}\sim3\times10^{-8}\text{cm/s}$，地下水位埋深 1.25～6.80m。填埋场所在地城市防洪标准为 25 年（重现期），根据厂区自然环境条件，设置了完善的地表及地下水排水系统，地下水排水管管径为 500mm，排水管最低处管中心标高为 75m。该填埋场的防渗层底部最低标高不应小于哪一项？【2008－3－61】

（A）78.00m　　（B）78.25m

（C）76.25m　　（D）75.50m

解：

（1）地下水排水管管径为 500mm，地下水排水管最低处管中心标高为 75m，则地下水位在 75.25m；

（2）由于地下水水位埋深 1.25～6.8m，小于 3m；根据《危险废物安全填埋处置工程建设技术要求》第 4.8 条“地下水位应在不透水层 3m 以下。如果小于 3m，则必须提高防渗设计要求，实施人工措施后的地下水水位必须在压实黏土层底部 1m 以下。”因此，为 76.25m。

答案选【C】。

【解析】 依照《危险废物安全填埋处置工程建设技术要求》（环发［2004］75 号）。

16.6 填埋气

※知识点总结

1. 产气原理、特征和阶段：

《新三废·固废卷》P995～P996。

2. 填埋气体的收集和输导：

（1）抽气井的布置（含井间距）要求；

（2）注意相关规范的具体要求：如《生活垃圾卫生填埋场气体收集处理及利用工程技术规范》（CJJ 133—2009）、《生活垃圾卫生填埋处理技术规范》（GB 50869—2013）等。

3. 填埋气计算：

（1）产气量（速率）计算：按照填埋垃圾中的C含量进行计算，注意区别产气量和产甲烷量；

（2）产气量（速率）计算：按照公式 $Q_t = ML_0ke^{-kt}$ 进行计算；

（3）甲烷发电或者燃烧利用相关计算：利用能量守恒或热量守恒进行计算；

（4）气体输送压降计算：$\frac{\Delta P}{l} = 6.26 \times 10^7 \lambda\rho \frac{Q^2}{d^5}\frac{T}{T_0}$。

※真　　题

1. 以下关于生活垃圾卫生填埋场填埋气体产生过程描述正确的是哪一项？【2014－3－74】

（A）填埋气体产生过程主要是在好氧条件下进行

（B）填埋气体产生过程中，填埋气体组分中 CO_2 浓度先不断升高，后又逐渐降低，直至稳定

（C）填埋气体产生过程首先是在厌氧条件下进行的，随后逐渐转变成在好氧条件下进行

（D）垃圾酸化阶段，将产生大量甲烷和少量氢气

解：

选项A：主要在厌氧条件下进行，选项A说法错误；

选项B：说法正确；

选项C：先在好氧条件下进行，随后转变成厌氧条件下进行，选项C说法错误；

选项D：酸化阶段不产生大量甲烷，选项D说法错误。

答案选【B】。

【解析】《新三废·固废卷》P995～P996。

2. 在生活垃圾填埋场设计中，用于填埋气体收集和输导的系统应该如何设置？【2007－3－65】

（A）设置横竖相通的排气管，排气总管高出地面100cm

（B）设置多个相互独立的排气管，所有排气管应至少高出地面50cm

（C）设置横竖相通的排气管，排气总管高出地面50cm

（D）设置多个相互独立的排气管，所有排气管应至少高出地面100cm

解：

《生活垃圾卫生填埋技术规范》（CJJ 17—2004）第8.0.2条：“1. 填埋气体导排设施宜采用竖井（管），也可采用横管或横竖相连的导排设施……2. ……管口应高出场地1m以上”。

答案选【A】。

【解析】 当时采用的还是老标准，新标准《生活垃圾卫生填埋处理技术规范》（GB 50869—2013）中11.3.1和11.3.2的第7条有相似（不完全相同）的说法。

3. 某填埋场经试验得出每个填埋场气体导排井的作用半径为 $R = 25$m，要使气体导排井覆盖整个填埋场，而又最大限度地减少井的数量，则气体导排井按下列哪种方案布置是最合理的？【2007－3－70】

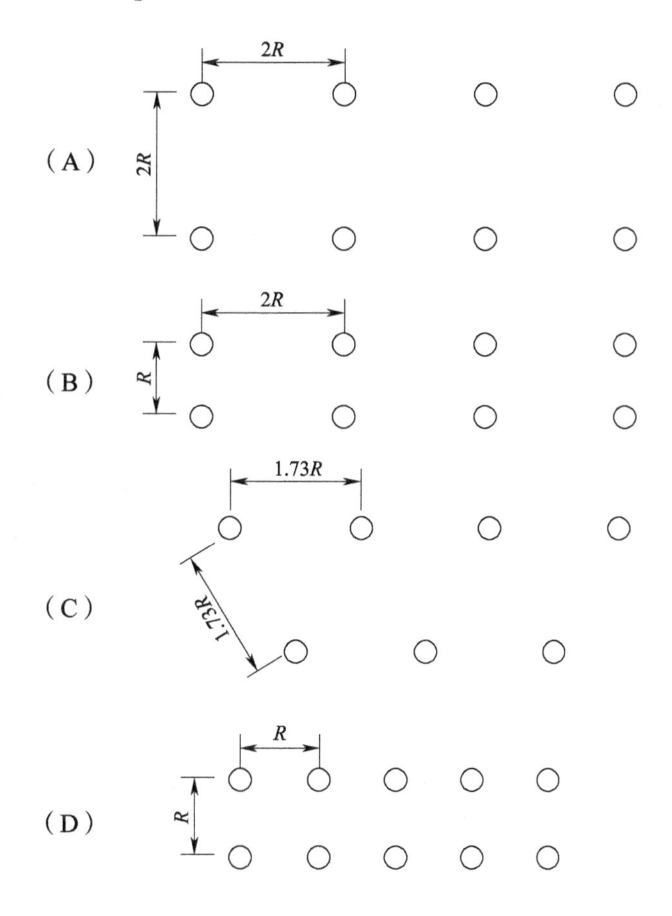

解：

选项A未能覆盖全部区域；

选项B、D交叠区域较大；

选项C比较合理。

答案选【C】。

【解析】 参见《新三废·固废卷》P1006，1.73R 即为图6－3－47左图中两口井的距离。

4. 某生活垃圾填埋场分A、B两个区进行填埋，最终封场时，A区采用天然土壤为覆盖层材料，B区采用人工材料为覆盖层材料，那么下列关于A区内垂直抽气井布置的间距与B区内垂直抽气井布置的间距设计方案最优的是哪一项？【2009－3－70】

（A）A区内的间距与B区内的间距同为50m

（B）A区内的间距为50m，B区内的间距为40m

（C）A区内的间距为40m，B区内的间距为50m

（D）A区内的间距与B区内的间距同为80m

解：

天然土壤为覆盖材料的填埋场其井间距离应该小于人工材料为覆盖材料的填埋场的井间距离。一般来说，对于深度大并有人工薄膜的混合覆盖层的填埋场，常使用的井间距离是45～60m。

答案选【C】。

【解析】 参见《新三废·固废卷》P1006倒数第二段。

5. 下列关于垃圾卫生填埋场填埋气体收集系统的说法，错误的是哪一项？【2011－4－63】

（A）对于原有的导气井堵塞且有水平防渗的填埋场，可采用钻孔法设置导气井，钻孔深度为垃圾填埋深度的75%，井底距离场底距离为6m

（B）关于导气井的布置，应采用等边三角形而不可采用正方形形式进行布置，使全场导气井作用范围完全覆盖垃圾填埋场区域

（C）采用主动导排的垂直导气井，对于堆体中部的，其间距可为45m。对于靠近垃圾填埋堆体边缘的，其间距可为25m

（D）填埋气体集中收集可配置一定功率的引风机，引风机的最小升压应满足克服填埋气体输气管路阻力损失和用气设备进气压力的需要，保证导气井头一定的负压

解：

根据《生活垃圾填埋场填埋气体收集处理及利用工程技术规范》（CJJ 133—2009）：

选项A：第5.2.1条“用钻孔法设置的导气井，钻孔深度不应小于垃圾填埋深度的2/3，但井底距场底的间距不宜小于5m”，A说法正确；

选项C：第5.2.6条“导气井应根据垃圾填埋堆体形状、导气井作用半径等因素合理布置，应使全场导气井作用范围完全覆盖垃圾填埋区域：垃圾堆体中部的主动导排导气井间距不应大于50m，沿堆体边缘布置的导气井间距不宜大于25m。被动导排导气井间距不应大于30m”，C说法正确；

选项D：第7.2.4条“抽气设备最小升压应满足克服填埋气体输气管路阻力损失和用气设备进气压力要求”，D说法正确；

选项B：没有规定一定要采用等边三角形进行布置。

答案选【B】。

【解析】《生活垃圾填埋场填埋气体收集处理及利用工程技术规范》（CJJ 133—2009）关于导气井的布置要求。

6. 下列关于生活垃圾卫生填埋场气体收集系统的说法错误的是哪一项？【2012-4-61】

（A）对于设置主动导排设施的填埋场，即便配有沼气发电机机组，也应设置填埋场气体燃烧火炬

（B）填埋场气体输气管应设不小于3‰的坡度，管段最低点处应设凝结水排水装置，排水装置应考虑防止空气吸入的措施，并设抽水装置

（C）沼气集中收集可配置一定功率的风机，风机的最小升压应满足克服填埋气体输气管阻力损失和用气设备进气压力的需要，这样可保证导气井井头具有一定的负压值

（D）填埋场抽气设备通常采用可变频调速的罗茨风机，必须通过在线监测填埋气体中甲烷含量，并通过该信号反馈控制抽气设备的转速

解：

根据《生活垃圾卫生填埋场气体收集处理及利用工程技术规范》（CJJ 133—2009）第6.1.1条："填埋场气体输气管应设不小于1‰的坡度"，B错误；

选项A符合第7.3.1条的要求；

选项C符合第7.2.4条的要求；

选项D符合第7.2.2条的要求。

答案选【B】。

【解析】《生活垃圾卫生填埋场气体收集处理及利用工程技术规范》（CJJ 133—2009）。

7. 在一旧的垃圾堆放场外的建筑物中发现堆放物产生甲烷气体时，下列哪一项处理措施是错误的？【2007-3-67】

（A）增加堆体表面覆土厚度以防止堆放气体向外扩散

（B）加强构筑物内通风排气，避免甲烷气体在密闭空间累积

（C）在堆放场周围安装主动式气体迁移控制系统，必要时运行该系统

（D）在堆放场周围建造垂直防渗墙以防止填埋场气体向外扩散

解：

选项A：增加堆体表面覆土厚度可能使甲烷气体的疏导更加困难，A做法不正确；

选项B：加强构筑物内通风排气，避免甲烷气体在密闭空间累积，降低甲烷浓度，减少爆炸可能性；

选项C：主动式气体迁移控制系统，可以控制气体迁移，可行；

选项D：在堆放场周围建造垂直防渗墙，可以防止填埋场气体无控释放。

答案选【A】。

【解析】参见《新三废·固废卷》P1052，垂直防渗屏障具有防止填埋场气体无控释放的功能。

8. 某城市一卫生填埋场已填埋垃圾200万t，该填埋场入场垃圾平均含水率40%，

垃圾湿基可生化降解的有机碳含量为18%，可生化降解有机碳的分解率为75%，约有50%的有机碳转化为甲烷，试估算该填埋场已填埋垃圾产甲烷潜能（理论最大）的总量。【2014－3－70】

(A) 36万t　　(B) 18万t

(C) 24万t　　(D) 11万t

解：

$$200\times0.18\times0.75\times0.5\div12\times16=18\ 万\ t$$

答案选【B】。

【解析】 本题注意"垃圾湿基可生化降解的有机碳含量为18%"，因此不需要考虑含水率。

9. 某填埋场垃圾填埋量为250t/d，垃圾组分（质量百分比）如下表所示。假设单位质量有机物相当于COD 0.15kg，单位COD产生填埋气体$0.7m^3/kg$，计算填埋场每天的理论产气量。【2014－3－71】

主要成分	有机物	无机物			
		砖瓦	煤灰	金属、玻璃	其他
含量（干基,%）	45.0	5.0	41.0	7.5	1.5
含水率（%）	40.0				

(A) $7.08\times10^3m^3$　　(B) $11.81\times10^3m^3$

(C) $15.75\times10^3m^3$　　(D) $47.25\times10^3m^3$

解：

填埋场每天的理论产气量为：

$$250\times10^3\times(1-0.4)\times0.45\times0.15\times0.7=7087.5m^3$$

答案选【A】。

【解析】 注意有机物含量是按照干基列出的。

10. 我国某大城市每天产生的生活垃圾为3000t，其中垃圾卫生填埋比例为80%，该城市垃圾平均含水率50%，垃圾湿基可降解的有机碳含量为10%，可降解的有机碳的分解率为75%，如果甲烷在填埋气中体积百分比为50%，则该市每天卫生填埋的垃圾产甲烷的潜能是多少？【2011－4－64】

(A) 8.4万m^3　　(B) 16.8万m^3

(C) 33.6万m^3　　(D) 22.5万m^3

解：

每天可以被分解的有机碳量为：$3000\times0.8\times0.1\times0.75=180t$；

产生的甲烷量是：$180\times10^3\times22.4\div12\times0.5=168000m^3$。

答案选【B】。

【解析】 注意“垃圾湿基可降解的有机碳含量为10%”，不用乘以含水率。

11．某垃圾填埋场在2000年向第一填埋单元填埋垃圾共20万t，2001年转入第二填埋单元填埋，共填埋垃圾25万t，2002年又转入第三填埋单元填埋，共填埋30万t。2003年准备对已填垃圾的三个单元实施填埋气体导排和处理。在项目实施前对第一单元进行全面抽气试验（气体收集井及盲沟已在填埋过程中设置）：得到的稳定抽气量是$200m^3/h$。经测算，该填埋场的垃圾最大产气量为$103m^3/t$（标准状态下）。已知抽气试验是在一个大气压、环境温度为25℃时进行的。该填埋场垃圾的产气速率常数k是多少？【2007－3－73】

（A）0.10　　（B）0.15

（C）0.05　　（D）0.20

解：

（1）抽气试验是在一个大气压、环境温度为25℃时进行的，因此$200m^3/h$折算成标况应为：

$$200\times273.15\div(273.15+25)=183.24m^3/h$$

（2）采用$Q=kML_0e^{-kt}$计算k值。

$$t=2003-2000=3;\ Q=183.24\times24\times365=1605182m^3/a$$

$$ML_0=103\times20\times10^4=2.06\times10^7m^3$$

解得：$ke^{-3k}=0.078$；

将$k=0.1$，0.15，0.05，0.2代入方程左边，ke^{-3k}分别为：0.074，0.096，0.043，0.109。

答案选【A】。

【解析】 参见《新三废·固废卷》P1000公式6－3－56；《生活垃圾卫生填埋场气体收集处理及利用工程技术规范》（CJJ 133—2009）第4条产气量的估算中也有相关公式。

12．某垃圾填埋场在2000年向第一填埋单元填埋垃圾共20万t，2001年转入第二填埋单元填埋，共填埋垃圾25万t，2002年又转入第三填埋单元填埋，共填埋30万t。2003年准备对已填垃圾的三个单元实施填埋气体导排和处理。在项目实施前对第一单元进行全面抽气试验（气体收集井及盲沟已在填埋过程中设置）：得到的稳定抽气量是$200m^3/h$。经测算，该填埋场的垃圾最大产气量为$103m^3/t$（标准状态下）。已知抽气试验是在一个大气压、环境温度为25℃时进行的。假设产气速率常数k为0.108，则2004年三个填埋单元的产气量为多少？【2007－3－74】

（A）$630m^3/h$　　（B）$701m^3/h$

（C）$583m^3/h$　　（D）$534m^3/h$

解：

采用$Q=kML_0e^{-kt}$计算：

第一单元 $Q_1=0.108\times2.06\times10^7\times e^{-0.108\times4}=1.444\times10^6m^3/a$；

第二单元 $Q_2=0.108\times2.575\times10^7\times e^{-0.108\times3}=2.011\times10^6m^3/a$；

第三单元 $Q_3=0.108\times3.09\times10^7\times e^{-0.108\times2}=2.688\times10^6m^3/a$。

2004 年三个填埋单元的产气量为：（1.444 + 2.011 + 2.688）$\times 10^6/(365\times24)$ = 701.2m^3/h。

答案选【B】。

【解析】《生活垃圾卫生填埋场气体收集处理及利用工程技术规范》（CJJ 133—2009）第 4 条产气量的估算公式 4.0.2。

13. 某市生活垃圾填埋场，在 2010 年向某一填埋单元填埋垃圾 40 万 t，并于当年填满完成终场覆盖。已知该填埋单元所填埋垃圾最大理论产气量 L_0 为 93.2m^3/t 垃圾（标准状态下），该市常年平均温度为 20℃。假设该填埋场垃圾降解遵循一阶降解模型，且半衰周期为 6.93 年。计划 2013 年对该填埋单元实施填埋气体导排和利用，试求该填埋单元 2013 年理论产气速率为多少？【2012 - 4 - 62】

（A）315.3m^3/h　　（B）338.3m^3/h

（C）426.9m^3/h　　（D）397.8m^3/h

解：

垃圾产气速率常数为：$k=\ln2/t_{1/2}=\ln2/6.93=0.1a^{-1}$；

垃圾产气速率为：$Q_t=ML_0ke^{-kt}=40\times10^4\times93.2\times0.1\times e^{-0.3}=2761770m^3/a=315.3m^3/h$；

转化为 20℃下的产气速率为：315.3 × 293.15 ÷ 273.15 = 338.3m^3/h。

答案选【B】。

【解析】《生活垃圾卫生填埋场气体收集处理及利用工程技术规范》（CJJ 133—2009）第 4 条产气量的估算公式 4.0.2。也要注意这一章节的其他公式。

14. 经分析，某城市生活垃圾卫生填埋场进场垃圾中的有机废物以动植物性厨房废物为主，其中可降解有机物占 60%，有机物平均含水率为 75%，有机物中的有机碳含量为 40%（其中 90% 的有机碳转化为填埋气），假设该填埋场的填埋产气规律符合一级动力学模型。该填埋场垃圾产气速率常数为 0.12a^{-1}。该填埋场设计填埋规模 1000t/d，使用年限 15 年。2010 年开始填埋垃圾，当年每日垃圾进场量为 600t，2011 年为 800t，2012 年为 1000t，产生的填埋气的甲烷含量为 50%，根据理论最大产气量，试计算 2013 年该填埋场的产气量（单位：Nm^3）。【2013 - 3 - 57】

（A）1068 万　　（B）949 万

（C）854 万　　（D）2136 万

解：

每吨垃圾的产气量为：（1000 × 0.6 × 0.25 × 0.4 × 0.9）÷ 12 × 22.4 = 100.8m^3；

2010 年填埋的垃圾产气速率为：$Q_3=M_3L_0ke^{-kt_3}=600\times100.8\times0.12\times e^{-0.36}=5063.5m^3/d$；

2011 年填埋的垃圾产气速率为：$Q_2=M_2L_0ke^{-kt_2}=800\times100.8\times0.12\times e^{-0.24}=7612.0m^3/d$；

2012 年填埋的垃圾产气速率为：$Q_1=M_1L_0ke^{-kt_1}=1000\times100.8\times0.12\times e^{-0.12}=10728.2m^3/d$。

总产气速率为：5063.5 +7612.0 +10728.2 =23403.7m^3/d =854 万 m^3/a。

答案选【C】。

【解析】 注意：

(1)《生活垃圾卫生填埋场气体收集处理及利用工程技术规范》(CJJ 133—2009) 第4条产气量的估算公式；

(2) 注意不同年份填埋进去的时间不同，三个年份需要分开计算；

(3)"产生的填埋气的甲烷含量为50%"是多余条件。

15. 某填埋场环境温度为17℃，产生的填埋气平均甲烷含量为50%，配置4台0.5MW的发电机组，平均每日填埋气收集量为30000m^3(标况)，除发电外的填埋气火炬燃烧，甲烷热值为36MJ/m^3，发电效率按37%计算，则此期间每天火炬燃烧的填埋气约相当于燃烧标煤多少吨(标煤的热值按29300kJ/kg计)?【2013 -3 -58】

(A) 2.49　　(B) 3.64

(C) 7.28　　(D) 19.58

解：

每天产生的甲烷能够发出的总热量为：30000 ×0.5 ×36 =540000MJ；

每天发电耗费的热量为：4 ×0.5 ×3600 ×24 ÷0.37 =467027MJ；

每天火炬燃烧的甲烷热值为：540000 -467027 =72973MJ；

相当于燃烧标煤量：72973 ÷29300 =2.49t。

答案选【A】。

【解析】 本题要理解题意，注意考虑发电效率。

16. 某生活垃圾填埋场第4年产生并有效收集填埋气体450万m^3，其中CH_4体积占50%，已知CH_4低位热值为8555 ×4.18kJ/m^3，填埋气体用来发电，可燃气体只考虑CH_4，假设热电转换效率为28%，则该填埋场第4年产生的填埋气体发电量约为多少万kW·h?【2013 -3 -59】

(A) 150　　(B) 626

(C) 2235　　(D) 1252

解：

450 ×0.5 ×8555 ×4.18 ×0.28/3600 =626 万 kW·h。

答案选【B】。

【解析】 这里的"CH_4体积占50%"不是多余条件，注意和前面区别。1kW·h =3600kJ。

17. 生活垃圾填埋场距市区14公里，填埋场外3公里处有化工园区，并有燃气从场南50米处通过，填埋场处理规模为800t/d，服务年限30年，需对填埋场产生的气体利用，最有可能的利用方式为哪一项?【2010 -4 -67】

(A) 供热或发电　　(B) 输入燃气管道

(C) 作汽车燃料　　(D) 作化工原料

解：

该生活垃圾填埋场有燃气从场南 50m 处通过，因此输入燃气管道是最可行、最经济的利用方式。

答案选【B】。

【解析】 题目说明了“有燃气从场南 50 米处通过”，根据题意很容易进行分析。

18. 某填埋场气体最大产气年份产气量为 $1600m^3/h$，收集总管为 DN250 的 HDPE 管，总长度为 200m；管路中的气体温度为 30℃，填埋气体密度为 $1.32kg/m^3$，管道的摩擦阻力系数按 0.01 计，若不考虑阀门配件的阻力损失，试计算总管内的摩擦阻力损失为多少？(填埋气体输送总管的计算流量按最大产气年份小时产气量的 80% 计）【2013 -3 -70】

(A) 308Pa　　(B) 0.31Pa

(C) 277Pa　　(D) 1.54Pa

解：

根据《生活垃圾填埋场填埋气体收集处理及利用工程技术规范》（CJJ 133—2009）公式 6.2.4：$\frac{\Delta P}{l}=6.26\times10^7\lambda\rho\frac{Q^2}{d^5}\frac{T}{T_0}$；

则 $\Delta P=6.26\times10^7\times0.01\times1.32\times\frac{(1600\times0.8)^2}{250^5}\times\frac{303.17}{273.17}\times200=307.7\text{Pa}$。

答案选【A】。

【解析】 参见《生活垃圾填埋场填埋气体收集处理及利用工程技术规范》（CJJ 133—2009）公式 6.2.4。

16.7 终场覆盖和场址修复

※知识点总结

1. 生活垃圾填埋封场相关的主要规范：

《生活垃圾卫生填埋处理技术规范》（GB 50869—2013）第 13 条、《生活垃圾填埋场封场技术规程》（CJJ 112—2007）；

2. 危险废物填埋封场相关的主要规范：

《危险废物填埋污染控制标准》（GB 18598—2001）第 9 条、《危险废物安全填埋处置工程建设技术要求》（环发［2004］75 号）第 10 条。

※真　　题

1. 生活垃圾卫生填埋场封场覆盖系统中，防渗层结构及材料选用非常重要，根据生活垃圾卫生填埋场封场技术要求，下列有关封场覆盖防渗层的设计措施哪个是错误的？【2012 -4 -74】

(A) 防渗层采用土工膜和土工聚合黏土衬垫（GCL）组成复合防渗层

(B) 土工膜为厚度 1.2mm 的线性低密度聚乙烯土工膜（LLDPE），渗透系数小于 1×10^{-7}cm/s

（C）土工膜上表面设置土工布，土工膜下表面不设置土工布

（D）土工聚合黏土衬垫（GCL）厚度为6mm，渗透系数小于1×10^{-7}cm/s

解：

根据《生活垃圾填埋场封场技术规程》（CJJ 112—2007）的5.0.3（2）中第3）条："土工膜上下表面应设置土工布"。C错误；

A、B、D选项对应上述规程的5.0.3条第2款中的第1、3和4项。

答案选【C】。

【解析】《生活垃圾填埋场封场技术规程》（CJJ 112—2007）中关于防渗层的设计。

2．关于生活垃圾卫生填埋场封场覆盖设计，下列说法正确的是哪一项？【2013－3－71】

（A）封场覆盖系统结构由垃圾堆体表面至顶表面顺序为防渗层、排气层、排水层、植被层

（B）排气层施加于防渗层的气体压力应≤0.751kN

（C）排气层渗透系数应$>1\times10^{-2}$cm/s

（D）排气层边坡的渗透系数应$>1\times10^{-2}$cm/s

解：

根据《生活垃圾卫生填埋场封场技术规程》（CJJ 112—2007）：

选项A：第5.0.2条："封场覆盖系统结构由垃圾堆体表面至顶表面顺序为排气层、防渗层、排水层、植被层"。选项A说法错误；

选项B：第5.0.3条："（1）排气层1）施加于防渗层的气体压力不应大于0.75kPa"，选项B说法错误；

选项C、D：第5.0.3条："（1）排气层2）排气层渗透系数应大于1×10^{-2}cm/s"，选项C正确，选项D错误。

答案选【C】。

【解析】《生活垃圾卫生填埋场封场技术规程》（CJJ 112—2007），该规范也考到了不止一次。

3．卫生填埋作业至终场标高或不再受纳、停用封场，覆盖系统结构由垃圾堆体表面至顶表面的顺序是哪一项？【2010－4－56】

（A）排气层—防渗层—排水层—植被层　（B）排水层—防渗层—排气层—植被层

（C）植被层—排水层—防渗层—排气层　（D）植被层—排气层—防渗层—排水层

解：

覆盖系统结构由垃圾堆体表面至顶表面的顺序：垃圾层—排气层—防渗层—排水层—植被层。

答案选【A】。

【解析】 参见《生活垃圾卫生填埋处理技术规范》（GB 50869—2013）图13.2.3。

4．我国非规范化垃圾填埋场，没有封场后生态修复绿化措施正确的为哪一项？【2010－

4－52】

（A）终场覆盖，建永久建筑物，部分区域种植草皮并可开发作为游艺场或运动场

（B）终场覆盖，种法国梧桐、紫荆等深根植物

（C）终场覆盖，种植白蜡、三叶草等浅根植物

（D）终场覆盖，种植玉米、小麦、粮食等，进行生态修复产生经济

解：

选项A、D：非规范垃圾场，不能够进行开发或建设建筑物，也不能种植经济作物；

选项B：深根植物可能会破坏填埋场防渗覆盖系统，不合适；

选项C：可以种植浅根植物，进行生态恢复。

答案选【C】。

5. 通常在填埋场最终覆盖系统中，对安全影响较少的因素是哪一项？【2011－4－74】

（A）覆盖系统整体结构　　（B）覆盖层的渗透率

（C）植被种类　　（D）边坡的稳定性

解：

相比较而言，植被种类对安全影响较少，覆盖系统的整体结构设计不好、覆盖层的渗透率不合适或者边坡稳定性不强可能造成堆体的坍塌。

答案选【C】。

6. 垃圾填埋场封场后需要进行生态修复及利用，下列哪种措施最合适？【2012－4－75】

（A）对填埋场进行规范的终场覆盖，夯实后以条石做基础，在其上建设体育馆等

（B）对填埋场进行终场覆盖，然后种植草皮和一些浅根耐性小灌木，作为绿地

（C）用围墙或铁丝网将填埋场与周围区域隔开进行保护

（D）对填埋场进行规范的终场覆盖，然后开辟成果园，既可起到生态修复的作用，又可产生经济效益

解：

填埋场终场覆盖后，进行植被修复、作为绿地的方式最合适，因此选B。

答案选【B】。

7. 关于卫生填埋场封场说法不正确的是哪一项？【2010－4－64】

（A）植被层是封场系统的重要部分，应保证植物根系不会破坏下面的保护层和排水层

（B）封场顶面坡度不应小于5%，边坡坡度大于10%，可采用多级台阶进行封场，台阶间边坡坡度不宜大于1:3

（C）封场后，还应继续处理填埋场产生的渗滤液和填埋气体，定期监测直至污物浓度连续一年小于相关排放限值

（D）封场后，土地有利用，必须事先做出规划，需要进行环评

解：

根据《生活垃圾卫生填埋处理技术规范》（GB 50869—2013）13.2.5的条文说明：“一般要求直到填埋场产生的渗沥液中水污染物浓度连续两年低于现行国家标准《生活垃

圾填埋场污染控制标准》规定的限值”，C 说法错误。

答案选【C】。

8. 某危险废物填埋场在填埋废物达到设计容量后进行封场设计，已知封场最低高度为40m，最高高度为49m，高差9m，封场坡度为1:4，试问该填埋场封场对应设计几个水平台阶？【2009－3－72】

（A）2　　（B）3

（C）4　　（D）5

解：

封场坡度为1:4，则其坡度为：acrtan（0.25）＝24.5%。根据《危险废物填埋污染控制标准》（GB 18598—2001）第9.2条“e 坡度大于20%时，标高每升高2m，建造一个台阶”。应该建造9/2＝4.5，取4个台阶。

答案选【C】。

【解析】《危险废物填埋污染控制标准》（GB 18598—2001）第9点关于封场的要求。

9. 某危险废物填埋场覆盖设计方案为：植被层厚度75cm，坡度8%，土质有利于植物生长和场地恢复，保护层厚度25cm，由粗砥性坚硬鹅卵石组成，排水层和排水系统的要求与底部渗滤液排水系统相同，设计暴雨强度为50年，防渗采用复合防渗层，人工合成材料层厚度1.0mm，天然材料层厚度25cm，底层作为导气层，厚度25cm，坡度2.5%，试分析下列哪一项不符合标准设定。【2008－3－68】

（A）底层　　（B）防渗层

（C）排水层及排水系统　　（D）保护层及植被层

解：

《危险废物填埋污染控制标准》（GB 18598—2001）第9.2条b项“防渗若采用复合防渗层，人工合成材料层厚度不应小于1.0mm，天然材料层厚度不应小于30cm”。题目中天然材料层厚度25cm，不符合要求。

答案选【B】。

【解析】《危险废物填埋污染控制标准》（GB 18598—2001）第9条关于封场要求的相关规定。

10. 危险废物填埋场顶部覆盖层由上到下分为a、b、c、d、e层，依次分别是植被修复层、保护层、排水层给排水管网、防渗层（复合防渗）、底层（兼做导气层）。下列说法中正确的是哪一项？【2013－3－72】

（A）a层厚度0.8m，b层材料采用坚硬毛石

（B）a层厚度0.4m，b层材料采用粗砥性坚硬鹅卵石

（C）d层中天然材料厚度0.4m，e层倾斜度3%

（D）a层厚度0.8m，e层倾斜度1%

解：

按照《危险废物填埋污染控制标准》（GB 18598—2001）第9.2条：

选项 A：保护层应该采用粗砾性坚硬鹅卵石，选项 A 错误；

选项 B：植被层厚度不应该小于 60cm，选项 B 错误；

选项 C：正确，符合标准要求；

选项 D：底层倾斜度不小于 2%，选项 D 错误。

答案选【C】。

【解析】《危险废物填埋污染控制标准》（GB 18598—2001）第 9.2 条关于最终覆盖层的要求。

16.8 填埋作业与设备

※知识点总结

1. 填埋作业的基本流程：

作业区倾卸、摊铺、压实、洒药、覆盖、封场；

2. 填埋作业的要求：

见相关规范，如《生活垃圾卫生填埋处理技术规范》（GB 50869—2013）第 12 条、《教材（第二册）》P252 ~ P255；

3. 填埋设备：

《新三废 · 固废卷》P945 ~ P947 以及相关规范的要求。

※真　　题

1. 下述为四个不同填埋场的作业流程，其中符合生活垃圾卫生填埋作业流程的是哪一项？【2007 - 3 - 69】

（A）计量、作业区倾卸、摊铺、收集可回收物、撒药和覆盖

（B）计量、作业区倾卸、摊铺、压实、撒药、日覆盖和中间覆盖、封场

（C）计量、作业区倾卸、摊铺、收集可回收物、压实、撒药、覆盖和封场

（D）计量、作业区倾卸、压实、摊铺、撒药、日覆盖和中间覆盖、封场

解：

生活垃圾卫生填埋作业顺序为：作业区倾卸、摊铺、压实、洒药、覆盖、封场。

答案选【B】。

【解析】《教材（第二册）》P252 图 4 - 8 - 29。

2. 某一垃圾填埋场在完成日常垃圾填埋后需进行取土覆盖，土源为地表土，远距离 1.5km 完成这一作业应选用的机械设备是哪一项？【2009 - 3 - 67】

（A）挖掘机 + 自卸汽车　　（B）自卸汽车 + 推土机 + 压实机

（C）挖掘机 + 自卸汽车 + 推土机　　（D）挖掘机 + 推土机

解：

挖掘机用于取土，自卸汽车进行运输，推土机压实。

答案选【C】。

【解析】 参见《新三废 · 固废卷》P945 填埋设备的作用。

3. 在进行生活垃圾填埋场的压实设备选型时，属于决定性因素的是哪一项？【2011－4－65】

(A) 日处理垃圾量　　(B) 作业面长度

(C) 当地气候条件　　(D) 压实机操作重量

解：

根据《生活垃圾卫生填埋处理工程项目建设标准》（建标 124—2009），第三十二条："填埋场主要工艺设备应根据日处理垃圾量和作业区、卸车平台的分布情况配备"。

答案选【A】。

【解析】《生活垃圾卫生填埋处理工程项目建设标准》（建标 124—2009）。

4. 下列关于卫生填埋覆盖，哪项不正确？【2010－4－61】

(A) 回填土为日覆盖层，减少病菌通过媒介传播，阻止地表径流，有利于减少渗滤液产生

(B) HDPE 膜临时覆盖，提高使用容积，控制臭气产量、减少渗滤液量

(C) 达到阶段高度，暂不继续填埋，需要进行中间覆盖，厚度根据材料选择，倒上 40cm 厚土作为覆盖层

(D) 覆盖结构从下至上为垃圾层、排气层、黏土层、土工膜、保护层、排水层、植被层

解：

日覆盖并不能阻止地表径流。

答案选【A】。

【解析】《新三废·固废卷》P944，日覆盖的主要作用使控制废物不被吹走，避免老鼠繁衍、苍蝇蚊子滋生和其他疾病传播，以及避免在操作期间内大量降水进入填埋场。

16.9 其他

※知识点总结

这部分考题比较灵活，难易程度不定，涉及的范围较广，知识点较为分散，考查考生基础知识掌握的扎实程度或阅读的广度。

对策：

(1) 根据掌握的知识灵活的进行判断，排除明显错误的选项；

(2) 针对非高频考点，但仍是填埋章节知识点的内容应该快速定位：例如垃圾坝、截洪沟；

(3) 针对非填埋章节的知识点（例如土方量的计算等），理论基础较好的考生可根据基本数学、生化知识进行运算或判断；实际工程经验较好的考生可以根据经验估算、判断；

(4) 与参考资料（教材、固废卷等）中的工程实例进行比对。

※真　　题

1. 填埋场占地 14 公顷，1988 年建设，2003 年封场，共填埋 200 万 t 垃圾。填埋场最深处 20m，最浅处 4～5m。2009 年 9 月改造，通过 59 进气孔和 69 个抽气井时，对填埋场

强化通风，进行强化通风的目的是哪一项？【2010－4－55】

（A）提高甲烷产量

（B）带走垃圾水分，避免产生垃圾渗滤液

（C）使场内压力增加，填埋场表面标高会增加

（D）垃圾降解速度加快，加速填埋场稳定化

解：

对填埋场强化通风的主要目的是对垃圾堆体进行供氧，进行好氧分解，从而加速垃圾的降解，加快填埋场稳定化。

答案选【D】。

【解析】 本题注意关键信息"进气孔"、"强化通风"。

参见《新三废·固废卷》P932，好氧生物反应器填埋技术和准好氧生物反应器填埋技术。

2．生活垃圾卫生填埋地基处理是整个填埋场设计的重要环节，地基的沉降和防渗效果直接影响到填埋场的运行效果，因此对地基土质的要求也较为严格，而地基土的孔隙比是土样选择的重要参数。现已知某填埋场的土样容重为 $\gamma = 17kN/m^3$（不考虑土样中其他成分），土粒容重 $\gamma_S = 27.2kN/m^3$，天然水含量 $\omega = 10\%$，则孔隙比 e 为多少？【2007－3－64】

（A）0.600　　　　（B）0.761

（C）0.568　　　　（D）0.625

解：

假定有 $1m^3$ 的土样，则其重量为 17kN；

由于 $\omega = 10\%$，实际含有的土粒的质量为：$17/1.1 = 15.45kN$；

则土粒占的体积为：$15.45/27.2 = 0.568m^3$，则孔隙的体积为：$1 - 0.568 = 0.432m^3$。

孔隙比为：$0.432/0.568 = 0.7606$。

答案选【B】。

【解析】（1）孔隙比指的是孔隙体积与土粒体积的比例，不是孔隙率；

（2）本题"不考虑土样中其他成分"，即不考虑水占的体积。

3．东南沿海地区某危险废物安全填埋场地处沟谷地带，流域汇水面积为96ha，场区地质结构简单，岩土自上而下为：黏土质砾砂，黏土，砂岩，地基土承载力 160～1000kPa，渗透系数 $6 \times 10^{-4} \sim 3 \times 10^{-8} cm/s$，地下水位埋深 1.25～6.80m。填埋场所在地城市防洪标准为25年（重现期），根据厂区自然环境条件，设置了完善的地表及地下水排水系统，地下水排水管管径为500mm，排水管最低处管中心标高为75m。请采用经验公式 $Q = KF^n$ 计算截洪沟的最小设计流量。【2008－3－60】

（A）$25.3m^3/s$　　　　（B）$25.6m^3/s$

（C）$21.1m^3/s$　　　　（D）$21.3m^3/s$

解：

采用 $Q = KF^n$ 进行计算：

（1）$F = 0.96km^2 < 1km^2$，因此 $n = 1$；

（2）因为东南沿海，城市防洪标准为25年（重现期），则 $K = 22.0$；

（3）则 $Q=21.1\text{m}^3/\text{s}$。

答案选【C】。

【解析】 参见《教材（第二册）》P224～P225 公式 4－8－6 和表 4－8－9。

4. 垃圾填埋场选址，垃圾坝下的地质层依次是（自上而下）：0～－1.5m 为壤质土；－1.5～－2m 为砂质土；－2～－3m 为粉砂土；－3m 以下为碎岩层。四种垃圾坝型中最合理的是哪一项？【2009－3－59】

（A）碾压式土石地坝　　（B）砌石重力坝

（C）加筋土坝　　（D）钢筋混凝土坝

解：

垃圾坝的常用坝型分为重力式坝和柔性坝，分别以砌石坝和碾压式土石坝为代表。在缺少石材的地区，也可以采用混凝土坝。砌石坝和混凝土坝都是重力式坝，主要是依靠自重来提供抗滑力；碾压式土石坝是柔性坝，通过碾压机具来提高填料的抗剪强度，从而保证坝坡的稳定。重力式坝对地质条件要求较高：一般地基承载力都要求在 300kPa 以上，土石坝因底面积较大，对地基承载力的要求不高，一般的第四系土层的承载力能满足要求。

答案选【A】。

【解析】 本题考点较偏，参考资料《山谷型填埋场垃圾坝的稳定性》。

5. 在某垃圾填埋场的土石方工程设计中采用网格法计算挖方工程量、土地平整。其中某个网格为正方形，边长为 20m，正方形四个角对应的顶点设计标高均为 45.0m，但其中两个对角顶点的原地面标高分别为 45.5m、44.0m，另外两个对角顶点的原地面标高分别为 46.5m，43.5m；请问该场地的挖方量和填方量分别为多少？【2009－3－61】

（A）85m^3，143.75m^3　　（B）143.75m^3，85m^3

（C）170m^3，287.5m^3　　（D）287.5m^3，170m^3

解：

原地面四个顶点（A、B、C、D）标高如图所示，平整后的四个顶点（A′、B′、C′、D′）标高均为 45m。

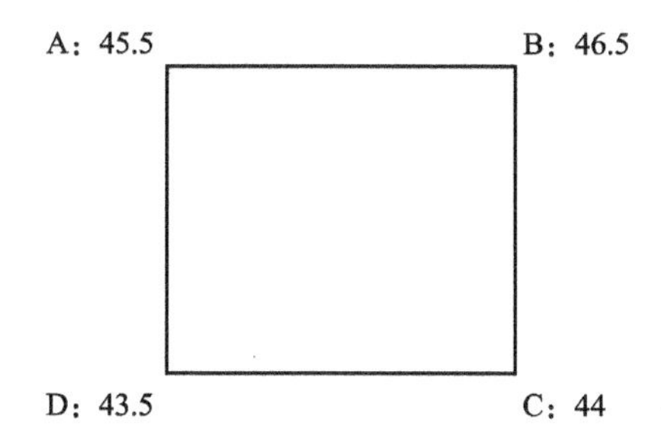

则从 ADD′A 所在的侧面如下图，AD 相交于点 E，则 AA′E 部分是要被挖去的，DD′E 部分是要被填上的。根据相似三角形原理，AA′/DD′＝A′E/D′E，则 A′E 为 5m，D′E 为 15m。

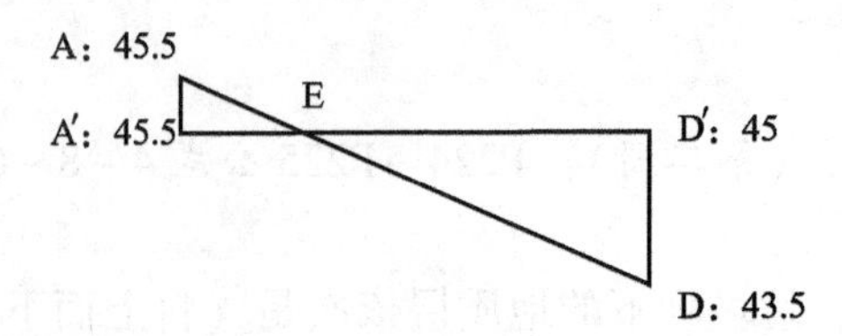

类似的BB′CC′所在的侧面如下图，BC相交于F点，则BB′F是要被挖去的，C′CF部分是要被填上的。根据相似三角形原理，则B′E为12m，C′E为8m。

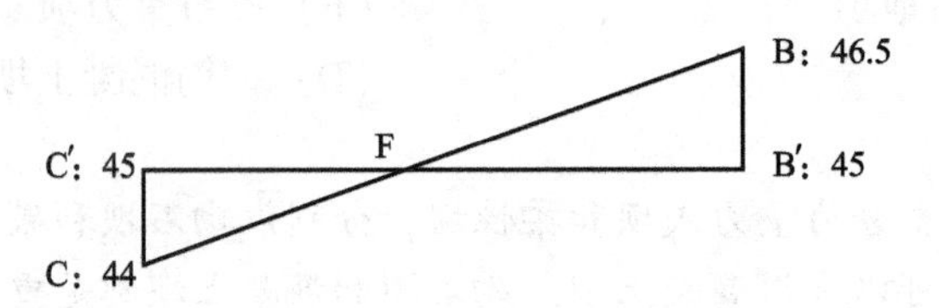

则，平面上看如下图：

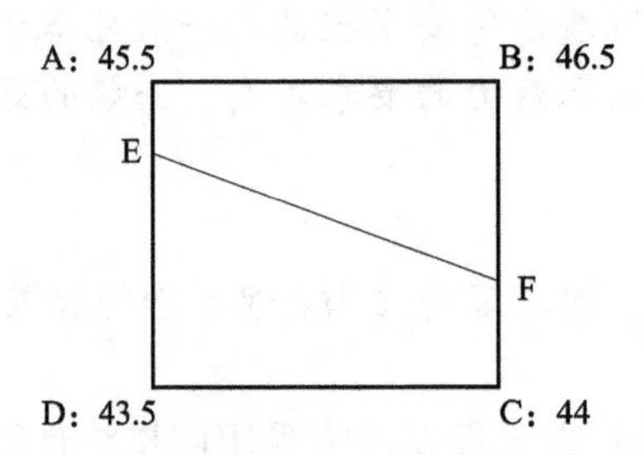

立体图为：

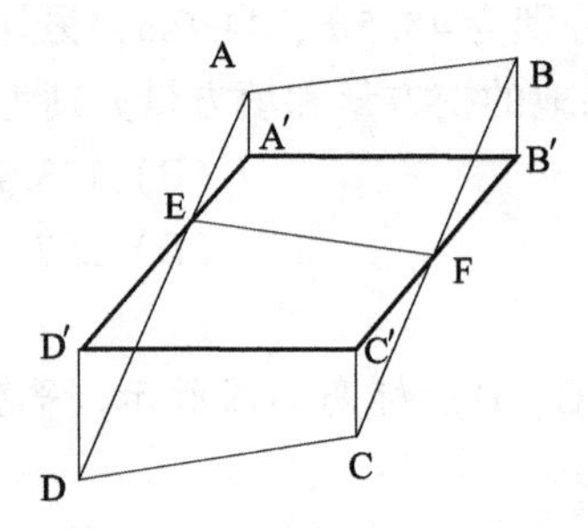

挖去的部分为棱台：A′AEFB′B，填上的部分棱台为D′DEFC′C。则：

$V_{挖}=\frac{h}{3}\ (S_1+S_2+\sqrt{S_1S_2})\ =\frac{20}{3}\ (1.25+9+\sqrt{1.25\times9})\ =90.7\text{m}^3$；

$V_{填}=\frac{h}{3}\ (S_3+S_4+\sqrt{S_3S_4})\ =\frac{20}{3}\ (4+11.25+\sqrt{11.25\times4})\ =146.4\text{m}^3$。

答案选【A】。

【解析】 本题并不难，但较为烦琐，需要结合立体几何知识。

17　固体废物资源化技术

※知识点总结

1. 生活垃圾、工业固体、矿业固体、危险固体的资源化回收技术，牵涉的知识点较广且内容比较分散，见《新三废·固废卷》P668～P901，《教材（第二册）》P269～P321，能够迅速定位；

2. 基本计算，从往年真题来看难度不大，弄清题意细心计算即可。

※真　　题

1. 在《京都议定书》及相关机制下，当前我国许多城市都在开展填埋气体清洁发展机制CDM项目回收利用填埋气体（包括发电和供热），并获得可再生能源发电补贴收入与温室气体（CER）交易收入，如需全系统CER获得联合国CDM执行理事会的批准，必须对填埋气体处理利用系统进行监测核查，下列哪种监测点组合是比较合理的？【2009-3-69】

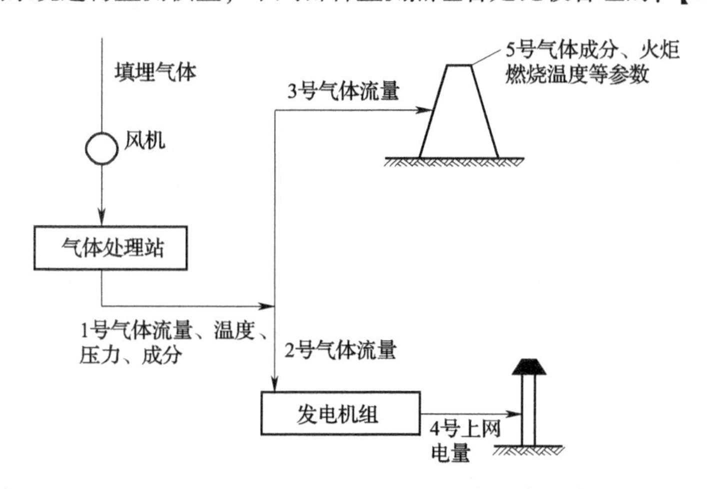

(A) 监测点1，2，4，5　　(B) 监测点1，2，3，4

(C) 监测点1，2，3，5　　(D) 监测点2，4，5

解：

要对填埋气体处理利用系统进行监测核查，必须监测产生了多少气体（1点），并且处理后的用于发电（2点、4点）和燃烧的（3点、5点）气体分别为多少，2点、3点中监测一项就可以知道另外一项。所以选项A正确。

答案选【A】。

【解析】“必须对填埋气体处理利用系统进行监测核查”，“获得可再生能源发电补贴收入与温室气体（CER）交易收入”这两条就说明要监测产生了多少气体，分别利用了多少气体，所以1点、4点、5点肯定要监测，排除法也可以得到A项。

2. 粉煤灰生产烧结砖时，下面那一种生产工艺参数比较合适？【2013-4-74】

（A）原料配比：黏土：粉煤灰：内燃料 = 15% : 75% : 10%，烧成温度：900℃ ~ 1000℃

（B）原料配比：黏土：粉煤灰：内燃料 = 40% : 55% : 5%，烧成温度：700℃ ~ 900℃

（C）原料配比：黏土：粉煤灰：内燃料 = 40% : 55% : 5%，烧成温度：900℃ ~ 1000℃

（D）原料配比：黏土：粉煤灰：内燃料 = 60% : 30% : 10%，烧成温度：900℃ ~ 1000℃

解：

粉煤灰生产烧结砖原料配比为黏土：粉煤灰：内燃料 = 40 : 55 : 5；烧成温度为 900℃ ~ 1040℃。

答案选【C】。

【解析】 参见《教材（第二册）》P284 倒数第二段，P286 表 4 - 9 - 21。

3. 从含铜镍电镀污泥中回收金属铜和硫酸镍，其工艺包括浸出、置换、海绵铜回收和硫酸镍回收，本工艺过程中最常采用浸出溶剂是下面哪个选项？【2011 - 3 - 54】

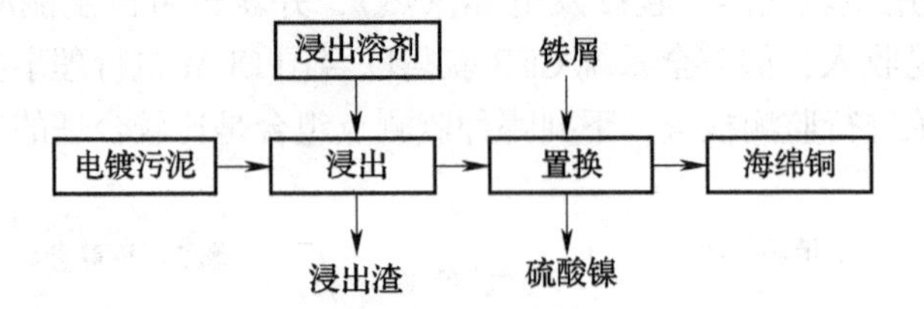

（A）水 + 氢氧化钠　　（B）水 + 碳酸钠

（C）水 + 硫酸　　（D）水 + 磷酸

解：

电镀污泥经过浸出后进行置换获得铜，因此应该采用水 + 硫酸为浸出溶剂，其他三项都不能使铜有效浸出。

答案选【C】。

【解析】 本题考查基本的化学知识。

4. 从钼渣中回收金属钼通常采用酸分解法，其工艺流程包括酸分解、氨浸出两个主要过程，该工艺酸分解过程中最常用的酸是下列哪一组？【2012 - 3 - 73】

（A）硫酸，醋酸　　（B）醋酸，磷酸

（C）盐酸，硝酸　　（D）磷酸，硫酸

解：

用盐酸将钼渣中难溶钼酸盐分解，使钼呈钼酸沉淀；再用硝酸将钼渣中 MoS_2 氧化分解呈钼酸沉淀。

答案选【C】。

【解析】 《新三废 · 固废卷》P824。

5. 某钢铁厂年生产铁 1000 万 t，每产 1t 生铁约产生 300kg 高炉渣，其中 35% 的高炉渣作为生产矿渣微粉的原料，其余全部作为生产矿渣硅酸盐水泥的原料。若实际生产中高

炉渣掺入质量比为70%，计算每年可生产多少万吨矿渣硅酸盐水泥？【2008－4－53】

（A）278.6万t　　（B）150.0万t

（C）428.6万t　　（D）650.0万t

解：

$$\frac{1000\times 0.3\times(1-0.35)}{0.7}=278.57\text{ 万 t}$$

答案选【A】。

6. 某磷化工企业年产磷酸2万t，每生产1t磷酸产生5.2t磷石膏，磷石膏含水率50%，为了使磷石膏得到资源化利用，企业与邻近水泥制品厂联合利用磷石膏制水泥，添加量为5%，计算需要多大规模的水泥制品厂才能消耗该企业产生的磷石膏？【2013－3－74】

（A）208.0万t/年　　（B）166.4万t/年

（C）102.4万t/年　　（D）40.0万t/年

解：

$2\times 5.2/0.05=208.0$ 万t/年。

答案选【A】。

【解析】 含水率是干扰条件。

7. 某城市一制砖厂每年利用锅炉炉渣50万t生产各种产品，其中部分用于生产非承重和承重空心砖，每块非承重和承重空心砖分别可掺配1.6kg和0.7kg的炉渣。该砖厂已经分别接受了8000万块/年非承重空心砖和3000万块/年承重空心砖的供货订单，试计算生产非承重和承重空心砖的炉渣用量占总综合利用量的比例。【2014－4－73】

（A）25.6%　　（B）4.2%

（C）50.6%　　（D）29.8%

解：

$$\frac{1.6\times 8000+0.7\times 3000}{50\times 1000}=0.298$$

答案选【D】。

18　土壤修复、污泥处理及其他

※知识点总结

1. 土壤修复：

常用的污染场地修复技术主要包括挖掘、稳定/固化、化学淋洗、气提、热处理、生物修复等。(以下内容来源于《污染场地土壤修复技术导则》（征求意见稿）编制说明》)

(1) 挖掘。

指通过机械、人工等手段，使土壤离开原位置的过程。一般包括挖掘过程和挖掘土壤的后处理、处置和再利用过程。在场地修复的各个阶段和多种修复技术实施过程中都可能采用挖掘技术，如场地环境评估、修复活动中和后评估阶段。作为修复技术，挖掘只能作为修复方案的一部分，不适用于传统的挖掘填埋技术方案。

(2) 稳定/固化。

指通过固态形式在物理上隔离污染物或者将污染物转化成化学性质不活泼的形态，降低污染物的危害，可分为原位和异位稳定/固化修复技术。原位稳定/固化技术适用于重金属污染土壤的修复，一般不适用于有机污染物污染土壤的修复；异位稳定/固化技术通常适用于处理无机污染物质，不适用于半挥发性有机物和农药杀虫剂污染土壤的修复。

(3) 化学淋洗。

指借助能促进土壤环境中污染物溶解或迁移作用的溶剂，通过水力压头推动清洗液，将其注入被污染土层中，然后再将包含污染物的液体从土层中抽提出来，进行分离和污水处理的技术，可分为原位和异位化学淋洗技术。原位化学淋洗技术适用于水力传导系数大于 10^{-3}cm/s 的多孔隙、易渗透的土壤，如沙土、砂砾土壤、冲积土和滨海土，不适用于红壤、黄壤等质地较细的土壤；异位化学淋洗技术适用于土壤粘粒含量低于 25%、被重金属、放射性核素、石油烃类、挥发性有机物、多氯联苯和多环芳烃等污染的土壤。

(4) 气提技术。

指利用物理方法通过降低土壤孔隙的蒸汽压，把土壤中的污染物转化为蒸汽形式而加以去除的技术，可分为原位土壤气提技术、异位土壤气提技术和多相浸提技术。气提技术适用于地下含水层以上的包气带；多相浸提技术适用于包气带和地下含水层。原位土壤气提技术适用于处理亨利系数大于 0.01 或者蒸汽压大于 66.66Pa 的挥发性有机化合物，如挥发性有机卤代物或非卤代物，也可用于去除土壤中的油类、重金属、多环芳烃或二噁英等污染物；异位土壤气提技术适用于修复含有挥发性有机卤代物和非卤代物的污染土壤；多相浸提技术适用于处理中、低渗透型地层中的挥发性有机物。

(5) 热处理。

指通过直接或间接热交换，将污染介质及其所含的有机污染物加热到足够的温度

(150℃～540℃)，使有机污染物从污染介质挥发或分离的过程，按温度可分成低温热处理技术（土壤温度为150℃～315℃）和高温热处理技术（土壤温度为315℃～540℃）。热处理修复技术适用于处理土壤中挥发性有机物、半挥发性有机物、农药、高沸点氯代化合物，不适用于处理土壤中重金属、腐蚀性有机物、活性氧化剂和还原剂等。

（6）生物修复。

生物修复指利用微生物、植物和动物将土壤、地下水中的危险污染物降解、吸收或富集的生物工程技术系统。按处置地点分为原位和异位生物修复。生物修复技术适用于烃类及衍生物，如汽油、燃油、乙醇、酮、乙醚等，不适合处理持久性有机污染物。

2．污泥处理：

（1）污泥调理和脱水工艺：《新三废·固废卷》P233；

（2）污泥处理的相关规范（不限于此，以下仅列出高频考点）：

《城镇污水处理厂污泥处置》（系列标准）、《城镇污水处理厂污泥处理技术规程》(CJJ 131—2009)、《城镇污水处理厂污泥处理处置及污染防治技术政策（试行)》。

※真　　题

1．由于汽油的泄露，加油站及周围的土壤受到汽油污染，下面哪项处理技术更适用于加油站及周边油污染土壤的治理？【2009－4－74】

(A) 利用水洗脱油的污染土壤修复技术

(B) 对油污染土壤进行气提修复

(C) 利用催化氧化技术处理油污染土壤

(D) 对油污染土壤进行固化稳定化修复

解：

土壤气提技术适用于处理亨利系数大于0.01或者蒸汽压大于66.66Pa的挥发性有机化合物。土壤受到汽油泄漏的污染，适合用气提。

答案选【B】。

【解析】《〈污染场地土壤修复技术导则〉（征求意见稿）编制说明》对不同方法的原理及适用范围有较好的概括。

2．由于加油站汽油泄漏，加油站及周边的土壤受到汽油污染，下面的选项哪一项是错误的？【2011－3－55】

(A) 对油污染土壤采用化学淋洗修复技术

(B) 对油污染土壤进行固化、稳定化修复技术

(C) 对油污染土壤进行热解吸修复技术

(D) 对油污染土壤进行蒸汽浸提修复技术

解：

固化、稳定化修复技术指通过固态形式在物理上隔离污染物或者将污染物转化成化学性质不活泼的形态，降低污染物的危害，一般不适用于有机污染物污染土壤的修复或半挥发性有机物和农药杀虫剂污染土壤的修复。因此土壤受到污染不适合采用固化、稳定化修复技术。

答案选【B】。

【解析】《〈污染场地土壤修复技术导则〉（征求意见稿）编制说明》P4。

3. 下列哪一种措施对提高生物修复石油污染土壤的效果最好？【2012－3－74】

（A）选择优势生物菌种

（B）保持污染土壤含水率在60%以上

（C）减少空气的进入，促进微生物的生长

（D）调整污染土壤的pH值大于8.5以上，维持微生物的繁殖

解：

选项A：正确，选择优势生物菌种可以提高微生物的降解效果；

选项B、C：错误，含水率过高会导致空气无法进入土壤，微生物不能有效利用空气进行有机物降解，减少空气的进入，也不利于生物修复；

选项D：错误，pH过高不利于微生物的生长。

答案选【A】。

【解析】 根据微生物降解有机物的基本知识进行判断。

4. 油田附近是有轻度污染土壤，污染面积大，采用下列哪个方法修复最为现实？【2014－4－75】

（A）客土法：将污染的土壤挖出，填充新的未污染的土壤

（B）洗涤法：采用能有效脱附污染土壤中油类的溶剂洗涤土壤

（C）焚烧法：将污染土壤置于高温炉中焚烧，焚毁土壤中油类污染物

（D）生物法：在土壤中接种特异微生物并利用生物堆方法来降解污染物

解：

由于是轻度污染土壤并且污染面积大，采用客土、洗涤、焚烧的方法工作量较大且不经济，最为现实的是生物法。

答案选【D】。

【解析】 不同方法的原理和适用范围见《〈污染场地土壤修复技术导则〉（征求意见稿）编制说明》。

5. 根据城市建设规划，某铁合金厂从市区内搬迁到郊区，原厂址进行房地产开发改变使用功能，经检测，厂区土壤已受到重金属铬污染，其中10%为重污染，20%为中度污染，其余为轻度污染，土地使用单位拟采用如下治理措施，试判断哪一种措施是不适用的？【2009－4－75】

（A）对于重度污染的土壤，利用灌浆技术建立垂直帷幕，防止土壤中重金属向四周扩散

（B）对于重度污染的土壤，进行全部清挖，送至危险废物安全填埋场异地安全处理

（C）对于中度污染的土壤，进行水洗淋溶，然后淋溶液进行化学药剂处理，使重金属沉淀分离

（D）对于轻度污染的土壤，进行化学药剂稳定化处理，防止污染物扩散迁移

解：

对重污染土壤宜采用异位修复，垂直帷幕防渗效果较差。

答案选【A】。

【解析】 注意本题的正确措施的选项B、C、D请大家留意，说明了对于不同污染程度的土壤应该如何进行治理。

6．重金属镉渣严重污染土壤，重污染区域浓度达到1000mg/kg以上，轻度污染区域为2～5mg/kg，为处理处置区污染，下列正确的为哪一项？【2010－4－53】

（A）轻度污染区域安装泥浆生物反应器，通过微生物降解其污染物

（B）重度污染区域挖出，送至安全填埋场

（C）轻度污染区域采用超累积植物，并加赤泥提高重金属活性

（D）重度污染区域挖送卫生填埋，回填干净土

解：

选项B：重度污染的土壤，进行清挖，送至危险废物安全填埋场异地安全处理，该措施正确。

选项A：微生物不能降解重金属，A错误；

选项C：重金属活性应该被降低，C错误；

选项D：应该送往安全填埋场，D错误。

答案选【B】。

【解析】 重度污染的土壤，进行清挖，送至危险废物安全填埋场异地安全处理。【2009－4－75】中也考到了类似考点。

7．重金属污染土壤治理技术中，淋洗法是一种有效的方法，下面对土壤淋洗处理技术的表述哪一项是正确的？【2012－3－75】

（A）淋洗法是通过注水的办法，冲洗土壤孔隙中残留的污染物，然后回收淋洗水进行处理，以修复污染的土壤

（B）淋洗法是一个物理和化学过程，采用淋洗剂能够实现重金属污染物的分离、转移等

（C）土壤淋洗法只是将土壤中吸附的重金属转移到地下水中

（D）土壤淋洗法是一个完全的物理分离过程

解：

淋洗法指借助能促进土壤环境中污染物溶解或迁移作用的溶剂，通过水力压头推动清洗液，将其注入被污染土层中，然后再将包含污染物的液体从土层中抽提出来，进行分离和污水处理的技术，选项B正确；

选项A、D：通过注入溶剂的方法，促进土壤环境中污染物溶解或迁移，并不仅仅是物理冲洗与分离过程，A错误；

选项C：并不是转移到地下水中，而是将包含污染物的液体从土层中抽提出来，进行分离和污水处理，C错误。

答案选【B】。

【解析】《〈污染场地土壤修复技术导则〉（征求意见稿）编制说明》P4。

8. 严重油污土壤，进行异地加热挥发处理，采用滚筒式加热器，并对含油气体处理：已知土壤中油的含量为4g/kg，处理土壤100t/d，需要的热空气量为10000m^3/h，排气中油的浓度为1.5g/m^3，土尘忽略，处理后土壤中的油含量是多少？【2010－4－54】

(A) 3.85g/kg　　(B) 0.1g/kg

(C) 0.4g/kg　　(D) 0.04g/kg

解：

每天处理的土壤中的油的含量为：$4\times100\times10^3\times10^{-3}=400$kg/d；

去除的油的量为：$1.5\times10000\times24\times10^{-3}=360$kg/d；

去除量为：360/400＝90%，则土壤中的油含量为：$4\times0.1=0.4$g/kg。

答案选【C】。

9. 下列哪项对我国污泥“预处理－厢式压滤脱水”工艺组合的特征或处理结果的描述是正确的？【2011－3－57】

(A)“高温高压预处理（或称水热处理）－厢式压滤脱水”工艺，污泥易脱水到含水率60%以下，且压滤液COD和氨氮都很低

(B)“加石灰等无机化学药剂预处理－厢式压滤脱水”工艺，污泥易脱水到含水率60%以下，且污泥干基有机质百分含量保持不变

(C)“微生物沥浸预处理－厢式压滤脱水”工艺，污泥易脱水到含水率60%以下，但污泥干基有机质百分含量降低50%以上

(D)“加PAM絮凝剂预处理－厢式压滤脱水”工艺，较难将污泥脱水到含水率60%以下，但污泥干基有机质百分含量基本保持不变

解：

选项A：热处理污泥机械脱水后，泥饼含水率可以降到30%～45%，但是压滤液的BOD及COD偏高，A错误；

选项B、D：石灰等无机化学药剂的投加或者是PAM絮凝剂的投加会使得污泥干基有机质百分比减少，B、D错误；

选项C：由于微生物的作用，导致污泥干基有机质百分含量的降低，C正确。

答案选【C】。

【解析】参见《新三废·固废卷》P245～P249，本题可能找不到全部出处，但是可以通过排除法选出。

10. 目前城市污水处理厂产生的污泥有很多处理方法，在污泥浓缩、调理和脱水等处理工艺基础上，根据最终处置方式要求，选择不同的处理技术，若污泥处理最终目的是填埋，可采用下面哪种技术？【2009－3－75】

(A) 采用厌氧消化处理

（B）采用石灰稳定处理污泥和粉煤灰

（C）高温好氧发酵处理污泥

（D）污泥超声波处理

解：

根据《城镇污水处理厂污泥处理处置防治技术政策（试行）》（2009年）第4.3条，“污泥以填埋为处置方式时，可采用高温好氧发酵、石灰稳定法等方式处理污泥，也可添加粉煤灰和陈化垃圾对污泥进行改性”，“鼓励采用石灰等无机药剂对污泥进行调理，降低含水率，提高污泥横向剪切力”。

答案选【B】。

【解析】《城镇污水处理厂污泥处理处置防治技术政策（试行）》（2009年）。另外污泥处理的相关规程还有《城镇污水处理厂污泥处理技术规程（CJJ 131—2009）》，《城镇污水厂污泥处置》系列标准。

11．某城市污水处理厂每天产生含水率96%的浓缩污泥100t，该浓缩污泥有机质含量为40%，经机械脱水后含水率降低到80%，求脱水污泥的重量和相对密度（假设无机物相对密度为2.5，有机物相对密度为1，脱水过程中没有污泥干物质的损失）。【2011-4-57】

（A）20t，1.077　　（B）20t，1.56

（C）84t，1.07　　（D）84t，1.56

解：

污泥中干物质的量为：$100\times0.04=4t$；

脱水污泥的重量为：$4/0.2=20t$；

则脱水污泥中的水质量为16t，对应体积为$16m^3$；

污泥中有机质的含量为：$4\times0.4=1.6t$，对应的体积为：$1.6/1=1.6m^3$；

污泥中无机质的含量为：$4\times0.6=2.4t$，对应的体积为：$2.4/2.5=0.96m^3$；

则脱水污泥的相对密度为：$20/(16+1.6+0.96)=1.077$。

答案选【A】。

【解析】 抓住干物质不变进行求解。

12．某城镇污水处理厂对污泥采用石灰+三氯化铁调理、隔膜厢式压滤脱水工艺。每天处理含水率为97%、有机质含量为56%（干基）的浓缩污泥1000t。石灰和三氯化铁加入量分别为污泥干物质的35%和10%，脱水污泥饼含水率为58%。假如所添加的石灰和三氯化铁全部残留在脱水污泥饼中，问每天产生多少吨脱水污泥饼？该污泥饼有机质含量为多少（按干基计）？【2013-3-75】

（A）103.6，16.8%　　（B）103.6，38.6%

（C）71.4，16.8%　　（D）71.4，38.6%

解：

污泥中的干物质量为：$1000\times0.03=30t$；

其中有机质的量为：$0.56\times30=16.8t$；

加入的石灰和三氯化铁量为：30×0.45=13.5t；

脱水泥饼中干物质的量为：30+13.5=43.5t；

脱水泥饼的量为：43.5/0.42=103.57t；

有机质含量为（按照干基）：16.8/43.5=0.386。

答案选【B】。

【解析】 本题注意脱水泥饼中含有石灰和三氯化铁；需要求的有机物含量题目中要求按照干基计算。

13. 某铜矿在采矿后常遗留大量的尾矿、废石和未治理的矿坑，在微生物、水分和空气的共同作用下，这些区域常会产生大量酸性矿山废水，问下列哪项措施对减少产生酸性矿山废水的效果最好并实际可行？【2011-3-56】

（A）对矿坑可先用废石或尾矿回填，再用黏土封堵，减少矿石与空气接触

（B）采用化学包膜技术，在尾矿或废石表面形成一层膜，隔绝空气

（C）定期向暴露在空气中的废石或尾矿表面喷洒杀菌剂

（D）直接将尾矿或废石挖走存放到一个V字形山谷中，并修筑拦截坝

解：

采用废石或尾矿回填矿坑，再用黏土封堵，不仅可以减少尾矿库存量，有利于矿山开采的安全，也可以减少矿石与空气接触，减少酸性矿山废水的产生。

选项B、C产生的费用较高，不实际；

选项D不能够隔绝空气或抑制微生物作用，效果不好。

答案选【A】。

【解析】 参见《新三废·固废卷》P745尾矿回填技术。

14. 下列关于尾矿库的生态修复的描述中错误的是哪一项？【2013-4-75】

（A）对尾矿库进行生态修复前，必须进行比较详细的生态环境等背景调查，包括地质、水文、气象、植被、居民分布调查等

（B）对尾矿库进行生态修复前需要对土源及其他修复材料的可获得性进行调查，包括覆土的土壤、隔离材料、熟化材料、重建植被的种子和苗木、重建植被的水资源、工具及机械设备等

（C）采用直接覆土法修复尾矿库，一般覆盖土壤层的厚度在沉实后不低于0.25m，国外多数国家的覆土厚度在0.5m以上

（D）尾矿库生态修复后，必须建立长效的跟踪监测和管理机制，需要连续多年对其植被、水土流失状况、坝体的稳定性等进行监测，实施专人管理

解：

采用直接覆土法修复尾矿库，一般覆盖土壤层的厚度在沉实后不低于0.5m，国外多数国家的覆土厚度在1~2m。选项C说法错误，其他选项正确。

答案选【C】。

【解析】《教材（第二册）》P326。

15. 某化工厂搬迁后需要进行场地恢复，问下列哪个工作程序是最完善的？【2014－4－74】

(A) 调研化工厂历史资料→划定重度、中度、轻度污染区→采用统一方法修复到目标值→开发成公园用地

(B) 调研化工厂历史资料→实地勘察和采样分析→划定重度、中度、轻度污染区→确定修复深度、土方量和目标污染物→采用统一方法修复到目标值→开发成公园用地

(C) 调研化工厂历史资料→划定重度、中度、轻度污染区→确定修复深度、土方量和目标污染物→针对不同的区域采用相应的方法修复到目标值→开发成公园用地

(D) 调研化工厂历史资料→实地勘察和采样分析→划定重度、中度、轻度污染区→确定修复深度、土方量和目标污染物→针对不同的区域采用相应的方法修复到目标值→开发成公园用地

解：

选项A：缺少实地勘察和采样分析，"采用统一方法修复到目标值"不合适；

选项B："采用统一方法修复到目标值"不合适；

选项C：缺少实地勘察和采样分析。

选项D：是最完善的。

答案选【D】。

【解析】 各个选项进行对比即可发现D最完善。

16. 实验测得铬在黏土和水中的分配系数为20，已知水在黏土中平均运转浓度为10^{-5}cm/s，黏土属实密度为1.5g/cm^3，黏土含水率为30%，试计算铬穿过1m厚黏土层所需的时间。【2013－3－52】

(A) 31.7年　　(B) 0.317年

(C) 9.84年　　(D) 0.098年

解：

$$R_d = 1 + \frac{\rho_b}{\eta_e}K_d = 1 + \frac{1.5}{0.3} \times 20 = 101$$

$$t^* = \frac{L}{v/R_d} = \frac{100}{10^{-5}/101} = 1.01 \times 10^9 \text{s} = 32.02\text{a}$$

答案选【A】。

【解析】 参见《新三废·固废卷》P110公式2－3－3，《新三废·固废卷》P912公式6－1－7。

17. 某医疗废物集中处理工程采用石灰粉作为干式化学消毒药剂，已知石灰粉的纯度为90%，每批次消毒作业时间为2.5h，每批次可以处理0.5t医疗废物，每天连续工作15h，消毒剂的消耗量为0.081kg（CaO）/kg（医疗废物），计算每天需要消耗多少石灰粉？【2014－4－72】

(A) 270kg　　(B) 243kg

(C) 675kg　　(D) 810kg

解：

$$\frac{15}{2.5}\times 0.5\times 10^{3}\times\frac{0.081}{0.9}=270\text{kg}$$

答案选【A】。